雷达技术丛书

雷达装备管理概论

刘 根　林 强　方其庆　胡亚敏　刘庆华　刘 驰 ◎ 编著

电子工业出版社
Publishing House of Electronics Industry
北京·BEIJING

内 容 简 介

本书基于现代雷达装备管理的特点和规律，结合部队装备管理实际，吸收近年来形成的装备管理学术成果，介绍了装备管理基础知识，雷达装备系统分析，雷达装备系统效能评估，雷达装备管理体制，雷达装备调配管理、日常管理、维修管理、器材管理和信息管理，特殊条件下的雷达装备管理。

本书内容紧紧围绕雷达装备管理的目标、主体、客体、环境和方法手段等基本要素展开，着重介绍全系统、全寿命的管理思想，运用系统工程的理论，采用定性阐述与定量分析相结合的方法，既与雷达部队装备管理工作实际相一致，又具备一定的理论深度。

本书可供雷达部队装备管理与保障人员，以及装备机关、装备研究院所、装备研制和生产单位的管理与技术人员学习和参考，也可作为高等院校师生的教学参考用书。

未经许可，不得以任何方式复制或抄袭本书之部分或全部内容。
版权所有，侵权必究。

图书在版编目（CIP）数据

雷达装备管理概论 / 刘根等编著. —北京：电子工业出版社，2022.10
（雷达技术丛书）
ISBN 978-7-121-44135-6

Ⅰ．①雷… Ⅱ．①刘… Ⅲ．①雷达－设备－管理－概论 Ⅳ．①TN957

中国版本图书馆 CIP 数据核字（2022）第 148260 号

责任编辑：牛平月　　　特约编辑：田学清
印　　刷：北京七彩京通数码快印有限公司
装　　订：北京七彩京通数码快印有限公司
出版发行：电子工业出版社
　　　　　北京市海淀区万寿路 173 信箱　　　邮编：100036
开　　本：720×1000　1/16　印张：17.25　字数：358 千字
版　　次：2022 年 10 月第 1 版
印　　次：2025 年 1 月第 3 次印刷
定　　价：128.00 元

凡所购买电子工业出版社图书有缺损问题，请向购买书店调换。若书店售缺，请与本社发行部联系，联系及邮购电话：(010)88254888，88258888。
质量投诉请发邮件至 zlts@phei.com.cn，盗版侵权举报请发邮件至 dbqq@phei.com.cn。
本书咨询联系方式：niupy@phei.com.cn。

随着现代管理理念的不断发展,新型雷达装备加速部署及装备管理体制全面调整,面向常规雷达装备的传统管理手段和方法面临全新的挑战。为此,雷达装备的管理要从重视单一要素、单一阶段管理向装备的全系统、全寿命管理的方向发展,更要将其放在体系发展、体系对抗的大背景下,以发挥装备体系最大作战效能为最终目的。

本书根据管理学的一般原理,基于现代雷达装备管理的特点和规律,结合当前雷达部队装备管理实际,吸收近年来形成的装备管理学术成果,运用系统工程的理论,采用定性阐述与定量分析相结合的方法,阐述雷达装备管理理论,指导雷达装备管理实践工作。

全书共十章。第 1 章装备管理基础知识,介绍雷达装备管理的基本概念、基本原理与方法、管理思想与地位作用;第 2 章雷达装备系统分析,对战备完好性、装备寿命及装备寿命周期费用进行了系统分析;第 3 章雷达装备系统效能评估,介绍系统评估的基本问题、评估指标体系、评估方法的选择及雷达装备系统效能分析;第 4 章雷达装备管理体制,介绍装备管理体制的基本构成、原则与要求;第 5 章雷达装备调配管理,介绍雷达装备调配工作的基本原则、主要依据和具体任务,重点分析了雷达装备调配计划、雷达装备接装管理和雷达装备退役报废管理;第 6 章雷达装备日常管理,介绍雷达装备日常管理的主要内容与基本原则、雷达装备动态管理、装备静态管理、装备安全管理和爱装管装教育;第 7 章雷达装备维修管理,介绍雷达装备维修的任务与分类、思想、体制及发展趋势,维修管理的任务与对象、原则与主要手段,装备战场抢修管理;第 8 章雷达装备器材管理,介绍器材保障计划管理、器材筹措管理、器材供应管理与器材储备管理;第 9 章雷达装备信息管理,对雷达装备信息、管理任务与要求、基本环节,雷达装备信息安全管理,雷达装备管理信息系统进行了介绍;第 10 章特殊环境下的雷达装备管理,介绍在特殊自然环境、特殊人工环境下及非战争军事行动中的雷达装备管理。

本书由空军预警学院刘根副教授、林强教授、方其庆副教授、胡亚敏讲师、刘庆华教授,以及空军 93498 部队刘驰工程师共同编写。刘根、林强、方其庆对全书进行了总体规划设计、确定纲目,胡亚敏负责全书的文字校对工作,全书由刘根统稿修改。

在本书撰写过程中，空军预警学院杨江平教授提供了大量资料，进行了具体指导，并给出了宝贵的修改意见，在此表示衷心感谢。

本书参考和引用了参考文献中所列书籍的部分内容，以及相关专家、学者的学术观点和文献，在此一并致谢！

雷达装备发展很快，其相关的管理理论与方法也处于不断的变化和拓展之中，许多理论与实际问题尚待进一步研究。由于编著者水平有限，书中存在不妥甚至谬误之处，敬请读者谅解和批评指正。

编著者

2022年3月

目 录

第 1 章 装备管理基础知识 ... 1
1.1 基本概念 ... 1
1.1.1 装备相关概念 ... 1
1.1.2 装备管理相关概念 ... 8
1.2 基本原理与方法 ... 15
1.2.1 基本原理 ... 15
1.2.2 基本方法 ... 19
1.3 管理思想与地位作用 ... 22
1.3.1 管理思想 ... 22
1.3.2 地位作用 ... 25

第 2 章 雷达装备系统分析 ... 28
2.1 战备完好性分析 ... 28
2.1.1 战备完好率 ... 28
2.1.2 系统可用度 ... 32
2.2 装备寿命分析 ... 39
2.2.1 基本概念 ... 39
2.2.2 常用模型 ... 42
2.2.3 延长装备使用寿命的主要措施 ... 46
2.3 装备寿命周期费用分析 ... 48
2.3.1 相关概念 ... 48
2.3.2 基本观点 ... 49
2.3.3 寿命周期费用估算方法 ... 51

第 3 章 雷达装备系统效能评估 ... 62
3.1 系统评估的基本问题 ... 62

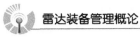

		3.1.1 评估要素	62
		3.1.2 评估原则	64
		3.1.3 评估步骤	65
	3.2	评估指标体系	66
		3.2.1 评估指标体系建立的基本原则	67
		3.2.2 评估指标数据的获取	68
		3.2.3 评估指标数据的预处理	69
		3.2.4 评估指标权系数的确定	72
	3.3	评估方法的选择	78
	3.4	雷达装备系统效能分析	80
		3.4.1 基本概念	80
		3.4.2 雷达装备单项效能	81
		3.4.3 雷达装备系统效能模型	83

第4章 雷达装备管理体制 90

- 4.1 基本构成 90
  - 4.1.1 组织机构 90
  - 4.1.2 运行机制 92
  - 4.1.3 法规制度 93
- 4.2 原则与要求 94
  - 4.2.1 基本原则 94
  - 4.2.2 主要要求 95

第5章 雷达装备调配管理 98

- 5.1 概述 98
  - 5.1.1 基本原则 98
  - 5.1.2 主要依据 100
  - 5.1.3 具体任务 101
- 5.2 雷达装备调配计划 102
  - 5.2.1 基本分类 103
  - 5.2.2 制订依据 103
  - 5.2.3 制订程序 104
- 5.3 雷达装备接装管理 105

- 5.3.1 相关概念 ... 105
- 5.3.2 流程及要求 ... 107
- 5.4 雷达装备退役报废管理 ... 112
  - 5.4.1 相关概念 ... 112
  - 5.4.2 退役报废条件 ... 115
  - 5.4.3 退役报废流程 ... 116
  - 5.4.4 退役报废装备处置 ... 118

第6章 雷达装备日常管理 ... 119

- 6.1 主要内容与基本原则 ... 119
  - 6.1.1 主要内容 ... 119
  - 6.1.2 基本原则 ... 121
- 6.2 雷达装备动态管理 ... 123
  - 6.2.1 雷达装备动用 ... 123
  - 6.2.2 雷达装备使用 ... 124
  - 6.2.3 雷达装备在役考核 ... 127
- 6.3 装备静态管理 ... 138
  - 6.3.1 装备保养与保管 ... 138
  - 6.3.2 装备封存 ... 139
  - 6.3.3 雷达技术等级鉴定 ... 141
  - 6.3.4 装备登记与统计 ... 145
- 6.4 装备安全管理 ... 148
  - 6.4.1 重要意义 ... 148
  - 6.4.2 一般规律 ... 149
  - 6.4.3 主要内容 ... 151
  - 6.4.4 基本任务 ... 152
  - 6.4.5 具体做法 ... 153
- 6.5 爱装管装教育 ... 156
  - 6.5.1 基本内容 ... 156
  - 6.5.2 形式方法 ... 158
  - 6.5.3 教育时机 ... 158
  - 6.5.4 组织实施 ... 159

第 7 章 雷达装备维修管理 ... 161
7.1 概述 ... 161
7.1.1 维修的任务与分类 ... 161
7.1.2 装备维修思想 ... 163
7.1.3 装备维修体制 ... 166
7.1.4 装备维修发展趋势 ... 169
7.2 装备维修管理的任务 ... 173
7.2.1 预计装备维修任务 ... 173
7.2.2 制订装备维修计划 ... 173
7.2.3 筹组装备维修力量 ... 174
7.2.4 组织装备维修实施 ... 175
7.2.5 监控装备维修质量 ... 175
7.2.6 优化装备维修体制 ... 176
7.2.7 加强装备维修科研 ... 177
7.3 装备维修管理的对象 ... 177
7.3.1 装备维修保障人员 ... 177
7.3.2 装备维修器材 ... 178
7.3.3 装备维修保障设施和设备 ... 178
7.3.4 装备维修经费 ... 179
7.3.5 装备维修信息 ... 179
7.4 装备维修管理的基本原则与主要手段 ... 180
7.4.1 基本原则 ... 180
7.4.2 主要手段 ... 181
7.5 装备战场抢修管理 ... 183
7.5.1 基本内涵 ... 184
7.5.2 组织实施 ... 187

第 8 章 雷达装备器材管理 ... 194
8.1 器材保障计划管理 ... 194
8.1.1 基本任务 ... 195
8.1.2 基本分类 ... 195
8.1.3 常用指标 ... 196

		8.1.4 器材需要量的预计	198

	8.2	器材筹措管理	207
		8.2.1 筹措要求	207
		8.2.2 筹措程序	208
		8.2.3 筹措方式	210
	8.3	器材供应管理	212
		8.3.1 器材供应要求	212
		8.3.2 器材供应的时机和方法	213
	8.4	器材储备管理	214
		8.4.1 器材储备分类	214
		8.4.2 器材储备要求	215
		8.4.3 器材库存管理	217

第9章 雷达装备信息管理 ... 222

9.1 概述 ... 222
    9.1.1 雷达装备信息 ... 222
    9.1.2 雷达装备信息管理任务与要求 ... 226
    9.1.3 雷达装备信息管理基本环节 ... 227

9.2 雷达装备信息安全管理 ... 230
    9.2.1 威胁信息安全的类型 ... 230
    9.2.2 信息安全体系的构建 ... 232

9.3 雷达装备管理信息系统 ... 233
    9.3.1 系统目标 ... 233
    9.3.2 系统构成 ... 234
    9.3.3 系统实现 ... 235

第10章 特殊环境下的雷达装备管理 ... 242

10.1 特殊自然环境下的雷达装备管理 ... 242
    10.1.1 特殊自然环境对雷达装备的影响 ... 242
    10.1.2 特殊自然环境下雷达装备管理对策 ... 249

10.2 特殊人工环境下的雷达装备管理 ... 253
    10.2.1 复杂电磁环境 ... 253
    10.2.2 生、化有毒沾染环境 ... 257

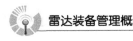

    10.2.3 烟尘环境 258

  10.3 非战争军事行动中的雷达装备管理 259

    10.3.1 非战争军事行动对雷达装备使用保障需求 260

    10.3.2 非战争军事行动中雷达装备管理的主要特点 261

    10.3.3 非战争军事行动中雷达装备管理的基本原则 262

    10.3.4 加强管理，提高非战争军事行动雷达装备使用与保障能力的对策措施 263

参考文献 266

第1章

装备管理基础知识

在现代信息化战争中，争夺制信息权、制电磁权和制空权，雷达装备的运用贯穿始终，其作战效能的正常发挥是掌握作战主动权的重要前提，直接影响作战的进程，甚至改变战争的胜负。

雷达装备作为现代预警装备体系的重要组成部分，是我军实现跨越式发展、打赢现代信息化战争的重要物质基础之一。建设与发展雷达装备，最大限度地发挥雷达装备作战效能，都离不开对雷达装备工作的科学管理。本章在明确雷达装备管理基本概念的基础上，将对雷达装备管理的基本原理与方法、管理思想与地位作用等进行介绍。

1.1 基本概念

要想进行雷达装备管理研究，必须对其涉及的基本概念进行明确的阐述和界定。雷达装备作为现代预警装备体系的重要组成部分，属军事装备范畴，我们首先对装备相关概念进行界定。

1.1.1 装备相关概念

目前，我国军事装备学专家在对现行国内外关于"装备"术语的解释进行分析比较的基础上，结合装备管理体制的调整变化，按照形式逻辑界定概念的方法，提出了"装备"的定义："①军事装备的简称，是用于实施和保障军事行动的武器、武器系统和其他军事技术器材的统称。主要指武装力量编制内的武器、弹药、车辆、机械、器材、装具等。②配发军事装备及其他军用物件的活动。"由此表述可见，"装备"在中文背景下，具有二义性，一是名词属性，是军事装备的简称；二是动词属性，指装备活动、装备工作。

1.1.1.1 "装备"的名词属性

1. 装备概念的内涵

从"装备"的名词属性出发，对于"装备""军事装备"等相关概念的理解，人们在认识上存在差异，在不同时期，不同作者从不同角度给出了各自的阐述。在本书中，我们认为：装备、军事装备、武器装备、武器系统、武器，按照这种顺序上的上下位概念明确种属关系，既符合逻辑学的种属概念规则，又可以用集合论的包含规则，形象描述它们之间的概念包含关系，即

$$武器 \subset 武器系统 \subset 武器装备 \subset 军事装备 \subset 装备$$

武器，亦称为兵器，是能直接用于杀伤敌有生力量、毁坏敌装备、设施等的器械与装置的统称，如匕首、枪械、火炮、核生化武器、精确制导武器、定向能武器、动能武器等。

武器系统，由武器及其相关技术装备等组成，是具有特定作战功能的有机整体。通常包括武器本身及其发射或投掷工具，以及探测、指挥、控制、通信、检测等分系统或设备。分为单件武器构成的单一武器系统和多种武器构成的组合武器系统。

武器装备，是用于实施和保障作战行动的武器、武器系统和军事技术器材的统称。

军事装备，是用于军事目的的各种制式装备的统称，具体来说是实施和保障军事行动的武器装备、后勤装备、文化装备、试验装备和训练装备等的统称。

根据我军装备体制和装备发展的现状，武器装备、后勤装备、文化装备、试验装备、训练装备等概念，都应属于军事装备的下位概念。为便于管理和保障，根据军事装备性质、使用特点和管理模式，将全军装备分为通用装备和专用装备。通用装备是指多个军兵种广泛使用，通用性、基础性强，或者对兼容互通、技术体制统一要求高的装备。专用装备是指主要保障一个军兵种使用，或者也可保障其他军兵种使用，但使用范围相对有限，专用性、专业性强的装备。

装备，是配发给个人或组织的一切用品和物具，是军事上或生产上必需的物资。一般分为军事装备和非军事装备（民用装备）。在军事领域，装备可作为军事装备的简称。

现代战争是体系与体系的对抗，军事装备体系作为现代战争进行的物质基础，发挥着不可替代的作用。

军事装备体系是为适应军事斗争需要，由相互关联、功能互补的各类装备系统，按照作战原则综合集成的具有明确作战功能的有机整体，通常由战斗装备、综合电子信息系统、保障装备构成。

在装备体系中，部件是其基本单元，多个部件构成装备分系统，进而构成装备

系统，多种装备系统构成装备体系。

综上所述，要想准确理解军事装备概念的内涵，应当抓住以下四个要点。

第一，从成因上讲，军事装备一般作为人造物，是装备工作的结晶和最终作用客体。

第二，从构成上讲，军事装备是科学技术在军事领域的主要物化形式，是军事技术的主要载体。

第三，从作用上讲，军事装备作为军人体能、智能、感官能的替代、延伸、拓展或发展，是武装力量战斗力的物质基础。

第四，从价值上讲，军事装备是国民经济的产品和国家武装力量行使暴力的工具，是具有特殊使用价值与特定流通渠道的商品。

2．预警监视装备

我们现在所说的"预警监视"，实际上就是采用一系列传感、遥控探测手段，发现、识别、定位、跟踪空、天、海、地各类目标，获取目标信息，并发出警报信号，为抗击或打击敌方目标提供相应情报和反应时间的保证。

美国空军条令文件 2-2.1《空间对抗》中定义：监视（Surveillance）是"通过视觉、听觉、电子、照相或其他手段，系统地观察某个或某些空域、空间区域、地球表面区域、水下和地下区域、位置、人群或事件时所采取的行动"。监视作为获取目标信息的手段，具有连续性和系统性，其核心问题是可靠、及时和准确地"获取""处理""分发"信息。

预警监视装备是用于获取各类军事目标信息，供军事指挥员及时了解战场态势的装备总称。它利用电子、光学、声呐等各种信息获取技术手段，发现、识别、定位、跟踪空、天、海、地各类目标，获取目标信息，为指挥员提供决策依据，为作战人员提供战场态势，并及时向可能被袭击的地区发出警报，以便有效应对敌方攻击。

按照"大预警"的系统概念，现代预警监视系统可分为相对独立但在某些方面又相互联系的四个部分，即防空预警监视系统、防天预警监视系统、海洋预警监视系统和地面预警监视系统。防空预警监视系统主要提供飞机、巡航导弹及其他大气层内目标的预警信息；防天预警监视系统主要提供各种弹道导弹、人造卫星及其他航天器的预警信息；海洋预警监视系统主要用于搜索、跟踪水面和水下目标；地面预警监视系统主要用于监视地面战场敌方的兵力态势和变化，提供部队编成、部署、指挥关系和行动企图等信息。

从使用的技术角度划分，预警监视装备体系由声学监视装备、光电监视装备、雷达装备、信号情报监视装备构成，如图 1-1 所示。

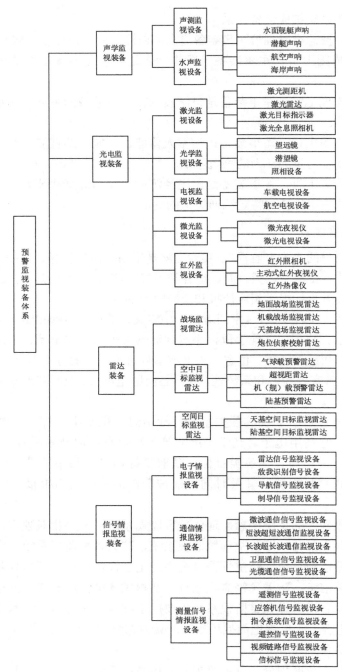

图 1-1 预警监视装备体系

3．雷达装备

GJB 4429《军用雷达术语》对"雷达"给出如下定义：利用电磁波发现目标并测定其位置及其他特征参数的装备或设备。

雷达可依据不同角度进行分类。按功能划分，可分为预警雷达、火控雷达、测控雷达、导航雷达、气象雷达、多功能雷达等；按装载平台划分，可分为地面雷达、车载雷达、机载雷达、舰载雷达、球（飞艇）载雷达、星载雷达等；按技术体制划分，可分为一次雷达、二次雷达、无源雷达、有源雷达、外辐射源雷达、非相参雷达、全相参雷达、脉冲雷达、连续波雷达等。

对空情报雷达装备是指一次雷达、二次雷达（含敌我识别器）、电站、雷达诱饵和告警等主要设备，配属天线罩、检测仪表、维修平台、避雷系统等附属设备，以及专用车辆、工程车辆等特种设备。

本书以对空情报雷达装备（以下简称雷达装备）为背景来介绍装备管理的相关内容。

雷达装备自 20 世纪诞生以来，在军事需求牵引与科学技术推动下，得到了迅猛发展，其代别划分情况如表 1-1 所示。

表 1-1 雷达装备代别划分情况

代别特征		第 一 代	第 二 代	第 三 代	第 四 代
年代		20 世纪 40～50 年代	20 世纪 60～80 年代初期	20 世纪 80 年代中期～90 年代中后期	21 世纪初期
典型型号		美国：AN/FPS-88、AN/CPS-6；苏联：П-20、П-35	美国：AN/TPS-32、AN/TPS-43；英国：S713 AR-3D	美国：AN/TPS-117、AN/FPS-130；英国：AR-327、S743-D	美国：先进多功能有源相控阵雷达；英国："指挥官-S"多功能有源相控阵雷达
技术体制	相参性	非相参和准相参体制	全相参体制	全相参体制	全相参体制
	坐标测定方法	早期：两坐标（2-D）体制，配高制；后期：V 形波束三坐标（3-D）体制	早期：堆积多波束（固定多波束）3-D 体制；后期：频扫 3-D 和相扫 3-D 体制	早期：多波束一维相扫 3-D 体制；后期：一维频相扫 3-D 体制和利用数字波束形成接收多波束 3-D 体制	两维电扫，两种方法：利用 DBF 网络形成接收多波束 3-D 体制，波束位置与数量可自适应变化；利用固态有源相控阵天线实现 3-D 体制
	角坐标测量方法	比幅体制	单脉冲体制	单脉冲体制	单脉冲体制，超分辨技术

续表

代别特征		第 一 代	第 二 代	第 三 代	第 四 代
技术体制	距离坐标精测方法	脉冲体制（窄脉冲）	线性调频（模拟）脉压体制、相位编码（数字）脉压体制	线性调频（数字）/非线性调频（数字）、相位编码（数字）脉压体制、宽带/超宽带技术	非线性调频（数字）、伪随机码相位编码（数字）脉压体制
	其他体制	变极化、频率分集	变极化、频率分集	变极化、频率分集、双（多）基地、无源探测	变极化、频率分集、双（多）基地、无源探测等
电子器件和设备	电子器件类型	早期：电子管、电阻、电容、电感等分立元件；后期：半导体分立元件、小规模集成电路	模块化电路和中、大规模集成电路、单层印制电路板	模块化电路和超大规模集成电路、光纤集成、多路传输、多层印制电路板	以砷化镓（GaAS）为主要原材料的微波单片集成电路（MMIC）、光纤集成、多路传输、多层印制电路板
	自检设备（BITE）	无BITE或仅有较简单的BITE，故障指示到分机	有BITE，故障指示到航线可更换单元（LRU）	有完善的BITE，故障指示到航线可更换单元，可遥测雷达的工作状态和工作模式，有故障软化能力	有完善的BITE，并有故障自愈能力和故障软化能力
总体性能评估	机动性	主要为车载式；架撤时间：5～10小时或更多	主要为车载与方舱（带机动轮）结合，可空运及用直升机吊运；架撤时间：2～5小时	以方舱（带机动轮）为主，可空运及用直升机吊运；架撤时间：0.5～2小时	体积质量减少，更能满足电子战环境需求；架撤时间：小于0.5小时
	可靠性	MTBF<100小时	MTBF 一般在100～200小时范围内	MTBF 一般在200～1000小时范围内	MTBF 一般大于1000小时
	维修性	MTTR在1小时以上；年计划维修时间很长	MTTR在0.5～1小时；年计划维修时间在50小时以上	MTTR在0.5小时以下；年计划维修时间在30～50小时范围内	MTTR在0.5小时以下；年计划维修时间不大于30小时
	电子战环境适应能力	很低，只有简单的抗干扰能力	较高，可在较窄频率范围内捷变频抗瞄准式有源干扰，有较多的反干扰措施和抗低空入侵手段	很高，可在较宽频率范围内捷变频抗瞄准式有源干扰，并有先进的反电子干扰和反辐射导弹手段	很高，能满足各种电子战环境需要

续表

代别特征		第 一 代	第 二 代	第 三 代	第 四 代
总体性能评估	目标环境适应能力	主要探测固定翼入侵飞机等	主要探测固定翼入侵飞机等	除可探测固定翼入侵飞机之外，还可探测直升机和巡航导弹（低速）	能探测飞机、直升机及高速弹道导弹、巡航导弹等多种飞行器
	无人值守能力	无	少数可以少人值守；但不能无人值守	多数可以无人值守；操纵员主要负责监视雷达工作是否正常	有无人值守能力；可配属全自动防空系统和 C4ISR 系统

1.1.1.2 "装备"的动词属性

在中文语义中，"装备"作为动词，原先是指"向部队或分队配发武器及其他制式军用物件的活动，如以雷达装备雷达部队"。这种配发活动，在我军可叫作"编配"，在外军叫作"部署"。这种解释，直接给出了装备作为活动概念的实质定义，即向部队或分队配发武器及其他制式军用物件的活动。从历史上来看，在克劳塞维茨写《战争论》的时候，以及在此以前的时代，由于武器装备比较简单，武器装备配发部队后，就剩下训练使用问题了。因此，对装备作为活动的概念做如此界定，具有其历史的合理性和局限性。

目前，作为动词的"装备"所表述的是军事装备工作。所谓装备工作，泛指人们为满足以军事行动对军事装备的需要，围绕装备体系的构建与发展、保持或恢复，所进行的保障性军事活动的统称。装备工作作为一类军事活动，其外延已由原来简单的配发活动拓展到包括装备论证、研制生产、试验鉴定、订货采购、调配部署、作战运用、技术保障、退役报废等一切装备活动。

《军事装备学基础》中对军事装备活动进行了详细阐述，对装备工作的理解具有很强的指导和借鉴意义。可以从以下几方面进行理解。

（1）装备工作主体，是指装备工作机构及所属工作人员。就我军而言，依据装备工作的内容，其主体可分为五大类：一是最高决策主体，由国家与军队最高决策层组成；主要对军事装备建设与发展，包括装备发展战略、规划、计划，装备体制的制定与实施等进行决策。二是军地结合主体，由军队与地方结合组成；主要进行军事装备研制、装备动员及依托动员的装备力量从事装备保障活动等。三是军地博弈主体，以军方为买方，地方军工企业等为主要卖方组成；主要进行军事装备采购活动，包括计划订货或招标投标、签订合同、计价审价、质量监督与检验验收等。四是军队自身主体，由军队自身特别是以装备部门为主组成；主要包括从军队受领接装任务开始到退役报废的过程中，所进行的一系列活动。五是国家与国家（特殊情况下可以是国家与地区或政治集团）作为主体开展的装备国际合作，活动内容是军事装备援助、贸易与科技合作和军备控制等。

（2）装备工作有两个理念：一是军事的理念。装备工作是为军事战略和军事行动提供保障的一种活动，用于满足军事行动对军事装备的需求，是军事工作的重要组成部分，其军事属性是显而易见的。二是服务的理念。相对于作战、反恐等军事行动，装备工作处于从动、支援、保障的地位。装备工作的根本职能是满足部队军事行动对军事装备的需求，因此，装备活动在军事行动中处于保障，即服务与服从的地位。

（3）装备工作的服务对象，也就是装备工作所对应的承受者。对于装备工作的服务对象，目前主要有两种不同的看法：一种认为装备工作的服务对象是装备实体，保障目的是保持或恢复装备的良好技术状况；另一种认为装备工作的服务对象是军事行动，保障目的是确保满足部队行动对军事装备的需要。前一种理解主体行为的目标比较明确、具体，但没有道出装备工作的根本目的，也不够全面和准确；后一种理解强调了装备工作与军队作战等军事行动的关系，有助于将装备工作放在军事大系统中研究。实质上，军事装备是装备工作的最终作用客体，满足军事行动对军事装备的需要才是装备工作的最终目的。

（4）装备工作功能，实现三个转换。装备工作主要围绕装备体系的构建和发展、保持或恢复展开。通过论证、试验、采购等活动，把国家和军队的人力、物力和财力等资源转化为军事装备，构建和发展军事装备体系；通过编配、管理、训练等活动，把装备保障资源转化为装备保障能力；通过编组、配置、供应、维修等保障活动，保持或恢复装备体系完好，把装备保障能力转化为部队作战能力。

（5）装备工作环境，装备工作作为一类服从、服务于军事行动的保障活动，必然受军事大系统的环境约束。

作为名词的"装备"属于实体范畴；作为动词的"装备"，即装备工作属于活动范畴。装备是装备工作在装备建设阶段的物化结果，也是装备工作的最终作用客体。从这一点上讲，装备与装备工作是活动结果与活动过程的关系。

1.1.2 装备管理相关概念

1.1.2.1 管理

1. 管理的内涵

从字义上讲，管理就是"管辖、治理"的意思。虽然人类管理活动的历史源远流长，但管理成为一门独立的学科还是20世纪初期的事情。一百多年来，管理理论的发展主要经历了以下流派：最早出现的是泰勒开创的科学管理学派，也称为古典学派；继而出现了行为科学学派；到了现代，管理学派更为繁多，相继出现了社会系统学派、决策理论学派、系统管理学派、经验主义学派、组织行为学派、权变理论学派等。这些学派之间甚至同一学派中的不同代表人物，对管理概念的解释都有很大的差异。其中，代表性较强、影响性较大的观点有以下几点。

管理就是"确切地知道你要别人去干什么，并使他用最好的方法去干"；管理是一种职能活动，就是"实行计划、组织、指挥、协调和控制"；决策贯穿管理的全过程，"管理就是决策"；管理是一种系统；管理就是随机应变；管理是一种控制；管理是用数学模式与程序求出活动的最优解答；管理不仅是一门学科，还是一种文化，有它自己的价值观、信仰、工具和语言；管理就是创造可使人高效率工作的组织环境；等等。

国外对管理的定义，或从管理的职能，或从管理方法，或从管理过程及目标的角度来界定，到目前为止，并没有形成统一认识。主要原因有：第一，管理是一个属于历史范畴的概念，对其内涵和外延的认识随着时代的发展而不断变化，不同的历史时期对管理的看法和理解是大不一样的；第二，管理是一门新兴学科、交叉学科和边缘学科，由于在研究中采用多种研究范式，这些范式往往既不相容又无法替代，无法形成统一的研究范式，必然会对管理的概念产生不同的认识；第三，管理是一门侧重实践的学科，即使是最严格的科学研究也无法排除人的价值因素和各类情境要素的影响，基于不同学术背景、实践环境和个人认知而得出的认识必然具有巨大的差异性。由于多种因素的作用，自 20 世纪 60 年代就产生的"管理理论丛林"现象时至今日也没有得到有效解决，相反，这片"管理理论丛林"成长得越发茂盛，管理研究领域中的思想混战有越演越烈之势。

近年来，我国理论界对现代管理的研究有了空前的发展，取得了丰硕的成果。在现有的学术著作中，虽然对管理这一概念内涵及外延的理解尚未取得完全统一的认识，但比较趋同的看法是：管理是一个活动过程，即管理是在一定组织中通过计划、组织、领导、协调和控制等，有效地配置和使用各种资源以实现组织目标的活动过程。管理活动通常由五个基本要素构成，即：管理主体，回答由谁管的问题；管理客体，回答管什么的问题；管理目标，回答为何而管的问题；管理方法，回答怎样管的问题；管理环境或条件，回答在什么情况下管的问题。

2．管理职能

管理职能产生于管理活动，有管理活动就必然有相应的管理职能。管理是管理者对其所拥有的资源进行有效的计划、组织、领导、协调和控制，以便达成既定管理目标的过程。这个过程中的计划、组织、领导、协调和控制不是孤立的、割裂的，而是由一系列相互关联、连续进行的职能活动构成的，是不断反复进行的循环过程。

1）计划职能

计划职能是管理工作的第一个环节，是管理的首要职能，也是管理工作的主要手段。计划职能的主要特征如下。

先导性。雷达装备管理工作是一个不断循环的过程，各种职能在实行过程中相互交织在一起，但任何管理工作都是为了一定的目标而进行的，因此，计划职能在时间上要领先于其他职能。

目的性。拟制雷达装备计划的目的在于实现装备管理目标。没有计划就不能达到组织各系统协调行动的目的，也就难以顺利实现既定的目标。没有计划的管理活动必然是盲目的。

普遍性。计划涉及组织内所有管理人员，是全体管理人员的一项职能，装备计划在装备管理工作中具有普遍性。

时效性。计划不仅是实现目标的手段，而且是组织一定时期内的行动方案，它的制订以一定时间内的各种信息为前提，即具有时效性。

2）组织职能

组织职能是管理的一项基本职能，与管理相关的计划和决策都必须依靠一定的组织来贯彻落实。只有做好管理组织工作，才能使各项管理活动得以顺利实施，才能保证管理计划目标的实现。

组织职能的主要内容包括以下四个方面。

一是依据组织目标设计、建立一套组织机构和职位系统；二是确定权责关系，从而把组织联系起来；三是以组织关系为架构，通过与其他管理职能相结合，组织成为高效运转的有机整体；四是根据组织环境条件的变化，适时调整组织结构，通过设计、建立组织结构，消除权责分配方面的矛盾，最终形成一个构造优良、运转高效的组织结构。

3）领导职能

领导职能是管理工作的一项重要职能。有效、强有力的领导，有利于更好地发挥管理的计划、组织、协调与控制职能的作用，从而高效地实现管理的目标。

领导职能的作用包括以下三个方面。

指挥作用。在管理等活动中，领导者帮助成员认清所处的环境和形势，指明活动的目标和达到目标的途径。对成员进行引导、指挥、指导。

协调作用。管理活动，有着明确的目标，但由于每个成员的认识、个性、态度、地位等方面的差异性，对目标的理解和接受程度不同，行为表现各异。为了将每个成员的行为统一到共同目标上来，需要领导者协调好各部门关系和成员的活动，大力协同，齐抓共管。

激励作用。领导过程的目标就是将个人目标与群体或组织目标结合起来，引导成员为组织目标做贡献，调动积极性和自觉性。

4）协调职能

协调职能就是调整系统内部诸要素之间、系统与环境之间的关系，使不同单位或部门相互配合、步调一致地实现管理目标的活动。

对外协调中，垂直协调是指上级主管部门与隶属部门间的协调活动，而水平协调则是指友邻单位间的协调活动。

对内协调中，垂直协调是指单位内领导与部属间的协调活动，而水平协调则是指单位内不同部门、成员间的协调活动。

协调的主要方法包括请示汇报、指示发布、第三方协调、召开会议等。

5）控制职能

控制是对组织内部的管理活动及其效果进行衡量和校正，以确保组织的目标，以及为此而拟定的计划得以实现。控制职能的基本特点主要有以下三个方面。

目的性。管理控制是紧紧围绕组织的目标进行的。

整体性。从控制的主体上看，控制是全体成员的职责；从控制的对象上看，管理控制覆盖组织活动的各个方面、各个层次、各个部门、各个阶段。控制使各方面协调一致，以达到整体的优化。

动态性。组织活动是动态的过程，从而决定了控制的方法不可能固定不变。

控制在管理中的作用有两个方面：一是纠正偏差，使组织活动按照既定的计划轨道运转；二是反馈计划或称为"调适"，修正或调整计划中不符合实际的部分。

控制的基本过程有三个步骤：确定标准、衡量绩效、采取纠偏措施。为确保控制工作取得更好的成效，按照管理学的原理，管理控制有如下五项基本原则：第一，控制应该同计划与组织相适应；第二，控制应该突出重点，体现特点；第三，控制应该具有灵活性、及时性和经济性的特点；第四，控制过程应避免出现目标扭曲问题；第五，控制工作应注意培养组织成员的自我控制能力。

管理工作是一个反复进行的循环过程。管理的计划、组织、领导、协调和控制职能是相互联系的。作为管理者，不论在哪一层次上承担管理职责，其工作职能都包括计划、组织、领导、协调和控制方面。不同层次管理者工作上的差别不是职能本身不同，而是各项管理职能履行的程度和重点不同。

1.1.2.2 装备工作

装备工作是装备管理的对象，即管理活动的客体。如前所述，装备工作是人们为满足以军事行动对军事装备的需要，围绕装备体系的构建与发展、保持或恢复，所进行的保障性军事活动的统称，主要包括装备发展规划、论证、研制生产、试验鉴定、订货采购、调配部署、作战运用、技术保障、退役报废等。依据工作阶段、责任主体及其相互关系来区分，将装备工作所泛指的全部活动划分为五个部分。

（1）国家与军队最高决策层对军事装备建设与发展的谋划，包括装备发展规律研究，发展战略、规划、计划，装备体制的制订与实施等。

（2）军队与地方相结合（军地结合主体）所进行的军事装备研制、生产，包括一系列的试验和定型。科研、生产以地方军工企业和科研院所为主，装备状态鉴定、作战试验、列装定型、在役考核以军方为主。

（3）以军方为买方，地方军工企业等为主要卖方（军地博弈主体）所进行的军事装备采购，包括计划订货或招标投标、签订合同、计价审价、质量监督与检验验收等。

（4）从军队受领接装任务开始到装备退役报废的过程中，军队自身所进行的调配部署、作战运用、技术保障、退役报废等一系列工作。

（5）装备国际合作。军事装备的国际合作是国家与国家（特殊情况下可以是国家与地区或政治集团）之间进行的军事装备援助、贸易与科技合作和军备控制等活动的统称。通过军事装备的国际合作，可以丰富和发展军事装备理论，促进军事装备人才建设和培养，便于军事装备技术的创新和交流，提高军事装备的信息化水平。

1.1.2.3 装备管理

装备工作就活动本身来区分实践层次，可以派生出装备管理大、中、小三种概念。大概念的装备管理，指的是对整个装备工作的管理，装备的全系统、全寿命管理，其工作范围涉及装备体系建设规划和型号装备论证、方案、工程研制与试验定型、生产、使用与保障及退役等全过程。中概念的装备管理，是指对装备从接收到退役报废的一系列管理活动，其工作范围主要包括装备的调配、动用与使用、封存与启封、保管与保养、维修、技术革新、退役报废、信息管理、教育与训练、安全管理、战备工作、战时管理、检查与考评、管理工作研究等。部队平时讲的装备管理大多指的是这个意义上的装备管理。小概念的装备管理，仅指部队装备的日常管理，其内容包括装备的动用、使用、保养、保管、封存、启封、定级、登记、统计、点验、配套设施建设、爱装管装教育、安全管理、检查、评比与总结等。使用中、小概念的装备管理时，需要在前面加以必要的限制词予以规范。例如，中概念的装备管理可以使用"装备部队管理"，小概念的装备管理则用"装备日常管理"等。

装备管理的基本任务是：合理配置装备及其管理资源，保持装备的良好技术状态和管理秩序，保证部队遂行任务的需要。

本书是以大概念装备管理，即"雷达装备全系统、全寿命管理"为对象进行阐述的。为了进一步阐明大概念装备管理涉及的范围，下面对"装备寿命周期"进行简略阐述。

GJB 451A—2005《可靠性维修性保障性术语》将装备寿命周期定义为"装备从立项论证到退役报废所经历的整个时间。它通常包括论证、方案、工程研制与定型、生产、使用与保障及退役等阶段"。

装配寿命周期阶段划分的根本目的是设置决策点，谋求成本、性能、进度和风险之间的平衡。任何装备的寿命周期都包括前后衔接的两个过程，即由军事需求和技术能力"物化"为装备的寿命前期，由装备通过部队训练和使用保障转化为部队作战能力的寿命后期。目前，我军装备寿命周期及其阶段划分一般如图1-2所示。

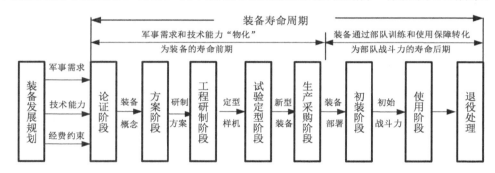

图1-2 我军装备寿命周期及其阶段划分

装备的全寿命管理就是在装备寿命周期过程中，降低装备的全寿命费用，提高装备的战技性能和综合保障能力，加快装备研制和形成初始作战能力的进度，从而达到"投入较少，效益较高"的根本要求。

综上所述，在大概念装备管理中，全系统管理就是从国家整个装备体系角度对各类装备管理要素进行综合协调，使装备体系整体效能最优化的管理；全寿命管理是指对具体型号装备从论证、方案、工程研制与试验定型、生产、使用与保障及退役等整个过程，进行统一筹划、全过程协调控制的系统工程管理。

1.1.2.4 雷达装备管理

雷达装备管理是为使雷达装备得到适时补充、合理使用并保持完好状态所进行的计划、组织、领导、协调和控制活动，既是装备管理体制、管理法规体系、经费管理、信息管理、维修管理等全系统要素管理，又是装备科研、生产、采购、使用保障直至退役报废等全寿命过程管理，是最大限度地发挥雷达装备作战效能，形成和提高雷达部队作战能力的重要保证。正确理解雷达装备管理的基本概念，必须把雷达装备管理目标、主体、客体、环境和方法手段这五个基本要素分析明白。

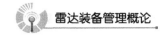

1. 管理目标

雷达装备管理目标是发展和适应我军作战需要的雷达装备，建立和完善具有我国、我军特色的现代雷达装备体系，保持装备的适度规模和完好技术状态，保障雷达作战效能充分发挥，保证作战、训练和其他各项任务顺利完成。

雷达装备管理必须坚持战斗力标准，将目标定在保证部队装备随时处于配套齐全和技术良好状态，能够持续遂行各项任务。管理者是通过对人力、物力、财力等资源的合理使用和调控，对技术、信息、时间和空间的充分利用，并通过计划、组织、领导、控制与协调等职能来合理配置装备与保障资源，用最少的资源消耗保证雷达装备持续满足战斗力要求，是雷达装备管理追求的总体目标。

2. 管理主体

雷达装备管理主体就是管理者，即管理机构及所属人员。雷达装备管理是一种内容广泛、主体多元的军事活动。装备管理的好坏，既取决于装备机关，又取决于雷达部队各级领导和全体官兵。装备管理机关根据职责分工对部队装备工作进行指导、协调，是部队装备工作管理的责任主体；部队各级领导和全体官兵是对装备进行管制，对装备实施管理的主体。雷达装备管理是在各级党委领导下，首长负责，由各级机关按照业务分工密切协作、齐抓共管，才能完成的现代化、科学化的管理。

3. 管理客体

雷达装备管理客体，即管理活动的对象，是雷达装备工作。雷达装备工作是一个系统的活动，该系统是雷达装备及其有关的人力、物力、财力、技术、信息、时间和空间等多种要素有机联系在一起所构成的整体。雷达装备管理既是一个全系统管理，又是装备寿命周期各阶段的全过程管理。

4. 管理环境

雷达装备管理不同于一般的民用装备管理。民用装备管理主要追求经济效益，常用投入产出关系来约束其管理决策。而雷达装备作为一类军事装备，用于军事活动，装备管理的各项决策首先要考虑战斗力因素和战场环境，特别要考虑现代信息化作战使用的环境。因此雷达装备管理具有自身特色：一方面要立足战场，以军事斗争需求为牵引，遵循现代信息化条件下军事装备管理的规律；另一方面要依托市场，讲究效益，开拓创新，做好装备管理工作。

5. 管理方法手段

雷达装备管理方法灵活多样，采取行政、法规、技术、经济、教育等丰富多样的方法。在装备发展和部队装备管理中，综合运用系统工程管理、矩阵式管理、风险管理、责任制管理、目标管理、分级管理等方法和策略,提高装备管理效率和效益。根据未来装备结构复杂、技术密集、多专业综合性强的特点,提高管理者的知识素养和技术素养,掌握和运用各种现代管理方法,提高对装备的科学化管理水平,实现装备的"平时精细管理,战时精确保障"。

雷达装备管理手段信息化,充分利用计算机技术、网络技术、通信技术、大数据挖掘、人工智能等现代信息技术,建立资源可视化、全程控制的信息化系统。利用射频技术、自动识别技术、可视化技术、远程支援技术等,逐步实现装备精确化管理。例如,在装备的规划论证、科研生产上,广泛应用网络化管理信息系统;在装备调配、存储、器材供应上,广泛应用现代物流技术、自动监控与自动识别技术等;在装备维修管理上,广泛应用故障自动诊断技术、健康状态管理技术、远程支援技术等;在装备的日常安全管理上,广泛应用先进的监控设备等,对装备的数量、质量状况进行实时、高效和准确的管理。

1.2 基本原理与方法

1.2.1 基本原理

雷达装备管理的基本原理,是系统理论和管理一般理论与雷达装备管理实践相结合的产物,是对雷达装备工作内在客观规律认识的科学概括。

1.2.1.1 整体性原理

系统不是其各组成要素的简单叠加,其具有单个组成要素所不能具备的、由系统特有结构及各组成要素相互作用实现的特定功能。系统的整体性原理就是不片面地追求单个组成要素的最佳,而是通过系统的组织结构和功能结构的优化,统一协调控制各组成要素之间的相互作用过程,使系统达到最佳的整体效能。

在雷达装备管理中,整体性原理体现在以下几个方面。

1. 装备体系的整体性

装备体系的整体性体现在:一是不刻意追求某个型号雷达装备系统的先进性,而是致力于整个预警监视装备体系结构的完整性和互补性;二是雷达装备建设必须适应现代信息化战争军事需求,以及国家经济和科技发展水平。也就是说,既要考虑国家空天安全和军队信息化战略转型的需要,又要考虑国家经济和科技条件的制约。

2. 装备系统的自身整体性

现代雷达装备通常包括一次雷达、二次雷达（含敌我识别器）、电站、雷达诱饵和告警等主要设备，配属天线罩、检测仪表、维修平台、避雷系统等附属设备，以及专用车辆、工程车辆等特种设备，可分为主装备和配套保障装备两类。装备系统的自身整体性主要表现在两个方面：一是要求主装备与配套保障装备并重，不能片面强调单方面发展，更不能有所偏废；二是装备内部各部件或子系统的互相匹配与相容性。

3. 装备全寿命周期的整体性

雷达装备的全寿命周期发展进程是一个动态的、连续的过程，尤其是装备在其全寿命周期前期的状态，对装备的战技性能、全寿命费用及综合保障能力等综合指标起着决定性作用，即装备的前期状态对其后期状态有着强烈的因果性。因此，装备全寿命周期的整体性就是要着眼于这种因果性，在装备的论证、方案和科研生产阶段，应分析、权衡、优化包括全寿命费用和综合保障在内的全寿命周期整体综合指标。

1.2.1.2 层次性原理

层次性是系统的普遍特性。装备系统本身由若干分系统组成，而每个分系统又由若干子系统组成，子系统又由若干部件、构件和零件组成。系统正是通过这种层次结构使系统组成要素能够有序、协调地工作，完成各部分的指定功能。雷达装备管理的层次性主要体现在以下三个方面。

1. 组织结构的层次性

雷达装备管理的组织结构是按照军种、战区、雷达部队这样的层次结构进行组织领导的。每个层次，根据工作职能又可划分为若干业务部门。每个层次所管理的范围和重点各不相同。层次越高，管理的范围越宽，层次越低，管理的范围越窄；与此同时，层次越高，管理的粒度越粗，越偏重于宏观特征的把握，层次越低，管理的粒度越细，越偏重于微观特征的把握。

2. 管理对象的层次性

雷达装备宏观管理与微观管理的对象不同，对象的规模、组成要素、环境和结构也有很大的差别。因此，对于雷达装备建设的宏观管理与对雷达装备个体全寿命的微观管理，从组织机构到运行机制都应该分开，即应该把雷达装备建设的发展战略、规划计划的宏观管理与装备个体全寿命周期阶段管理分开。

3．装备项目管理的层次性

装备项目也是一个系统，也存在层次结构。因此，应该根据装备系统的层次结构，采用系统分析方法对其研制发展工作及投入费用进行结构分解（分别称之为工作分解结构和费用分解结构），并运用装备系统工程的原则和方法进行分析、综合、权衡、优化，对雷达装备项目实施科学的系统管理。

1.2.1.3　军事需求牵引原理

任何系统都具有其特定功能，系统的特定功能是为了达到目的所必须具备的基本能力，也是系统各组成要素组合的基础和前提。雷达装备建设的目的就是满足预警监视情报来源的需求，因此，系统工程中的目的性原理在雷达装备建设中就成为军事需求牵引原理。

雷达装备的建设和发展，就是要满足国家战略预警框架下的空天目标监视的军事需求，而且必然会受到国家军事需求的强烈牵引。

军事需求牵引原理在雷达装备管理中主要体现在以下几个方面。

（1）应该根据国家战略预警所确定的空天目标监视的军事需求，对雷达装备建设进行宏观谋划，力求以较少的投入获得能够满足需求、结构优化的雷达装备体系。

（2）在雷达装备体系框架内，各装备系统都是为了满足特定的作战使命任务。所以，军事需求的不可替代性将成为雷达装备立项论证和审查立项的基本依据。

（3）建立国家预警监视军事需求生成系统，该系统的任务就是把对空天目标的预警监视能力和作战能力的需求，转化为对雷达装备的技术要求、使用要求和保障要求。

（4）在满足军事需求的前提下，寻求雷达装备的性能、进度、费用和综合保障的最佳匹配是雷达装备管理的基本目标。

（5）应该把能否完成预定的作战使命任务，作为雷达装备管理考核的基本标准。

1.2.1.4　科学技术推动原理

科学技术推动原理可以表述为：科学技术的发展成果一旦为军事应用提供了发展机会，就会立即反映在装备的建设发展上，甚至直接产生新型装备。当存在迫切的军事需求（如低、慢、小及隐身目标的探测），强烈需要有相应特种装备时，为了支持这些特殊装备的研制生产，相应的科学技术领域必然会迅速发展。雷达装备管理的科学技术推动原理主要体现在以下几个方面。

（1）充分重视科学技术在雷达装备建设中的重要作用，加强预研、增加国防科技积累，把夺取军事技术优势作为雷达装备发展战略和中长期规划的重要目标。

（2）必须妥善处理应用基础研究、应用研究和技术开发之间的比例关系，在兼顾雷达装备当前发展需求及长远发展后劲的基础上，加强军事科技的前沿探索。

（3）要在加强技术储备和鼓励技术创新上加大力度，处理好引进、消化和创新的关系。

（4）贯彻前瞻性的"三步棋"思想，即装备一代、研制一代、预研一代，对于发展新型装备所必需的关键技术领域，必须加大投资和人才引进力度。

1.2.1.5 开放性发展原理

任何一个系统都必须与其周围环境进行物质、能量和信息的交换，才能不断提高系统内部的有序性和环境适应性，从低级阶段向高级阶段发展，否则系统就会不断由有序向无序退化，逐渐走向衰亡；同时，系统必然受到系统环境的约束，在与环境的相互关联、相互约束、相互作用的过程中逐渐得到发展。这就是系统的开放性发展原理。雷达装备管理的开放性发展原理主要体现在以下几个方面。

1．国家经济与科技发展水平对雷达装备建设的约束性

雷达装备建设必然受国家经济与科技发展水平的约束。因此，雷达装备建设必须适应我国国情和军情，不能企求超越国家经济与科技支撑实力的发展，否则，即使个别型号暂时有所突破，也不能保持健康的、持续的发展。

2．装备技术发展的开放性

雷达装备技术发展不能自我封闭，一方面要广泛吸取国内外一切先进的技术成果，重视对具有潜在军事用途的"民用科技"成果的研究开发和应用；另一方面必须妥善处理军用科技和民用科技的关系，提倡"军民两用"的联合开发和行业渗透，并积极推广先进的军用科技成果在国民经济生产建设中的应用，达到军用科技和民用科技的良性互动，互相促进，共同提高。

3．装备体系建设的开放性

当前，在以和平与发展为主题的国际形势下，我国实行改革开放的总方针、政策，雷达装备体系建设的开放性体现为实行"自力更生为主，争取外援为辅"的经济建设方针。要正确处理"自力更生"和"争取外援"的关系。我国雷达装备发展主要依靠自力更生，同时在条件允许的情况下引进国外的先进技术和装备，以加速我军雷达装备体系的发展与完善。

4．装备寿命周期过程的开放性

新型装备的设计研制过程就是一个"设计-试验-修改-再试验"不断完善的过程；使用保障过程也是不断认识、不断改进的过程；旧型装备的退役报废意味着新型装备寿命周期的开始。

1.2.1.6 反馈控制原理

系统的反馈控制原理是关于系统稳定和有序发展的基本条件和规律。当系统的行为偏离其发展目标值,或者由于系统外部环境条件引起系统目标值变化时,系统行为的偏差信息反馈给管理控制系统;管理控制系统通过调整影响系统行为的参数,使系统行为恢复正常发展状态或适应环境的变化,这个过程就是系统的反馈控制过程。显然,反馈控制是系统维持其发展稳定性和环境适应性的重要属性,而迅速准确的信息反馈和灵活有效的管理控制机制则是保证系统稳定发展的追求目标。反馈控制原理对于雷达装备管理主要体现在以下方面。

一方面是部队在装备使用保障阶段的实践中发现新的需求和装备的薄弱环节,分别反馈到论证、方案和研制生产阶段,导致新型装备的论证、装备的改型方案或生产技术的改进;另一方面则是在后续阶段的工作中应注意发现前期工作及决策的缺陷和失误,及时通过阶段评审和决策,给予补充和修正,甚至要求重新返回前期阶段。例如,通过方案预演检验论证指标的合理性,设计开发时发现方案的缺陷和不足,生产过程中发现设计的失误等,都应及时反馈进行决策。

1.2.2 基本方法

20世纪70年代以来,随着系统科学和系统工程的发展和广泛应用,在装备管理上形成了全系统、全寿命管理的基本思想和科学方法。雷达装备管理系统工程的科学方法,就是雷达装备在规划计划、研制生产及使用保障等各方面管理实践中,按照装备管理的基本原理,创造性地综合运用系统工程基本方法的成果。

1.2.2.1 雷达装备管理方法的分类

装备管理方法可依据装备寿命周期阶段、用途和特性等属性进行分类。依据装备寿命周期阶段可将装备管理方法分为规划论证、研制生产和使用管理三类;依据用途可将装备管理方法分为优化分析、系统集成、建模仿真、综合评估和管理控制五类;依据方法特性分类可将装备管理方法分为定性和定量两类。

1. 依据装备寿命周期阶段分类

雷达装备寿命周期阶段可分为规划论证、研制生产和使用管理三个主要阶段,三个阶段重点关注的问题不同,采用的方法也不同。依据装备寿命周期阶段分类,如表1-2所示。

表 1-2 依据装备寿命周期阶段分类

阶 段		方 法	目 的
规划论证	需求分析	AHP法、Delphi法、建模仿真、效能分析、PPBS、决策分析、风险分析、寿命周期费用分析等	构建装备体系概念模型、制定指标体系、明确指标范围、提出方案、综合评估、风险分析、可行性分析、寿命周期费用分析等
	论证决策	PPBS、规划方法、决策分析、建模仿真、效能分析、风险分析、寿命周期费用分析等	方案模拟、综合评估、指标调整、完善指标分配、风险规避、实现寿命周期费用最优
研制生产	工程研制	网络分析、建模仿真、决策分析、寿命周期费用分析、效能分析、项目管理等	实现性能、费用、时间进度三者之间的平衡优化、持续改进
	定型生产	建模仿真、效能分析、决策分析、网络分析、寿命周期费用分析、项目管理、质量信息管理等	确保完成性能质量和时间进度目标
使用管理	部署训练	建模仿真、效能分析、决策分析、采购理论、规划方法等	优化部署训练,尽快形成战斗力
	使用保障	建模仿真、寿命周期费用分析、项目管理、效能分析、决策分析、信息管理等	优化保障资源、实现寿命周期最优

2. 依据装备管理方法的用途分类

依据装备管理方法的用途可分为优化分析、系统集成、建模仿真、综合评估和管理控制五类,如表1-3所示。

表 1-3 依据装备管理方法的用途分类

用 途	方 法	目 的
优化分析	AHP法、Delphi法、PPBS、规划方法、网络分析、寿命周期费用分析、建模仿真、效能评估等	优化体系结构和性能参数
系统集成	综合集成法、综合评估、系统动力学建模仿真效能评估等	综合集成,形成体系
建模仿真	Petri网、Agent、IDEF、CMMS、UML、DIS、HLA数据库等	为优化和评估提供手段
综合评估	效能分析、寿命周期费用分析、建模仿真、规划方法、效能评估、综合评估、决策方法等	为方案选择提供依据
管理控制	网络分析、风险分析、寿命周期费用分析、PPBS、决策分析、项目管理、合同管理、质量管理、信息管理等	管理控制研制、生产、使用过程

1.2.2.2 雷达装备管理方法的特点

雷达装备管理方法主要具有系统性、实践性、渐进性、综合性、定性分析与定量分析相结合、理论分析与仿真试验相支撑的特点。

1. 系统性

把雷达装备管理系统各组成要素、装备寿命周期各阶段的管理作为一个系统来看待，从整体中找出它们之间的联系和制约关系。还要把雷达装备作为预警监视装备体系的重要组成部分来看待和研究，从全局的高度进行把握和研究装备管理的全部活动，把立足点放在求得"整体效能"最优上，力求取得"整体大于部分之和"的效果。同时，雷达装备管理是一个动态的管理过程，要从研究管理过程中把握过去、认识现在和预测将来。

2. 实践性

装备管理方法的实践性体现在源于实践、指导实践、接受实践检验三个方面。方法的创立源于装备管理实践的需求，反过来又指导装备管理实践活动，同时接受装备管理实践的检验。

近几十年来，最新的装备管理方法大多是从装备工作实践过程中产生出来的，如网络计划方法、寿命周期费用方法、风险分析方法等。经过数十年的实践检验，这些系统方法逐渐成熟，形成了较为完善的体系，并在其他领域获得了广泛的应用。

3. 渐进性

装备管理方法的渐进性体现在创新、改进和借鉴三个方面。

随着雷达装备技术含量和综合程度增加，研究所涉及范围增大，复杂性增加；问题所涉及的因素越来越多，非线性特性越来越明显，数据的获得越来越困难，数据的属性越来越不完备。这些特性使得我们在研究面对的实际问题时，常感到现成方法的不适应。为有效处理面对的复杂的实际问题，需要创新方法、对现有方法进行适应性改造或借鉴其他领域的研究方法。

随着信息装备的发展，借鉴了 Petri 网方法建模描述 C3I 系统的运行；随着联合作战样式的出现，创新了 Agent、IDEF、CMMS、UML 等建模方法描述复杂的装备体系作战过程等。

4. 综合性

装备管理方法的综合性体现在三个方面：一是在同一方法中体现出的综合性，如寿命周期费用分析综合了优化、决策、建模仿真、效能分析、经济分析等多种方法。二是在解决同一问题时体现出的综合性。在不同的逻辑阶段，面对不同的影响因素，采用不同的方法进行综合分析计算。例如，在确定雷达装备战技指标时，定性分析构建指标体系，定性分析与定量分析结合建立仿真模型，定量规划获得优化后的指标量值。三是在方法的改进和创新上体现出的综合性。对已有方法的改进呈现明显的综合性特色，如优化方法综合了其他领域的研究方法，形成了解决综合性问题的遗传算法、神经网络算法等现代优化方法；方法创新集中在综合性方法的创新上，如近年来提出的 Agent、IDEF、CMMS、UML 等复杂装备体系建模方法的综合性特色就十分明显。

5．定性分析与定量分析相结合

定性分析与定量分析相结合是基于装备管理系统要素的特性。在装备管理系统要素中，有些可以定量描述，有些只能定性描述。

随着装备复杂性的增加，定量化研究的要求日益增加；同时随着研究方法和计算机技术的发展，定量化研究方法和手段越来越完善。然而事物是复杂的，尤其是大型复杂装备系统，定量化研究方法难以解决全部问题，需要有效使用定性方法，充分利用专家的智慧和经验，定性分析与定量分析相结合，解决面临的复杂性综合问题。

6．理论分析与仿真试验相支撑

随着计算机技术的发展，仿真方法已成为装备管理方法中的一个重要分支。在理论研究基础上进行仿真试验，已成为装备管理研究的一个十分鲜明的特色。装备系统建模与仿真是研究装备系统战技指标、费用、效能、风险等项目的有效工具。通过构建科学合理的模型，可以有效地描述装备系统的结构、工作过程、信息交互过程和作战使用过程，从而对装备系统的战技指标、费用、效能、风险等项目进行定量分析和评估。

1.3 管理思想与地位作用

1.3.1 管理思想

雷达装备管理思想是人们对装备管理活动的根本性认识和看法，是装备管理规律的客观反映。这些思想，一方面源自管理学的一些理性认识，另一方面源自装备建设发展活动的实践总结。在雷达装备管理实践中，人们逐步认识了雷达装备管理的一些特点和规律，形成了一些基本思想，这些思想在雷达装备管理的日常活动中发挥着越来越重要的作用。

1.3.1.1 全系统、全寿命管理思想

对某一特定型号的雷达装备系统来说，经过论证、研制、生产、采购到装备部队使用，以至退役报废等全过程。要保证装备性能正常，有效地发挥作战效能，必须对其发展的每个阶段都要统筹起来考虑，实施全系统、全寿命管理。雷达装备的全系统、全寿命管理，就是运用系统理论和系统工程方法，从国家安全和军队战略转型出发，立足预警监视装备体系建设，进行全局的、长远的谋划，通过制定装备发展战略、装备体制和中长期规划，对装备的体系结构和发展建设蓝图，进行全局的顶层设计，并通过对装备建设五年计划和年度计划的制订、实施、监督和评估，以及对军事需求的连续跟踪分析，定期地对雷达装备体系结构和规模进行调整和完善的过程。目的是使预警监视装备体系功能完备、规模合理、结构优化、质量优良、整体效能最佳。全系统、全寿命管理的主要理论依据是现代管理理论、系统工程理论等，主要方法是系统工程、并行工程、装备综合保障工程、保障性分析、费用效能分析等。

1. 全系统、全寿命管理是雷达装备现代化建设的客观要求

20 世纪 80、90 年代，在我军国防现代化建设及装备迅速发展的形势下，通过不断总结我军装备管理的实践经验，借鉴并消化外军装备管理的先进经验和方法，逐渐形成了我军装备全系统、全寿命管理的全面概念。针对雷达装备，其含义是按照循序渐进的科技发展规律，对雷达装备的全寿命周期各阶段、全系统各组成要素进行全面管理；从雷达装备系统的全寿命费用及作战效能充分发挥着眼，全面统筹雷达装备的战技性能、全寿命费用、时间特性（主要包括装备研制部署进度、形成初始作战能力的期限和装备使用寿命）和综合保障要素，把性能、费用、进度和保障的最佳匹配作为全系统、全寿命管理的目标和要求，并将这些指标分解和贯穿到全寿命周期各阶段的管理中，使得全寿命周期各阶段的管理形成一个统一的整体。在 2021 年实施的《军队装备条例》中，着眼于提高装备建设现代化管理能力，优化装备全系统、全寿命各阶段及各组成要素的管理流程。从这一发展过程来看，雷达装备全系统全寿命管理的思想，既来源于国外的国防采办管理的理论和实践，又来源于我国军事装备建设实践的理论概括，真实地反映了军事装备现代化建设的客观要求。雷达装备全系统、全寿命管理的任务是在装备研制过程中，尽可能为使用过程打好基础、做好准备，保证雷达装备在使用寿命期间，战技性能达到规定要求，作战效能得以充分发挥，全寿命费用控制在合理范围内。

2. 全系统、全寿命管理是雷达装备高技术密集、体系结构日趋复杂的发展规律的客观反映

现代雷达装备的建设和发展是一项系统工程，高新技术在装备中的大量应用，装备体系结构的复杂性、系统功能的继承性及其系统配套和技术保障的综合性，使得装备寿命周期费用急剧攀升，且装备的研发周期和形成初始作战能力周期不断延长，以致装备系统的研制生产，不仅要考虑军事需求和技术可能，而且要考虑装备的经济可承受性和战时的持续作战能力。因此，在雷达装备发展建设中，通过系统工程的方法进行规划和组织管理，寻求雷达装备体系结构的完整性和合理性，以及保证装备系统的战技性能、研制进度和形成初始作战能力的期限、全寿命费用与综合保障能力之间的最佳匹配，以提高雷达装备建设的效益，就成为雷达装备管理的根本目标。我们平时所说的向管理要效益，向管理要战斗力，在雷达装备建设实践活动中，就是向全系统、全寿命装备管理要装备现代化建设的效益和部队遂行作战任务的战斗力。装备全寿命管理的前提是树立装备保障特性与战技性能并重的思想。在装备研制开始的战技指标论证中，将包括可靠性、维修性、保障性、测试性、安全性、抢修性等特性在内的保障特性与战技性能等同地进行综合权衡。这种权衡贯穿研制的各个阶段，通常以进度和全寿命费用为约束条件，以系统效能的优化为目标，权衡确定战技性能与保障特性要求。全寿命管理的重点是研制过程全面考虑装备的使用需求，避免研制与使用的割裂，研制过程不仅要实现战技性能要求，还要满足使用和保障的要求，使装备部署后能尽快达到所需要的战斗力。

1.3.1.2 科学化、制度化、经常化管理思想

雷达装备管理是一个庞大的社会系统工程，既涉及军内、地方的各个不同部门，又涉及装备从论证到最终退役报废的全寿命过程。要搞好雷达装备的管理，仅依靠特定的装备组织管理机构和部门的工作，难以保证管理工作落到实处。要实现科学合理的装备管理，不仅要建立健全组织管理机构，还要运用各种科学的管理方法和手段，制定一套科学合理的管理制度，形成有效的监督机制，保证装备管理的科学化和制度化。

1. 我军装备管理科学化、制度化、经常化思想的形成

装备科学化、制度化、经常化管理是我军装备管理经验的系统概括和科学总结，目的是保证装备达到规定的完好率，始终保持应有的配备水平和完好的技术状态，保障部队随时执行各项任务。这些系列化管理的思想，在我们的装备日常管理中已经深入人心，习惯上称为"三化"管理。空军装备"三化"管理从提出

到形成是逐步完善的。1982年，空军首次提出"三化"管理的要求，后来修改为达到的标准。1986年，逐步明确了组织实施方法，决定形成制度，每年组织一次全空军范围的检查考评。1990年，总部肯定了空军装备"三化"管理的经验，并在此基础上经过总结完善，纳入了《中国人民解放军武器装备管理工作条例》。2013年，《中国人民解放军装备管理条例》明确，装备管理工作检查、考评标准，依据《部队装备管理科学化、制度化、经常化标准》和《装备完好率（在航率）》等标准制定。

2．我军装备科学化、制度化、经常化管理思想的内涵

装备管理科学化，概括地讲就是以系统工程理论为指导，充分发挥各级管理者在管理中的职能作用，部队全体成员参与管理的方法。具体地说是指对装备科学地筹供、使用和维修等。在筹供上要科学论证，按照系统的总体要求保证系统配套和协调；在使用上要科学合理地安排；在维修上要按照装备的质量变化规律采用相应的科学方法和手段，以保持或恢复其良好的技术性能。只有运用科学的管理思想、方法和手段，进行科学管理，才能使装备发挥最大的效能。

装备管理制度化，就是贯彻落实有关条令、条例和规章制度，按章办事，运用条令、条例来规范和指导装备工作，由主要依靠行政手段进行管理转变为行政手段与法规手段相结合，把装备管理纳入法制的轨道。具体地说就是要建立健全装备管理系统的各种检查、使用、保养、维修、封存、储备等法规制度和标准，推行装备管理的岗位责任制，与装备有关的全体成员必须认真履行职责，严格执行装备管理的有关法规和标准规定。

装备管理经常化，就是对装备从列装部队开始，到退役报废为止的全过程，都要坚持领导重视，坚持经常性的检查、使用、保管、维修与保养。管理经常化的目的在于尽可能延长装备使用寿命。因此，必须从装备列装到报废的整个过程，贯彻经常化管理的要求，紧紧围绕装备的完好率，搞好装备的使用、维护、检查和保管工作。

1.3.2 地位作用

雷达装备管理是雷达装备工作的一项重要内容，也是一项经常性的工作。搞好装备管理，对于促进雷达装备的发展，保证装备的合理使用，发挥装备最大作战效能，增强部队的战斗力，具有重要意义。

1.3.2.1 装备管理是雷达装备发展的重要手段

随着军事需求的不断发展和科学技术的不断进步,雷达装备得到了快速发展。纵观雷达装备发展的历程,它是一个品种不断扩充和增多、结构日趋复杂、功能不断完善的过程。对于雷达装备的发展,管理是重要手段。只有确定雷达装备体制,拟制装备发展、科研、生产、采购规划,分配好雷达装备的科研和采购费用,认真组织并监督计划的实施,才能使雷达装备建设顺利进行。

1.3.2.2 装备管理是保持、恢复和提高部队作战能力的重要保证

从整体上来讲,构成部队作战能力的基本要素:一是人,二是装备。只有人和装备有机地结合,才能产生部队战斗行动和完成战斗任务的实际能力。人是战斗力的主导因素,而装备是战斗力的物质基础。雷达装备管理要靠人去执行,管理的好坏,关系到装备作用的发挥,也直接影响战斗力的强弱。所以,雷达装备管理的优劣程度,直接影响信息化作战能力的生成和提高。

雷达装备作战效能的充分发挥是部队信息化作战能力的前提与基础。快速、准确、连续地提供目标的相关信息能力,以及持续地保持或恢复这种能力是雷达部队作战能力的重要标志。雷达部队具有"养兵千日,用兵千日"的特点,雷达装备平时与战时界限模糊。这就要求雷达装备时时处于良好的技术状态,随时有持续遂行任务的能力,这也正是雷达装备管理的任务和目标。通过装备管理工作的各项有效活动,才能完成上述目标要求。因此,雷达装备管理是保持、恢复和提高部队作战能力的重要保证。

1.3.2.3 装备管理是提高雷达装备军事经济效益的有效途径

雷达装备在现代信息化战争中的地位不断上升,世界各国都不断加大对装备建设的投入,装备经费投入的重心也由集中于装备的生产方面逐渐转移到技术开发、装备研制及使用维护方面。由于技术集成度越来越高、系统结构越来越复杂,在技术的开发和装备的研制、采购、使用维护等方面的投入成倍增长。同时,现代战争节奏快、强度大,雷达装备的损毁率高,这必然带来沉重的财政负担。

做好装备管理工作,是提高军事经济效益的重要措施。雷达装备管理的经济效益,集中体现在装备全寿命费用的科学管理上。全寿命费用管理实际上是一种确保雷达装备以最低的全寿命费用来满足作战需求的策略。它强调装备全寿命的各阶段都要注重装备系统当前和未来的费用效益,以及性能与进度要求,使费用、性能和进度之间保持综合协调的平衡关系。它还强调控制装备系统的可靠性和保障性、维修方案和使用环境,以确保系统有最大的效费比。

加强雷达装备管理、提高军事经济效益重点在两个方面:一是加强管理,延长

装备使用寿命，以提高装备经费的使用效益。二是精打细算，尽量节省装备使用周期的各种保障经费，直接节省装备经费。雷达装备的维修使用保障费用占其寿命周期费用比例不断扩大，已超过 50%。如果不妥善管理，就会浪费这部分经费。例如，采购维修器材如果不能合理计划，那么将造成大量器材的积压；装备的维修如果不能科学合理地实施，以为维修工作做得越多越保险，那么不仅影响雷达装备的完好性和可靠性，而且造成人力、物力、财力的极大浪费。因此，在这方面加强管理，就能节省大量的经费，取得显著的军事经济效益。

第 2 章

雷达装备系统分析

雷达装备系统分析是做好装备管理工作的前提。装备系统分析的内容很多，本章侧重讨论与雷达装备管理工作直接相关的主要内容，如战备完好性分析、装备寿命分析和装备寿命周期费用分析，明确装备战备完好率、系统可用度、装备寿命和寿命周期费用等作为装备管理主要指标的基本内涵。

2.1 战备完好性分析

战备完好性，是指装备在平时和战时使用条件下，能随时开始执行预定任务的能力。它与装备的可靠性、维修性、装备可保障性设计和保障资源的数量与配置等多种因素密切相关，是装备的一个综合性指标，也是对装备效能分析的基础性指标。由于装备的类型、任务范围和使用特点不同，因而用于标识不同装备战备完好性的参数也不同，不存在对于所有装备都适用的统一战备完好性度量参数。对于机电一体化、可修复的、连续工作的雷达装备，比较常用的战备完好性度量参数有战备完好率和系统可用度。

2.1.1 战备完好率

战备完好率，是指当要求投入作战时，装备准备好能够执行规定任务的概率。战备完好率模型的建立不仅要考虑装备的固有特性（如可靠性、维修性和保障性等），而且要考虑装备的使用和维修保障条件。因此，既可以根据装备的可靠性、维修性要求和使用保障要求导出战备完好率指标，又可以根据战备完好率指标要求去规划、修正装备的可靠性、维修性要求和使用保障要求。

2.1.1.1 战备完好率基本模型

假定装备的战备完好状态是：在上次执行任务中，若装备没有发生故障，则处于完好状态，可以按要求执行下次任务；若装备发生了故障，但维修时间不超过再次执行任务前的间隙时间，则不影响执行下次任务。因此战备完好率不仅要考虑装备的可靠工作时间和修理时间，而且要考虑待命闲置时间。战备完好率可用式（2-1）表示：

$$P_{\text{OR}} = R(t) + [1 - R(t)] \times P(t_c < t_d) \tag{2-1}$$

式中，P_{OR}——战备完好率；

$R(t)$——上次任务无故障概率；

t——任务持续时间；

$P(t_c < t_d)$——上次任务发生故障，但其维修时间 t_c 小于再次使用前间歇时间 t_d 的概率。

从该装备执行上次任务后处于待修状态的瞬间开始计算，至下次任务到达前该系统将充分恢复其规定状态的概率为

$$P(t_c < t_d) = \int_{t_c=0}^{\infty} m(t_c) \left[\int_{t_d=t_c}^{\infty} g(t_d) \mathrm{d}t_d \right] \mathrm{d}t_c \tag{2-2}$$

式中，$m(t_c)$——维修时间概率密度函数；

$g(t_d)$——两次任务时间间隔的概率频度函数。

式（2-2）中右边括号内的积分是在经过变量时间 t_c 以后，第二次任务开始的概率。

2.1.1.2 战备完好率模型分析

1. t_c 和 t_d 都按指数分布时的战备完好率

设 M_{ct} 为故障平均修复时间，T_d 为第二次任务前的平均间隔闲置时间，则

$$P(t_c < t_d) = \int_0^{\infty} \frac{1}{M_{\text{ct}}} \mathrm{e}^{\frac{-t_c}{M_{\text{ct}}}} \left[\int_{t_c}^{\infty} \frac{1}{T_d} \mathrm{e}^{\frac{-t_d}{T_d}} \mathrm{d}t_d \right] \mathrm{d}t_c = \int_0^{\infty} \frac{1}{M_{\text{ct}}} \mathrm{e}^{-\left(\frac{1}{M_{\text{ct}}} + \frac{1}{T_d}\right) t_c} \mathrm{d}t_c$$

$$= \frac{T_d}{T_d + M_{\text{ct}}} \tag{2-3}$$

代入式（2-1）得

$$P_{\text{OR}} = R(t) + [1 - R(t)] \frac{T_d}{T_d + M_{\text{ct}}} \tag{2-4}$$

式中，$R(t) = \mathrm{e}^{-\frac{t}{T_{\text{bf}}}}$；$T_{\text{bf}}$ 为平均无故障工作时间。

2. t_c 按指数分布，t_d 为常数时的战备完好率

式（2-2）的战备完好率模型为

$$P(t_c < t_d) = \int_0^{T_d} \frac{1}{M_{ct}} e^{-\frac{t_c}{M_{ct}}} dt_c = -\int_0^{T_d} e^{-\frac{t_c}{M_{ct}}} d(-\frac{t_c}{M_{ct}}) = -\left[e^{-\frac{t_c}{M_{ct}}}\right]_0^{T_d} \quad (2\text{-}5)$$

$$= 1 - e^{-\frac{T_d}{M_{ct}}}$$

代入式（2-1）得

$$P_{OR} = R(t) + [1 - R(t)](1 - e^{-\frac{T_d}{M_{ct}}}) \quad (2\text{-}6)$$

式中，$R(t) = e^{-\frac{t}{T_{bf}}}$。

3. 每次执行任务的持续时间不一定相同时的战备完好率

假设每次任务持续时间 t 的概率密度函数为 $q(t)$，可得

$$P_{OR} = \int_0^\infty R(t)q(t)dt + P(t_c < t_d)\int_0^\infty Q(t)q(t)dt \quad (2\text{-}7)$$

即

$$P_{OR} = R + QP \quad (2\text{-}8)$$

式中，t——每次任务持续时间；

R——装备在执行上次任务中无故障的概率，$R = \int_0^\infty R(t)q(t)dt$；

Q——装备在执行上次任务中，发生一个或多个故障的概率，$Q = \int_0^\infty Q(t)q(t)dt$，$Q(t) = 1 - R(t)$；

P——装备发生了故障，在下次任务到来之前修复的概率。

4. 根据战备完好率要求确定装备的可靠性和维修性

考虑机内自检设备的检测性时的战备完好率为

$$P_{OR}(t_d) = R(t) + KM(t_d)[1 - R(t)] \quad (2\text{-}9)$$

式中，t_d——规定的再次出动准备时间或允许的最大维修停机时间；

$P_{OR}(t_d)$——在完成上次任务或开始接到报警之后再次出动准备时间 t_d 内装备可用的概率；

$R(t)$——任务可靠度；

$M(t_d)$——被检测出的故障在 t_d 内修复的概率；

K——如果系统发生故障，机内自检设备的正确检测率。

根据式（2-9），若已知任务可靠度、任务持续时间、再次出动准备时间、故障检测概率和战备完好率，则可以得出可靠性和维修性参数指标。

1) 计算维修性参数指标

根据式（2-9）得

$$KM(t_d) = \frac{P_{OR}(t_d) - R(t)}{1 - R(t)} \quad (2\text{-}10)$$

若装备维修度服从指数分布，则由 $M(t_d) = 1 - e^{-\frac{t_d}{M_{ct}}}$ 得平均修复时间（MTTR）为

$$M_{ct} = \frac{-t_d}{\ln[1 - M(t_d)]} \quad (2\text{-}11)$$

例 2-1：已知装备任务持续时间为 8h，再次使用间隔时间为 30min，任务可靠度为 0.8，装备再次出动时可用的概率为 0.95，装备的自检正确概率为 90%，求装备平均故障维修时间？若已知最大修复概率为 0.95，求为修理被检测出的故障所需的最大维修时间？

解：已知 $t=8h$，$t_d = 30\min$，$R(t)=0.8$，$P_{OR}(t_d)=0.95$，$K=90\%$，$M(t_{max})=0.95$，可得检测出的故障在 t_d 内修复的概率为

$$M(t_d) = \frac{P_{OR}(t_d) - R(t)}{K[1 - R(t)]} = \frac{0.95 - 0.8}{0.9 \times (1 - 0.8)} = \frac{0.15}{0.18} \approx 0.83$$

$$M_{ct} = \frac{-t_d}{\ln[1 - M(t_d)]} = \frac{-30}{\ln[1 - 0.83]} = \frac{-30}{-1.77} \approx 17\min$$

由 $M(t_{max}) = 0.95 = 1 - e^{-\frac{t_{max}}{M_{ct}}}$ 得

$$t_{max} = -M_{ct}\ln(1 - 0.95) \approx -17 \times (-3) = 51\min$$

2) 计算可靠性参数指标

根据式（2-9）得可靠性参数为

$$R(t) = \frac{P_{OR}(t_d) - KM(t_d)}{1 - KM(t_d)} \quad (2\text{-}12)$$

由例 2-1 有，$t=8h$，$t_d=30\min$，$P_{OR}(t_d)=0.95$，$K=90\%$，$M(t_d)=0.83$（MTTR=17min），代入式（2-12）可得

$$R(t) = \frac{0.95 - 0.9 \times 0.83}{1 - 0.9 \times 0.83} = \frac{0.95 - 0.747}{1 - 0.747} \approx 0.8$$

若可靠度用指数分布表示，则有

$$R(8) = 0.8 = e^{-\frac{8}{T_{bf}}}$$

故平均无故障工作时间为

$$T_{bf} = \frac{-8}{\ln(0.8)} \approx 35.85h$$

可见，任务持续时间、再次出动准备时间和战备完好率等是作战需求指标，而可靠性、维修性、检测性等则是需要根据各种因素进行综合权衡后确定的指标。

2.1.2 系统可用度

2.1.2.1 概念

可用度是指装备在任一随机时刻需要和开始执行任务时，处于可工作或可使用状态的概率。

可用度是装备使用部门最关心的重要参数之一，它是系统效能的重要因素。由上述定义可知，可用度与时间紧密相关，按时间可划分为如下三种。

1. 瞬时可用度 $A(t)$

对任一随机时刻 t，若令

$$X(t) = \begin{cases} 0 & (t\text{时刻处于可工作状态}) \\ 1 & (t\text{时刻处于不可工作状态}) \end{cases}$$

则装备在时刻 t 的可用度为

$$A(t) = P\{X(t) = 0\} \tag{2-13}$$

此即瞬时可用度，它只涉及时刻 t 装备是否可工作，而与时刻 t 以前装备是否发生故障或是否经过修复无关。装备在时刻 t 的可靠性高，可用度自然会高。但是，即使可靠性不太高，发生了故障能很快修复，可用度仍然会比较高。对于长期连续工作的装备，瞬时可用度不便于反映其可使用特性，常采用平均可用度或稳态可用度加以衡量。

2. 平均可用度 $\overline{A}(t)$

装备在给定确定时间 $[0,t]$ 内的可用度的平均值，即

$$\overline{A}(t) = \frac{1}{t}\int_0^t A(t)\mathrm{d}t \tag{2-14}$$

3. 稳态可用度 A

若极限 $\lim\limits_{t\to\infty} A(t) = A$ 存在，则称 A 为稳态可用度，$0 \leqslant A \leqslant 1$，表示在长期运行过程中装备处于可工作状态的时间比例。

在实际使用中，稳态可用度可表示为某一给定时间内能工作时间 U 与能工作时间与不能工作时间 D 总和之比，即

$$A = \frac{U}{U+D} \qquad (2\text{-}15)$$

对于雷达装备这种连续工作的可修复系统的平均能工作时间 $\overline{U}$ 和平均不能工作时间 $\overline{D}$，分别是能工作时间和不能工作时间的数学期望。若已知装备能工作时间密度函数 $u(t)$ 和不能工作时间密度函数 $d(t)$，则

$$\overline{U} = \int_0^\infty tu(t)\mathrm{d}t, \quad \overline{D} = \int_0^\infty td(t)\mathrm{d}t$$

用平均时间表示的可用度为

$$A = \frac{\overline{U}}{\overline{U}+\overline{D}} \qquad (2\text{-}16)$$

装备系统不能工作涉及多种因素，雷达装备在编时间分解如图 2-1 所示。

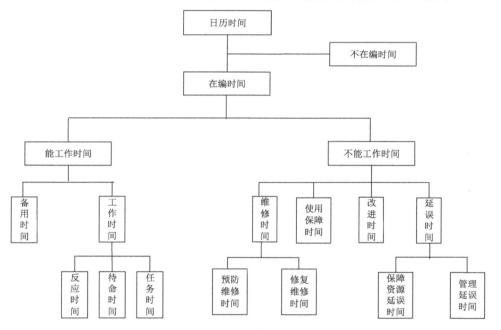

图 2-1　雷达装备在编时间分解

在工程实践中，根据不能工作时间包含的内容，常常使用如下三种稳态可用度。

1）固有可用度

装备由于故障而不能工作，此时需要进行修理，修复后又转入可用状态。若仅考虑修复性维修因素，则不能工作时间只是排除故障时间。此时，能工作时间密度函数即故障密度函数 $f(t)$，不能工作时间密度函数即维修时间密度函数 $m(t)$，则

$$\overline{U} = \int_0^\infty tf(t)\mathrm{d}t = \overline{T}_{\mathrm{bf}}, \quad \overline{D} = \int_0^\infty tm(t)\mathrm{d}t = \overline{M}_{\mathrm{ct}}$$

此时的稳态可用度称为固有可用度，记为 A_i，即

$$A_\mathrm{i} = \frac{\overline{T}_\mathrm{bf}}{\overline{T}_\mathrm{bf} + \overline{M}_\mathrm{ct}} \tag{2-17}$$

式中，$\overline{T}_\mathrm{bf}$——平均故障间隔时间（MTBF）；

$\overline{M}_\mathrm{ct}$——平均修复时间（MTTR）。

可见，固有可用度取决于装备的固有可靠性和维修性。评估装备时，尤其是在装备论证、研制过程中对可靠性和维修性进行权衡时经常使用固有可用度参数。

2）可达可用度

装备不可用并非都是因为故障后修理造成的，为了使装备处于完好状态，需要进行预防性维修活动。若同时考虑修复性维修和预防性维修因素，则不能工作时间包括排除故障维修时间和预防性维修时间，此时的稳态可用度称为可达可用度，记为 A_a，即

$$A_\mathrm{a} = \frac{\overline{T}_\mathrm{bm}}{\overline{T}_\mathrm{bm} + \overline{M}} \tag{2-18}$$

式中，$\overline{T}_\mathrm{bm}$——平均维修间隔时间，它是预防性维修与修复性维修合在一起计算的平均间隔时间，$\overline{T}_\mathrm{bm} = 1/(\lambda + f_\mathrm{p})$；

$\overline{M}$——平均维修时间。

由此可见，A_a 不仅与装备的固有可靠性和维修性有关，还与装备的预防性维修制度（工作类型、范围、频率等）有关。制定一套合理的装备预防性维修大纲，可以使 A_a 得到提高。对于复杂装备系统，这并非是件十分容易的事情，不仅需要科学的理论，而且需要不断地在实践中予以检验和完善，从而提高 A_a 使其达到规定要求。

3）使用可用度

在装备使用过程中，不仅排除故障和预防性维修会造成装备不能工作，还有很多因素影响装备的能工作时间。若考虑供应保障及行政管理延误等因素，即装备不能工作时间是除装备改进时间之外的一切不能工作时间时，则称稳态可用度为使用可用度，记为 A_o，即

$$A_\mathrm{o} = \frac{\overline{T}_\mathrm{bm}}{\overline{T}_\mathrm{bm} + \overline{D}} \tag{2-19}$$

式中，$\overline{D}$——平均不能工作时间。

由式（2-19）可以看出，使用可用度不仅与设计、维修制度有关，而且与装备的保障系统直接相关，并受体制、管理水平和成员素质等影响。

2.1.2.2 固有可用度分析

可靠性和维修性共同决定了固有可用度，如式（2-17）所示。设 $K = \overline{T}_\mathrm{bf}/\overline{M}_\mathrm{ct}$，则

$$A_i = \frac{\overline{T}_{bf}}{\overline{T}_{bf} + \overline{M}_{ct}} = \frac{K}{1+K} \qquad (2-20)$$

可见，在给定 A_i 时，也就确定 K 值，同时成比例地变化 $\overline{T}_{bf}$ 和 $\overline{M}_{ct}$，K 值保持不变，A_i 也保持不变。

1．基本问题

固有可用度分析的基本问题：在给定装备可用度要求时，综合权衡装备可靠性和维修性指标，使得装备设计得到优化。

例如，某雷达装备有两种设计方案，均可使 A_i 满足要求（如 A_i=0.952）。

第Ⅰ种方案：$\overline{T}_{bf1}$=2h，$\overline{M}_{ct1}$=0.1h；

第Ⅱ种方案：$\overline{T}_{bf2}$=200h，$\overline{M}_{ct2}$=10h。

问题：哪种设计方案最优？从满足固有可用度角度出发，难以直接判断两种方案的优劣。因为两种方案都能保证固有可用度达到 0.952。但从不同的角度，考虑不同的约束，会得到不同的结论。

（1）从故障后果考虑。如果故障后果具有安全性或任务性影响，那么这两种方案都是不允许的。因为，$\overline{T}_{bf1}$=2h，可靠性太差，超出了安全性故障后果所允许的范围；而 $\overline{M}_{ct2}$=10h，修复时间太长，影响任务的完成。由此，这两种方案都不可行，需要进一步优化权衡。

（2）从设计实现可能性方面考虑。现有的设计（维修）方法、制造（维修）工艺水平能否保证 $\overline{T}_{bf}$ 大于某一量值，或者使 $\overline{M}_{ct}$ 小于某一量值，是权衡时需要考虑的重要约束。若现有的设计方法、制造工艺水平只能使 $\overline{M}_{ct}$ 下限达到 0.5h，则第Ⅰ种方案是不可行的；若 $\overline{T}_{bf}$ 上限只能达到 150h，则第Ⅱ种方案是不可行的。

（3）从费用方面考虑。这里的费用是指装备寿命周期费用。提高装备的可靠性和维修性水平，必然增加研制生产费用，但使用、维修保障费用会降低。在论证可靠性与维修性指标时，应选取装备寿命周期费用最低的方案。

综上所述，确定 A_i，权衡分析时不仅要考虑装备可靠性、维修性参数值，而且要受雷达战术运用、技术实现及经济条件的制约。

2．一般步骤

（1）画固有可用度曲线。根据给定的 A_i，在如图 2-2 所示的坐标系中画出固有可用度曲线。

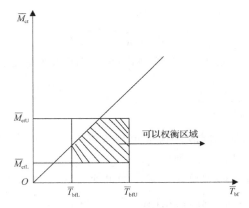

图 2-2 可靠性与维修性的综合权衡

该曲线方程为 $A_i = \dfrac{\overline{T}_{bf}}{\overline{T}_{bf} + \overline{M}_{ct}}$；斜率为 $1/K = \overline{M}_{ct}/\overline{T}_{bf}$。

（2）确定可行域。根据现实技术实现可能，确定 $\overline{T}_{bf}$ 的上限 $\overline{T}_{bfU}$ 和 $\overline{M}_{ct}$ 的下限 $\overline{M}_{ctL}$。在一般情况下，受现有的技术水平、费用因素的限制，$\overline{T}_{bfU}$ 不可能太高；同样，$\overline{M}_{ctL}$ 太小，必定要求极高的维修性设计技术措施。例如，配备完善的机内自检设备，将故障隔离到每个独立的可更换单元，这样可能超出现有技术水平或费用限制。

$\overline{T}_{bf}$ 的下限 $\overline{T}_{bfL}$ 和 $\overline{M}_{ct}$ 的上限 $\overline{M}_{ctU}$ 则是由战术使用要求决定的，$\overline{T}_{bfL}$ 太小，故障率势必过高；$\overline{M}_{ctU}$ 太大，势必影响任务完成，所以必须将二者限制在一定范围内，$\overline{T}_{bfL}$ 和 $\overline{M}_{ctU}$ 是由订购方确定的。

这样由 $\overline{T}_{bfU}$ 和 $\overline{T}_{bfL}$ 及 $\overline{M}_{ctU}$ 和 $\overline{M}_{ctL}$ 围成的区域为可行域（可以权衡的区域），如图 2-2 所示。

（3）拟定备选设计方案。从不同的角度提出其他有代表性的设计方案。例如，对可靠性设计可以采用降额设计、冗余设计等方法提出不同的 $\overline{T}_{bf}$；对维修性可以采用模件化设计、自动检测方案等规定若干 $\overline{M}_{ct}$。当然，这些可靠性与维修性参数必须落在可行域内。

（4）明确约束条件，进行权衡决策。如果没有任何附加约束条件，设计者可以在图 2-2 的阴影区域中进行无数个组合，都能满足固有可用度规定要求。在实际工程实现中，不可能没有约束。本例涉及 3 种约束：故障发生的概率；设计手段及工艺水平；费用约束。如果选择故障发生的概率为约束，那么各方案中以故障发生概率最低为目标来决策；如果以费用为约束，那么以寿命周期费用最低为目标来决策，选择相应的参数值。

例 2-2 现设计一部雷达接收机，要求其固有可用度应达到 0.990，$\overline{T}_{bfL}$ 为 200h，

且 $\overline{M}_{ctU}$ 不得超过 4h，试确定最佳方案？

解：第一，按上述步骤（1）(2)，在坐标系中画出可行域，如图 2-3 阴影区域所示。

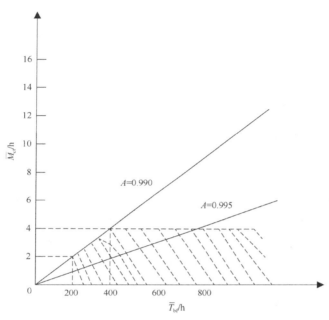

图 2-3 可靠性与维修性的综合权衡示例

两种权衡方法：一种方法是把固有可用度固定在 0.990。这种方法意味着，可以选在 0.990 的等可用度线上两个允许端点之间的 $\overline{T}_{bf}$ 与 $\overline{M}_{ct}$ 的任意组合。这些点位于 $\overline{T}_{bf}=200h$，$\overline{M}_{ct}=2h$ 的交点与 $\overline{T}_{bf}=400h$，$\overline{M}_{ct}=4h$ 的交点之间。另一种方法是令固有可用度大于 0.990，从而在可行域中选择 $\overline{T}_{bf}$ 及 $\overline{M}_{ct}$ 的任何组合。

可见，如果没有任何附加的约束条件，那么可以在无数个组合中进行选择。

第二，拟定备选设计方案。现提出 4 种备选设计方案（见表 2-1）。

表 2-1 备选设计方案

设 计 方 案	A	$\overline{T}_{bf}/h$	$\overline{M}_{ct}/h$
1. R 采用军用标准件降额；M 采用模件化及自动检测。	0.990	200	2.0
2. R 采用高可靠性的元器件及部件；M 采用局部模件化，半自动检测。	0.990	300	3.0
3. R 采用部分余度；M 采用手动测试及有限模件化	0.992	350	3.0
4. R 采用高可靠性的元器件及部件；M 采用模件化及自动检测	0.993	300	2.0
注：R 表示可靠性设计；M 表示维修性设计。			

设计方案 1、2 都达到要求的固有可用度 0.990，方案 1 强调维修性设计，而方案 2 强调提高可靠性；方案 3、4 具有较高的固有可用度。

第三，估算各方案的费用。4 种备选设计方案的寿命周期费用情况如表 2-2 所示。

表 2-2　备选设计方案的寿命周期费用情况

方案		1	2	3	4
采购费用（万元）	研制	32.5	31.9	32.2	33.0
	生产	453.4	452.5	453.0	454.2
	费用小计	485.9	484.4	485.2	487.2
10 年保障费用（万元）	备件	52.5	50.3	50.5	50.3
	修理	34.6	38.2	40.5	34.6
	技术资料及培训	1.4	1.6	1.8	1.4
	使用维护	15.1	10.5	9.0	10.5
	费用小计	103.6	100.6	101.8	96.8
寿命周期费用（万元）		589.5	585.0	587.0	584.0

表 2-2 表明，方案 2 是各方案中采购费用最低的，而方案 4 虽然采购费用比较高，但是其 10 年保障费用显著降低，导致其寿命周期费用最低，同时具有较高的固有可用度，所以方案 4 是最佳方案。

1. 主要考察装备战备完好性时的使用可用度

$$A_\text{o} = \frac{T_\text{O} + T_\text{S}}{T_\text{O} + T_\text{CM} + T_\text{PM} + T_\text{MLD}} \qquad (2-21)$$

式中，T_O——统计时段内装备工作总时间；

T_S——统计时段内装备待命备用总时间；

T_CM——统计时段内装备修复性维修总时间；

T_PM——统计时段内装备预防性维修总时间；

T_MLD——统计时段内装备保障和管理延误总时间。

2. 主要考察装备利用率时的使用可用度

$$A_\text{o} = \frac{T_\text{O}}{T_\text{O} + T_\text{D}} \qquad (2-22)$$

式中，T_O——统计时段内装备工作总时间；

T_D——统计时段内因维修延误造成停用的总时间。

在式（2-22）中，主要把装备处于良好状态，但未工作时间即备用时间未计算在内。

3. 主要考察维修保障延误影响时的使用可用度

$$A_\text{o} = \frac{T_\text{O}}{T_\text{O} + T_\text{CM} + T_\text{MLD}} \tag{2-23}$$

式（2-23）主要突出保障延误时间 T_MLD，由于预防维修一般不存在延误时间，所以也未计算在内。

式（2-23）可用时间均值表示：

$$A_\text{o} = \frac{\overline{T}_{bf}}{\overline{T}_{bf} + \overline{M}_\text{ct} + \overline{T}_\text{MLD}(1-K)} \tag{2-24}$$

式中，$\overline{T}_{bf}$——平均无故障工作时间；
$\overline{M}_\text{ct}$——平均故障修复时间；
K——无保障支援（无保障延误）故障修复比；
$\overline{T}_\text{MLD}$——平均保障延误时间；

式（2-24）在地面情报雷达部队中广泛应用，符合雷达部署点多、线长、面广的特点，基层雷达站有时需要支援维修的实际，主要用于考察雷达装备维修保障系统的工作效率，也可以根据此式对维修保障系统的设计提出要求。

2.2 装备寿命分析

寿命是装备的基本属性，与装备研制生产、使用维修、退役报废等各项工作密切相关。雷达装备作为军事装备，是一种特殊的产品，其寿命特性与一般的民品有很大不同，同时由于分析研究目的和角度的不同，装备寿命具有不同的含义。下面以机电一体化、可修复的对空情报雷达装备为背景，对装备寿命相关问题进行分析。

2.2.1 基本概念

下面是常用的装备寿命术语及含义。

2.2.1.1 寿命状态空间

装备寿命周期是装备状态在时间上展开的自始至终的过程，它是一个动态的过程，在这个动态过程中，有两个非常重要的因素：技术状况和价值状况的变化情况。

现在以基本功能标志装备的技术状况，以费用投入标志装备的价值状况，从而形成装备寿命周期三维状态空间图，如图 2-4 所示。

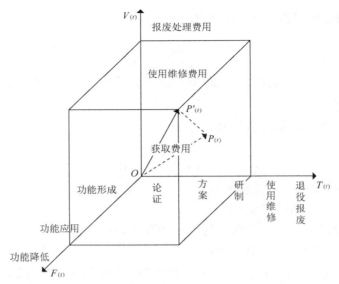

图 2-4 装备寿命周期三维状态空间图

时间轴 $T(t)$：通常分为论证、方案、研制、使用维修和退役报废阶段。某些装备还可以进行技术改造，若改动较大，则属改型，可另做一种新型装备计算寿命。

功能轴 $F(t)$：通常分为功能形成、功能应用和功能降低三个阶段。

费用轴 $V(t)$：通常分为获取费用（论证费用、方案设计和研制费用、研制管理费用及生产成本等）、使用维修费用及报废处理费用三个阶段。其中报废处理费用可正可负，取决于不同装备的处理方法，若采用销毁方法就要投入费用，若改作他用就有一定收益。

在图 2-2 中，当状态由 $P(t)$ 点变到 $P'(t)$ 点时，在空间内形成一条直线 PP'，直线 PP' 在 $F(t)$-$T(t)$ 坐标面上的投影，可以反映基本功能随时间发生的变化，特别是随使用时间发生的变化，这就是对装备进行动态效能分析。

直线 PP' 在 $V(t)$-$T(t)$ 坐标面上的投影可以反映装备费用随时间变化的关系，这就是对装备进行寿命周期费用分析。

直线 PP' 在 $V(t)$-$F(t)$ 坐标面上的投影可以反映效能费用关系。

2.2.1.2 寿命剖面

寿命剖面是指装备从交付到寿命终结或退出使用这段时间内所经历的全部事件和环境的时序描述，它是对装备后期的描述。雷达装备的寿命剖面如图 2-5 所示，对于装备个体，储存阶段不一定存在，返厂大修次数也不尽相等。

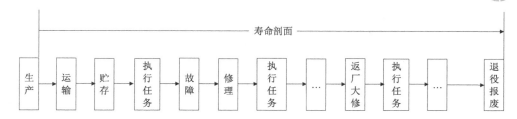

图 2-5 雷达装备的寿命剖面

寿命剖面包括一个或多个任务剖面。任务剖面是装备在完成规定任务这段时间内所经历的事件和环境的时序描述。若寿命剖面仅包括一个任务剖面，则称为单次产品；若包括多个任务剖面，则称为多次产品。雷达装备是典型的多次产品。

2.2.1.3 自然寿命

自然寿命是指在规定的条件下，装备从开始使用到由于腐蚀、磨损、老化等物理和化学变化，造成质量不断下降，直至报废经历的平均寿命单位数。这里的"寿命单位"指产品使用持续期的度量单位，它随产品的种类、工作方式不同而各异，如工作小时、千米、次数等。

自然寿命主要是根据装备的故障情况（可靠性）来决定的。影响装备自然寿命的主要因素是物质形态的有形磨损，包括自身的可靠性和使用维修的条件。若仅从有形磨损来看，装备的自然寿命，有时也称为物理寿命，包括一个或多个翻修间隔期。如果接装后处于库存状态，那么还应包括储存寿命。

2.2.1.4 技术寿命

技术寿命是指某型号装备从列装部队开始，直至因技术落后而被淘汰所经历的平均寿命单位数。

通常说某种装备技术落后，主要包括两层意思：一是指它的技术性能已不能满足发展后的新任务的需求；二是指已研制出技术性能更先进的装备可以取代它。

在现代科技迅速发展的今天，装备的技术寿命比较短，通常低于它的自然寿命，这也是军事装备有别于一般产品的重要特征，是由它的本质特性——对抗性决定的。因为军事装备的作用对象——作战对方的装备不断发展，它们是矛与盾的关系，互相影响。若对方的军事装备改进不大，己方军事装备的技术寿命就可能很长，反之则可能还没有"出世"便"夭折"；影响技术寿命长短还有一个重要因素，即如果通过科学的管理、有效的维护、功能的改进、预定使命的更改等途径，装备的作战效能得到较好的维持甚至较大幅度的改善，那么，它的技术寿命可以得到相应的延长。

2.2.1.5 经济寿命

经济寿命是指装备自投入使用到因有形和无形磨损，如果继续使用已不经济而被停止使用所经历的时间。

所谓使用不经济，主要包括两层意思：一是指装备的年平均使用成本已超过最低值，再继续使用年平均成本上升；二是指装备的使用经济效益低于新型装备的使用效益。

由于科学技术的迅速发展和生产能力的不断提高，新型装备不断出现，往往在装备的自然寿命到来之前，被技术更先进、经济更合理的新型装备取代，所以经济寿命通常低于自然寿命。

2.2.1.6 使用寿命

使用寿命在不同文献中有不同的表述。在 GJB 451A—2005《可靠性维修性保障性术语》中，对产品的使用寿命做如下表述："使用寿命——产品使用到无论从技术上还是经济上考虑都不宜再使用，而必须大修或报废时的寿命单位数"。"大修"针对多次产品，使用寿命是大修周期的基值；"报废"针对单次产品。

在《军用装备维修工程学》（甘茂治主编，2005 年版）中使用寿命定义为，"产品从制造完成到其出现不修复的故障或不能接受的故障率时的寿命单位数"；在 GJB 4429—2002《军用雷达术语》中，有工作寿命之说，"雷达从开始工作到其出现不可修复的故障或不能接受的故障率的时间，亦称使用寿命"。这里是针对雷达装备从可靠性出发，落脚点在装备的维修保障角度来阐述的。

在《军事装备管理学》（焦秋光主编，2003 年版）中，"装备的使用寿命，是指装备从装备部队使用开始，到退出部队现役为止所经历的时间"。这里的装备使用寿命就是装备寿命周期的后期。"装备退出部队现役"有两种方式，一种是报废，另一种是退役。每种型号的雷达装备都有规定的服役年限，通常称为使用寿命期限。它是由装备管理决策部门、研制生产单位根据装备的自然寿命、技术寿命、经济寿命等综合论证确定的重要的综合指标。这种解释更符合人们的思维习惯，易于理解和接受。

2.2.2 常用模型

2.2.2.1 经济寿命分析

在设计研制阶段，分析雷达装备经济寿命的目的是通过定费用设计约束装备的运行成本，装备寿命周期费用最低；在使用阶段则是为装备的更新决策提供依据。

1. 经济寿命基本模型

根据经济寿命的基本定义，它是指装备年平均使用成本最低的年数。年平均使用成本主要包括两部分：购置费用的每年折旧成本和每年运行成本。

1）折旧成本的计算

设装备运行 T 年，年平均折旧成本为

$$C_k = \frac{K_o - V_L}{T} \tag{2-25}$$

式中，K_o——设备原始投资费用（如购置费用）；

V_L——设备处理时的价值，可能是正值或负值。

装备的年平均折旧成本随着运行年数 T 的增加而减少。

2）运行成本的计算

运行成本包括操作使用、维护保养、故障修理、人力、管理等费用。在一般情况下，随着设备使用期增加，运行成本每年以某种程度递增，这种运行成本的递增称为设备的劣化。为简单起见，假定每年运行成本的劣化增量是均等的，即运行成本呈线性增长。

设每年运行成本增量为 β，则第 T 年时的运行成本为

$$C(T) = C_1 + (T-1)\beta \tag{2-26}$$

式中，C_1——第一年运行成本。

装备年运行成本随使用年数变化的情况如图 2-6 所示，那么 T 年内平均运行成本为

$$C_T = C_1 + \frac{(T-1)\beta}{2} \tag{2-27}$$

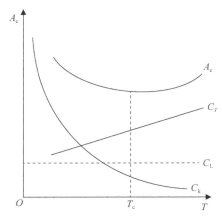

图 2-6　装备年运行成本随使用年数变化的情况

3）年平均使用成本的计算

根据式（2-26）和式（2-27），装备年平均使用成本为

$$A_c = \frac{K_o - V_L}{T} + C_1 + \frac{(T-1)\beta}{2} \tag{2-28}$$

4）经济寿命的计算

从图2-4可以看出，装备年平均使用成本 A_c 随着使用时间的变化呈"U"形曲线。因此可以用极值的方法，计算装备的经济寿命为

$$T_c = \sqrt{\frac{2(K_o - V_L)}{\beta}} \tag{2-29}$$

2. 考虑费用时间价值的经济寿命模型

设年利率为 i，贴现基准年为装备运行到第 T 年。

根据式（2-25），将原始投资费用 K_o 折算成第 T 年的价值，则年平均折旧费用为

$$C_k = \frac{K_o(1+i)^T - K_L}{T} \tag{2-30}$$

根据式（2-26），装备运行到第 t 年时，运行费用换算成贴现基准年第 T 年的费用为

$$C(t) = C_1(1+i)^{T-t} + (t-1)\beta(1+i)^{T-t} \tag{2-31}$$

可得 T 年总的运行费用为

$$\begin{aligned} S(T) &= \sum_{i=1}^{T} C(T) = C(1) + \cdots + C(T) \\ &= \frac{C_1[(1+i)^T - 1]}{i} + \frac{\beta[(1+i)^T - iT - 1]}{i^2} \end{aligned} \tag{2-32}$$

将式（2-32）除以 T，得年平均运行成本，与式（2-31）综合得年平均使用成本为

$$A_c = \frac{K_o(1+i)^T - K_L}{T} + \frac{C_1[(1+i)^T - 1]}{iT} + \frac{\beta[(1+i)^T - iT - 1]}{i^2 T} \tag{2-33}$$

根据经济寿命的定义对式（2-33）求极值，得

$$\frac{dA_c}{dT} = \frac{[T\ln(1+i)](1+i)^T - (1+i)^T}{T^2}\left[K_o + \frac{C_1}{i} + \frac{\beta}{i^2}\right] + \frac{1}{T^2}\left[K_L + \frac{C_1}{i} + \frac{\beta}{i^2}\right] = 0$$

设

$$A_1 = K_o + \frac{C_1}{i} + \frac{\beta}{i^2}, \quad A_2 = K_L + \frac{C_1}{i} + \frac{\beta}{i^2}, \quad C = \frac{A_2}{A_1}, \quad X = (1+i)^T$$

可得超线性方程为

$$(1-\ln X)X = C \tag{2-34}$$

解得 $X = X_c$，根据式（2-35）得经济寿命为

$$T_c = \frac{\ln X_c}{\ln(1+i)} \tag{2-35}$$

2.2.2.2 复杂装备系统寿命换算率矩阵

装备系统可靠性计算是研究其寿命的基础性工作。对于单部件或服从单一寿命分布规律的简单装备，其可靠性的计算容易进行。而对于雷达装备这样的复杂系统，其可靠性的计算需要进一步深入研究。这里的"复杂装备系统"包括以下几种情况：装备系统由多个单元组成；单元各自的工作方式不同，寿命单位也就不一定相同；单元的寿命分布不同，即便完成同一任务，各单元工作起止时间也不一定相同；等等。

为了能够衡量由不同寿命单位的部件组成系统的可靠性，必须对各寿命单位进行标准化处理。这里引入寿命换算率矩阵的概念，用于描述不同寿命单位之间的换算关系。

寿命换算率矩阵（Life Exchange Rate Matrix，LERM）是一个 n 维方阵，其中 n 是系统组成单元的数目。对于 n 个单元串联的系统，其 LERM 可表示为

$$\text{LERM} = \begin{bmatrix} r_{11} & r_{12} & \cdots & r_{1n} \\ r_{21} & r_{22} & \cdots & r_{2n} \\ \vdots & \vdots & & \vdots \\ r_{n1} & r_{n2} & \cdots & r_{nn} \end{bmatrix}$$

LERM 中的元素 r_{ij} 的含义为：单元 i 工作一个寿命单位，单元 j 工作的寿命单位数。

LERM 具有以下特征。

（1）对于所有的 i，都有 $r_{ii} = 1$。

（2）对于所有的 i、j、k，都有 $r_{ij} = r_{ik} \times r_{kj}$。

（3）$r_{ij} = \dfrac{1}{r_{ji}}$。

利用 LERM，我们可以很容易地计算出标准化寿命单位表示的可靠性指标。

例 2-2：某装备系统的可靠性框图包括 A、B、C 三个串联单元。单元 A 的失效时间分布服从参数 η =100h 和 β =3.2 的威布尔分布；单元 B 的失效时间分布服从参数 μ =400 个周期和 δ =32 个周期的正态分布；单元 C 的失效时间分布服从参数 λ =0.00015 每公里的指数分布。且知，单元 A 工作 1 小时，单元 B 运行 12 个周期，单元 C 运行 72 公里。计算该系统正常运行，单元 B 能够运行至少 240 个

周期的概率。

解：依题意得

$$LERM = \begin{bmatrix} 1 & 12 & 72 \\ 1/12 & 1 & 6 \\ 1/72 & 1/6 & 1 \end{bmatrix}$$

由 LERM 可知，如果系统能够正常运行，单元 B 运行 240 个周期，那么单元 A 将正常工作至少 20 小时，单元 C 将正常运行至少 1440 公里。

各单元的可靠度为

$$R_A(t_A) = \exp\left[-(\frac{t_A}{\eta})^\beta\right] = \exp\left[-(\frac{20}{100})^{3.2}\right] \approx 0.9942$$

$$R_B(t_B) = \Phi(\frac{\mu - t_B}{\delta}) = \Phi(\frac{400-240}{32}) \approx 1$$

$$R_C(t_C) = \exp(-\lambda t_C) = \exp(-0.00015 \times 1440) \approx 0.8057$$

则该系统的可靠度为

$$R_s = R_A(20) \times R_B(240) \times R_C(1440) = 0.9942 \times 1 \times 0.8057 \approx 0.8010$$

2.2.3 延长装备使用寿命的主要措施

雷达装备的使用寿命是一个综合性概念，影响因素涉及较多，其中最主要的就是装备的自然寿命、技术寿命和经济寿命，即常说的装备"三大寿命"，它们是雷达工作的基础，如何延长"三大寿命"更是装备全寿命、全系统管理的核心目标之一。

装备"三大寿命"虽然出现在装备后期，但决定它长短的因素却是多方面的，包括前期各阶段造成的影响。实践证明，要延长雷达装备"三大寿命"，就必须从全寿命、全系统管理的角度出发，必须从装备全寿命周期各阶段采取系统的方案和措施进行治理，才能建立装备延寿的长效机制。

2.2.3.1 研制阶段，提高研制能力，缩短研制周期

随着信息社会的加速发展，知识创新和技术创新的速度日益加快，新知识和新技术的"半衰期"越来越短，新产品的更新周期不断缩短。如果雷达装备的研制周期过长，作战对方也已更新换代，就会造成还未列装部队就已经过时的被动局面。

研制阶段影响雷达装备使用寿命的主要因素是决策、研制等周期时间长，造成新旧装备的换代过程难以有效进行，直接影响部队战斗力的生成与提高。因此，必

须提高研制能力，缩短研制周期，确保形成"四个一代"的发展模式。一是建立需求快速响应机制，及时对装备性能的需求进行响应；二是缩短决策周期，及时对需求及满足需求的技术方案进行确定；三是缩短研制周期，包括技术方案研制、工程研制、性能试验、定型及形成生产能力的过程。

2.2.3.2 生产阶段，提高装备生产质量

从全寿命周期阶段来看，生产阶段占的时间最短，但是生产阶段对雷达装备寿命状态影响却是最具决定性的。生产阶段对于装备寿命的影响主要表现在生产工艺、生产质量和生产能力等方面。

装备是否能够按照设计技术水平生产出来，是否结实耐用、易于维修，是否适应战场环境，是否具有批量生产能力，是否具有动员、转产、扩产、改装能力，都取决于装备的生产工艺、生产质量和生产能力等因素。

要提高装备的生产质量，就必须建立以质量为中心的生产能力评估体系，建立符合国际标准的质量保证体系，完善质量监督制度，创新质量监督方法，明确质量监督责任。

2.2.3.3 使用保障阶段，加快装备人才培养，健全装备规章制度

在使用保障阶段，雷达装备使用、维修及管理人员的素质和能力是直接影响其"三大寿命"的最重要因素。同时，建立健全、科学、合理的装备规章制度是实现人与装备的最佳结合，"三大寿命"得以最大限度延长的重要保障。

在使用保障阶段，一是要深入持久地开展爱装管装教育，教育官兵牢固树立"爱装就是爱生命，管装就是保胜利"的思想，确保现有装备维持正常的自然寿命；二是要努力提高官兵的装备使用和维护能力，尽可能延长装备的经济寿命。结合科技练兵活动的深入开展，要培养一支既懂军事又懂装备管理的指挥干部队伍，一支具有"四熟悉""四会"能力的操作使用队伍，一支具有较高科技水平和专业技能的技术骨干队伍。三是要大力开展革新挖潜活动，积极改善装备的技术寿命。充分利用新知识、新工艺、新技术，对现有装备进行完善配套、技术改造，挖掘旧装备的潜能；深入研究现有装备使用的特点规律，加强战法研究和训法改革，通过开展科技练兵活动，发挥现有装备的最佳效能。

从全寿命、全系统管理理念可知，影响装备寿命的因素众多，可以说论证设计决定装备寿命的长短，生产制造赋予装备寿命的品质，使用保障影响装备"理论寿命"的最终实现。装备在具备良好战技指标的同时，需要较长的使用寿命，才能发挥最佳军事经济效益。

2.3 装备寿命周期费用分析

寿命周期费用是装备的重要固有特性之一，现代装备管理以降低寿命周期费用和提高装备效能为目标，并与研制部署进度相协调。寿命周期费用、研制进度、装备性能是决定现代装备建设的最重要的因素，以寿命周期费用分析为核心的寿命周期费用方法成为装备管理的重要内容与手段。

寿命周期费用方法是在收集寿命周期费用数据、估算寿命周期费用和建立寿命周期费用数据库的基础上，在装备论证、研制、生产和使用与保障的过程中制定寿命周期费用指标、进行定费用设计和反复地通过寿命周期费用估算、寿命周期费用分析、费用-效能分析，对寿命周期费用进行有效的管理与控制，实现寿命周期费用目标的一套综合集成的方法。

在装备管理中，寿命周期费用方法的主要用途包括以下几点。

第一，较准确地估算装备寿命周期费用，作为装备建设经费预算、控制费用的依据。

第二，以最低或可承受的寿命周期费用为决策和准则，优化与选择装备总体技术方案（包括使用方案、保障方案与设计方案）和其他与费用有关的备选方案。

第三，辨识与确定寿命周期费用主宰因素和费用高风险项目，以便有针对性地采取有效的控制措施。

第四，为装备采办合同制的招投标、费用设计及各种工程决策提供经济信息。

下面介绍寿命周期费用的相关概念。

2.3.1 相关概念

2.3.1.1 寿命周期费用

GJB 451A—2005《可靠性维修性保障性术语》对寿命周期费用的定义是：在装备的寿命周期内，用于论证、研制、生产、使用与保障及退役等的一切费用之和。装备寿命周期费用可看作获取费用与继生费用之和，即

$$寿命周期费用 = 获取费用 + 继生费用$$

获取费用是由论证、研制和生产成本等构成的费用；继生费用是装备在使用中为保障使用、维修、储存和运输等所需的费用，它不是一次性投资的，往往以年度计算。

2.3.1.2 寿命周期费用分析

寿命周期费用分析是对寿命周期费用及各费用单元的估计值进行结构性分析研究，旨在确定寿命周期费用主宰因素、费用风险项目及费用效能变化因素的一种系统分析方法。

寿命周期费用分析以寿命周期费用估算为基础，在估算出寿命周期费用及各费用单元的估计值后才能进行结构性分析，分析确定寿命周期费用的主要因素。

2.3.1.3 寿命周期费用估算

寿命周期费用估算采用预测技术对装备预期的寿命周期内所支付的所有费用进行估算，求得寿命周期费用的估算值。

对寿命周期费用估算一般采用预测技术求出其估计值，其原因如下。

一是在统计寿命周期费用时，对于同种型号不同装备个体存在明显的差异，即使在装备寿命周期终结时也只能求得寿命周期费用的估计值。

二是控制寿命周期费用的最佳时机是研制早期，这时已产生的费用仅占寿命周期费用的很小一部分，必须根据装备的设计方案或研制的技术状态，估算出寿命周期费用，以便从费用的角度对装备设计、研制做出决策。

2.3.1.4 寿命周期费用设计

寿命周期费用设计是指在新型装备研制时，制定可度量、可设计、可跟踪的寿命周期费用设计指标，作为装备设计的一项正式指标要求，在研制过程中反复进行寿命周期费用估算、寿命周期费用分析和寿命周期费用审查与评估，控制实现寿命周期费用指标的设计过程。

2.3.2 基本观点

2.3.2.1 继生费用不可忽视

传统的费用观念只注重装备订购时一次性投资的获取费用，但随着现代装备的性能日益完善，结构更加精密复杂，不但研制、生产成本日益增长，而且继生费用也不断增长，增长幅度比获取费用更大。人们逐渐认识到装备的获取费用仅仅是浮在水面的冰山一角，而用于装备使用与保障的继生费用才是寿命周期费用的主体，这就是所谓的冰山效应，如图2-7所示。

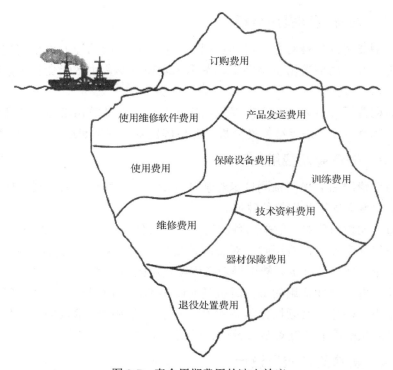

图 2-7 寿命周期费用的冰山效应

根据美国国防部的研究，典型装备的论证和研制阶段的费用仅占总费用的 15%，生产阶段占 35%，使用阶段占 50%。我军的一些装备，也有上述类似情况。例如，统计某型号雷达使用 20 年的继生费用为订购费用的 2.4 倍。

由此看来，继生费用是不可忽视的。在过去较长一段时间里，人们常常只考虑装备的订购费用，只考虑买得起多少装备，而不习惯估算继生费用，"买得起，用不起"的事便时有发生。因此，我们应当重视装备的继生费用。

2.3.2.2 寿命周期费用的先天性

装备从论证研制到退役报废各阶段的费用，固然是由各阶段的需要而定的。但是，在装备寿命周期各阶段中，越靠前的阶段，越对寿命周期费用有重大的影响。寿命周期费用，在装备生产之前，已由论证、研制"先天"基本确定了。到了使用阶段，产品的结构和性能（包括可靠性和维修性）都已基本定型，降低使用费用的余地是很小的。寿命周期费用的帕累托曲线就说明了这个问题，如图 2-8 所示。

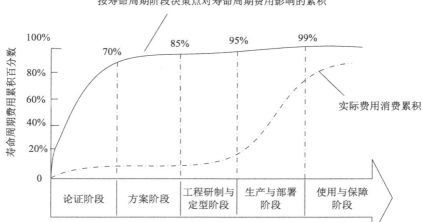

图 2-8 寿命周期费用的帕累托曲线

寿命周期费用的帕累托曲线表明：寿命周期费用必须及早考虑，尤其是减少使用维修费用的措施，在研制阶段就应加以解决；装备的获取和使用费用关系密切，应在系统效能与寿命周期费用之间综合权衡，从而达到优化的目的。

2.3.2.3 只有寿命周期费用才能衡量装备的经济性

在进行装备系统的各种权衡分析中，考虑经济性时，只有寿命周期费用才能真实地反映经济性。不仅要降低装备的获取费用，还要降低装备的继生费用，只有寿命周期费用最小才是真正经济的。

2.3.3 寿命周期费用估算方法

寿命周期费用分析的核心是寿命周期费用估算。采用寿命周期费用估算方法，求出现役装备、新型装备和在研装备的寿命周期费用的估计值，是有效控制与管理寿命周期费用的基础或前提条件。

2.3.3.1 基础知识

1．资金的时间价值

资金的时间价值是指资金随着时间的推移而发生的增值。在寿命周期费用估算与分析时，必须考虑资金的时间价值，要将不同时刻发生的费用折算到一个基准时刻的价值，使费用数值具有可比性。在进行费用计算时，必须将不同时刻发生的费用换算到同一个时间基准点上，才能比较其大小。换算的时间基准点可以是现在时刻，也可以是未来的某一时刻。相关概念如下。

贴现：把某一时刻上的资金值折算成时间基准点上的等值资金。

现值：资金现在时刻的价值，或者指定时间基准点的价值，通常用符号 P 表示。

终值（未来值）：与现值等价的未来某一时刻的资金价值，通常用符号 F 表示。

在进行资金价值换算时，除时间因素之外，影响资金不同时刻价值的因素还有贴现率和物价指数。

贴现率：综合考虑资金的时间价值的投资收益率。

物价指数（通货膨胀率）：物价水平持续上涨而造成价值贬值的指数。

当综合考虑贴现率和物价指数的影响计算资金的时间价值时，可将二者相加。在一般情况下，利率随时间的变化反映了贴现率和物价指数的双重变化。因此，在计算资金的时间价值时，经常采用中国人民银行公布的利率。

考虑资金的时间价值时有以下几种常用的计算方法。

1）由现值求终值

已知利率 i，周期数 n，由现值 P 求终值 F。

2）由终值求现值

已知利率 i，周期数 n，将终值 F 贴现为现值 P。

3）由等额年金求终值

资金的等值是指现在的一笔资金，在确定的利率下，与不同时点的一笔或多笔资金具有相同的经济价值。等额年金是指在若干期间中，每个期间末按一定利率对现值 P 所做的每期数值相同的支付款额，通常用符号 A 表示。

由等额年金求终值是已知每年支付等额年金 A，年利率 i，年期 n，求 n 年后与逐年的这些年金等值的总终值 F。

4）由终值求等额年金

已知年利率 i，年数 n，第 n 年期间末要积累（或偿还）资金的总金额 F，求每年要积累（或偿还）相同基金额 A，才能在 n 年期间末积累（或偿还）与 F 等值的资金。

5）由现值求等额年金

已知投入现值资金 P 与年利率 i，求在规定年期 n 内每年应回收多少等额年金 A，才能全部回收与 P 等值的资金。

6）由等额年金求现值

已知每年支付相同金额的资金 A 和年利率 i，年期 n，求与这些等额年金等值的总现值 P。上述各计算公式如表 2-3 所示。

表 2-3 资金的时间价值计算公式

序 号	含 义	公 式
1	由现值求终值	$F = P(1+i)^n$
2	由终值求现值	$P = F/(1+i)^n$
3	由等额年金求终值	$F = A\left[\dfrac{(1+i)^n - 1}{i}\right]$
4	由终值求等额年金	$A = F\left[\dfrac{i}{(1+i)^n - 1}\right]$
5	由现值求等额年金	$A = P\left[\dfrac{i(1+i)^n}{(1+i)^n - 1}\right]$
6	由等额年金求现值	$P = A\left[\dfrac{(1+i)^n - 1}{i(1+i)^n}\right]$

例 2-3：某装备寿命周期为 n 年，若 $t=0$ 时的初始投资为 P_0，以后每年支付的费用为 C_j，$j = 1, 2, \cdots, n$，到 $t = n$ 时加以处理的残值为 S，设年利率为 i，求该装备寿命周期费用。

解：取 $t = 0$ 为基准，可得折算到 $t = 0$ 时的现值为

$$P = P_0 + \sum_{j=1}^{n} C_j (1+i)^{-j} + S(1+i)^{-n}$$

折算到 $t = n$ 时的终值为

$$F = P_0(1+i)^n + \sum_{j=1}^{n} C_j (1+i)^{n-j} + S$$

若 $C_j = C$，$j = 1, 2, \cdots, n$，则

$$P = P_0 + C\sum_{j=1}^{n}(1+i)^{-j} + S(1+i)^{-n} = P_0 + C\frac{(1+i)^n - 1}{i(1+i)^n} + S(1+i)^{-n}$$

这里的 S 以支出为正，收入为负计算。

2. 熟练曲线对费用的影响

熟练曲线又称为学习曲线，用来描述在连续的产品生产过程中制造工时的变化情况。该理论认为，随着产品生产数量的不断增加，虽然其总工时随之增加，但其单个产品的制造工时将随着产品累计数量的增加而下降；随着产品累计数量的增加，下降的速率逐渐变小，直至趋于稳定。

人们常常将熟练曲线反映出的规律形象地称为"Learning by doing"，即"在干中学"，其原因不仅是因为工人通过不断地"学习"，更好地掌握了制造和装配过程，

而且因为在这一过程中,制造和工程计划能力不断提高,生产能力不断改进,从而导致单个产品的制造工时下降。很显然,在一定时期内,单位工时分摊的制造费用,即制造费用分配率一定。这时,产品制造费用也表现出上述相同的规律,但这种关系对自动化生产不明显。

在计算寿命周期费用时,考虑熟练曲线的影响可以使批量生产的装备单价明显下降,也可以运用于维修时间的计算。熟练曲线的规律可通过图2-9描述,表达式为

$$t_n = t_1 n^{(\lg S/\lg 2)} \tag{2-36}$$

式中,t_n——第 n 件产品的直接工时或费用;

t_1——第 1 件产品的直接工时或费用;

n——生产产品的序数;

S——熟练率,(0.70~0.99)。

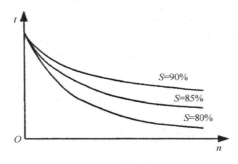

图 2-9 熟练曲线

熟练率含义:生产第 2 件产品所用工时数为第 1 件产品工时数的百分比,一般取值范围为 0.70~0.99。

3. 费用的不确定性因素和灵敏度分析

在寿命周期费用估算与分析时,必须对所估算装备的设计、制造、试验、培训、使用与保障等工作剖面尽可能做出充分的描述,这种对于未来事件或环境情况的任何描述总是具有主观推断的性质。因此,各种费用单元与要素,如购置费用、维修费用及使用年限等大多建立在对未来的预测和判断的基础上,使得费用估算存在各种不确定性因素,可靠性受到影响,给决策带来风险。为此,要进行费用灵敏度分析,研究分析这些不确定性因素的变化对费用估算的影响的敏感程度,以提高费用估算的精度,减少决策的风险。

1)费用不确定性

不确定性是指不受控的随机事件按未知概率分布发生导致的结果。产生费用不确定性的因素有很多,主要如下。

（1）由于装备要求变化带来的不确定性。

装备寿命周期费用的绝大部分在设计阶段就已确定，研制过程中如果设计要求发生变化，那么将引起费用的变化。设计要求变化的原因有：客观条件变化，如原定的工作参数、产量、某些性能要求改变，或者某项配套设备更改，必须改变原设计；研制、生产过程中发现原设计有缺陷，需要加以改进；对原计划的进度要求发生变化；原设计所提要求本身不合理，必须改变等。

（2）由于技术原因带来的不确定性。

（3）费用估算不准确带来的不确定性。

在建立模型时有些因素被忽略了，或者所建立的模型本身不准确，估算时所依据的原始数据不准，所采集的数据不准或不足等，以及对算法、模型或数据的修改，导致费用不确定性。

（4）其他原因引起的项目投资超支和建设工期拖长。

由于劳动熟练程度的提高，所需工时减少、物料节省，利率的变化使折算的金额改变，物价指数的变化引起物价的变化等，都使实际费用与估算值有所差异，导致费用不确定性。

2）费用灵敏度分析

费用灵敏度分析主要分析重要费用不确定性因素的变化对费用估算结果的敏感程度，是对投资项目与其他经营管理决策中最常用和最有效的一种不确定性分析方法。

根据每次改变的因素的数目，费用灵敏度分析可分为单因素灵敏度分析和多因素灵敏度分析。进行费用灵敏度分析的基本步骤如下。

（1）根据费用估算和分析的目标，确定灵敏度分析的要求。通过灵敏度分析确定对寿命周期费用的总现值，或者某个主费用单元或费用单元现值的费用影响因素。

（2）根据假设与约束条件和费用分解结构，确定重要费用不确定性因素。

（3）确定每个费用不确定性因素的变化范围，即最可能值（在最常见情况下的值）、乐观值（在较好情况下的值）、悲观值（在最坏情况下的值）。

（4）逐一将每个重要费用不确定性因素在乐观值与悲观值的范围内以一定的百分数变化，其他重要费用不确定性因素固定于最可能值，计算出对所估算或分析的费用的灵敏度。

（5）进行综合分析，找出对所估算或分析的费用影响大的费用不确定性因素及影响的程度，为费用的控制与管理决策提供依据。

2.3.3.2 费用分解结构

1. 相关概念

（1）费用单元：构成寿命周期费用的费用项目。根据寿命周期费用管理与估算的需要，按费用分解结构逐级细分为主要费用单元及各级费用单元。

（2）主要费用单元：寿命周期费用分解结构中寿命周期费用下一级的费用单元。

在 GJBz 20517—1998《武器装备寿命周期费用估算》中，典型的寿命周期费用分解结构的主要费用单元划分为论证与研制费用、订购费用、使用与保障费用及退役处置费用。对于不同的装备类型、不同的装备研制与管理部门的传统习惯，可以根据寿命周期费用管理与估算的需要，允许有其他的划分方法。

（3）基本费用单元：可以单独进行计算的费用单元。

基本费用单元是进行寿命周期费用估算的最小元素，它主要取决于费用管理时的费用分类方法，因此，对于不同的装备类型、不同的装备研制与管理部门，允许定义不同的基本费用单元。

（4）寿命周期费用分解结构：按装备的硬件、软件和寿命周期各阶段的工作项目，将寿命周期费用逐级分解，直至基本费用单元，所构成的按序分类排列的费用单元的体系。

费用分解结构可以根据费用估算的特点与 GJB 2116A—2015《武器装备研制项目工作分解结构》规定的工作项目分解结构相结合。

2. 建立寿命周期费用分解结构的要求

建立费用分解结构的一般要求包括以下几点。

（1）必须考虑装备整个系统在寿命周期内发生的所有费用。费用分解是为寿命周期费用估算与管理服务的，所分解的费用必须完整，既不遗漏，又不重复，应当包括寿命周期剖面内所有工作项目与服务活动产生的费用。

（2）每个费用单元必须有明确的定义，与其他相关费用单元的界面分明，并为使用方与承制方的费用分析人员及项目管理人员所共识。

（3）费用分解结构应当与装备研制项目的计价、军品的定价，以及管理部门的财会类目相协调。

（4）每个费用单元都要有明确的数据来源，要赋予可识别的标记符号及数据单元编号。

（5）寿命周期费用分解结构的详细程度，可以因估算的目的和估算所处的寿命周期阶段的不同而异。

一般来说，寿命周期费用分解结构的详细程度与装备研制、生产与部署使用的进展相联系。在装备研制早期，当处于指标论证或方案论证阶段时，只有装备的研制技术方案,还未详细确定装备技术状态和制造之前,允许给出粗略的费用分解结构,此时所估算的寿命周期费用也是粗略的,主要是用于备选方案的评估与权衡分析。只有当装备进入批量生产并部署使用之后才可能建立详细的费用分解结构,比较准确地估算寿命周期费用。

2.3.3.3 费用估算程序

装备寿命周期费用估算的一般程序如图 2-10 所示。

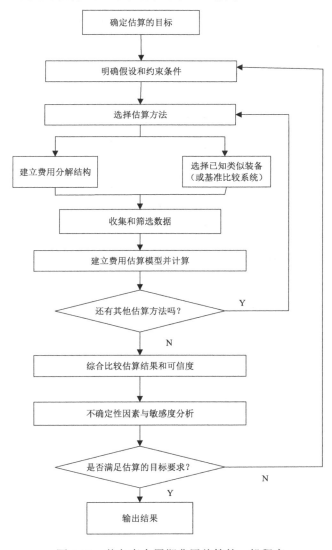

图 2-10 装备寿命周期费用估算的一般程序

1．确定估算的目标

根据估算所处的阶段及具体任务，确定估算的目标，明确估算范围及估算精度要求。

2．明确假设和约束条件

假设和约束条件一般包括进度、装备数量、使用方案、使用年限、维修要求、利率、物价指数、科学技术发展水平及可供借鉴的资料等因素。随着寿命周期阶段的推进，原有假设和约束条件可能发生变化，应及时修正。

3．选择估算方法

估算方法的选择取决于费用估算的目标、时机和掌握的信息量。常用的四种费用估算方法及在装备寿命周期各阶段的适用性如表 2-4 所示。

表 2-4　常用的四种费用估算方法及在装备寿命周期各阶段的适用性

估算方法	论证阶段	方案阶段	工程研制阶段	生产阶段	使用阶段	退役阶段
工程估算法	×	×	√	√	√	○
参数估算法	√	○	○	×	×	×
类比估算法	○	√	○	○	√	○
专家估算法	√	√	○	○	○	√

注：√—主要方法；○—次要方法；×—通常不用。

4．建立费用分解结构

根据估算的目标、假设与约束条件，确定费用单元和建立费用分解结构。

5．选择已知类似装备

若用参数估算法，则应选择多种已知类似装备；若用类比估算法，则应选择基准比较系统。

选择多种已知类似装备的主要要求为：作战任务和战技性能基本类似；技术体制和技术指标基本类似；与被估算费用相应的费用已知等。

选择基准比较系统的主要要求为：作战任务和战术性能基本类似；技术体制和技术指标基本类似；装备使用、保障要求及使用寿命已知；研制费用、订购费用和使用与维修费用已知等。

6．收集和筛选数据

收集和筛选数据的一般要求如下。

准确性，费用数据必须准确可靠，虚假的数据将导致估算精度降低或失败。

系统性，费用数据要连续、系统和全面，按费用分解结构进行分类收集、费用单元不交叉、无遗漏。

时效性，要有历史数据，更要有近期和最新的费用数据。

可比性，要注意所收集费用数据的时间和条件，使之具有可比性，对于不可比的费用数据，使其具有间接的可比性。

适用性，筛选出那些对估算目标有用的费用数据。

7．建立费用估算模型并计算

根据已确定的估算目标、估算方法和已建立的费用分解结构，建立适用的费用估算模型，输入数据进行计算。

8．不确定性因素与灵敏度分析

不确定性因素是指可能与分析时的假设（或约定）有误差或有变化的因素，主要包括经济、资源、技术、进度等方面的假设和约束条件。对于不确定性因素，应进行灵敏度分析。

灵敏度分析是指当某些不确定性因素发生变化时，分析对费用估算结果的影响程度，以便为决策提供更多的信息。对重大不确定性因素必须进行灵敏度分析。

9．是否满足估算的目标要求

按得出的估算结果与估算的目标进行比较，判断估算结果是否满足要求。若满足要求，则编写估算结果报告；若不满足要求，则反馈到第一步重新确定估算的目标并继续估算，直到满足估算的目标要求。

10．输出结果

将估算结果形成寿命周期费用估算报告。

2.3.3.4 费用估算方法

费用估算基本方法有工程估算法、参数估算法、类比估算法和专家估算法。

1．工程估算法

工程估算法是一种自下而上累加的方法。它将装备寿命周期各阶段所需的费用项目细分，直到最小的基本费用单元。估算时根据历史数据逐项估准每个基本单元所需的费用，累加求得装备寿命周期费用的估算值，即

$$C = \sum_{i=1}^{n} \sum_{j=1}^{m} C_{ij} \qquad (2\text{-}37)$$

式中，C——寿命周期费用；

C_{ij}——寿命周期内第 i 阶段第 j 项费用；

n ——寿命周期阶段；

m ——寿命周期费用单元。

进行工程估算时，分析人员应首先画出费用分解结构图。费用的分解方法和细分程度应根据费用估算的具体目标和要求而定。应注意做好以下方面。

第一，必须完整地考虑系统的一切费用；第二，各项费用必须有严格的定义，以防费用的重复计算和漏算；第三，装备费用结构图应与该装备的结构方案一致，与会计的账目项目一致；第四，应明确哪些费用是非再现费用，哪些费用是再现费用。

采用工程估算法必须对装备全系统有详尽的了解。费用估算人员不仅要根据装备的工程图对尚未完全设计出来的装备做出系统的描述，而且要详尽了解装备的生产过程、使用方法和条件、维修保障方案及历史资料数据等，才能将基本费用项目分得准、估算得精确。工程估算法是很麻烦的工作，常常需要进行烦琐的计算。但是，这种方法既能得到较为详细而准确的费用估算，又能为我们指出哪些项目是最费钱的项目，为节省费用提供主攻方向，因此，它是目前用得较多的方法。

2. 参数估算法

参数估算法是把费用和影响费用的因素之间的关系，看作某种函数关系。为此，首先要确定影响费用的主要因素（参数），然后利用已知类似装备的统计数据，运用回归分析方法建立费用估算模型，以此预测新型装备的费用。建立费用估算参数模型后，可通过输入新型装备的有关参数，得到新型装备费用的预测值。

一般来说，费用（因变量）和参数（自变量）之间的关系，最简单的是线性关系，即

$$F(C) = b_0 + b_1 f_1(x_{11}, x_{21}, \cdots, x_{r_1 1}) + b_2 f_2(x_{12}, x_{22}, \cdots, x_{r_2 2}) + \cdots + b_n f_n(x_{1n}, x_{2n}, \cdots, x_{r_n n})$$

（2-38）

式中，x_{ij} ——第 j 个子集中的第 i 个预测参数，共 r_j 个；

$f_1, f_2, \cdots, f_n$ —— x_{ij} 的函数；

$b_1, b_2, \cdots, b_n$ ——回归系数。

参数估算法的特点：该估算方法建立的数学估算关系式简单，且与费用的影响因素的关系，便于计算机计算与仿真，也便于灵敏度分析；该估算方法数学模型的建立主要依靠同类装备的历史费用数据，待估新型装备只需要明确主要的物理与性能特性参数值，故特别适用于定装备总体性能指标或确定研制总体方案的装备研制早期；该估算方法的精度主要取决于同类装备的相似程度、统计样本数影响费用的参数选择与回归模型的形式；该估算方法所建立的数学模型的合理程度，在很大程度上取决于费用人员对装备的了解和建模的技巧与经验。

3. 类比估算法

类比估算法是指利用相似装备的已知费用数据和其他数据资料，估计新型装备的费用。估计时不仅要考虑彼此之间参数的异同和时间、条件上的差别，还要考虑涨价因素等，以便做出恰当的修正。类比估算法多在装备研制的早期使用，如在刚开始进行粗略的方案论证时，可迅速而经济地做出各方案的费用估算结果。这种方法的缺点是不适用于全新的装备及使用条件不同的装备，它对使用保障费用的估算精度不高。

4. 专家估算法

专家估算法由专家根据经验判断估算，或者由几个专家分别估算后加以综合确定，它要求估算者拥有关于系统和系统部件的综合知识。一般在数据不足或没有足够的统计样本及费用参数与费用关系难以确定的情况下使用这种方法。

第 3 章

雷达装备系统效能评估

雷达装备的系统评估贯穿其寿命周期的各个阶段，涉及装备系统的方方面面，是典型的综合评估，效能评估是其重要内容。评估的目的是为装备管理的科学决策提供可靠依据，评估的优劣直接影响决策的正确性。本章以雷达装备系统效能评估为对象，介绍系统评估的相关知识。

3.1 系统评估的基本问题

3.1.1 评估要素

一般来说，构成评估问题的要素有以下几个方面。

3.1.1.1 评估目的

首先必须明确评估的目的，这是评估工作的根本性指导方针。对被评估对象开展综合评估，明确为什么要评估。这直接涉及评估方法的选择、权系数的确定及评估的精确度要求，等等。

3.1.1.2 被评估对象

被评估对象通常是多种装备备选方案（横向）、同种装备在不同寿命周期阶段或不同环境下的效能变化（纵向）。对于前者，评估的过程就是依据评估结果进行优劣排序，进行决策的过程；后者则是侧重分析影响装备效能发挥的因素，指出提高装备效能方法的过程。

3.1.1.3 评估者

评估者可以是某个人（专家）或某团体（专家小组）。评估目的的确定、被评估对象的确定、评估指标的建立、权系数的确定、评估模型的选择都与评估者有关。因此，评估者在评估过程中的作用是不可轻视的。

3.1.1.4 评估指标

所谓评估指标是指根据研究的对象和目的,能够确定地反映被评估对象某方面情况的特征依据。每个评估指标都从不同侧面刻画被评估对象所具有的某种特征。所谓指标体系是指由一系列相互联系的评估指标构成的整体,它能够根据被评估对象和目的,综合反映出被评估对象各个方面的情况。指标体系不仅由被评估对象与评估目的制约,而且受评估者价值观念的影响。

3.1.1.5 权系数

对于某种评估目的,评估指标之间的相对重要性是不同的。评估指标之间的这种相对重要性的大小,可用权系数来刻画。指标的权系数,简称权系数,是指标对总目标的贡献程度。显然,当被评估对象及评估指标都确定时,综合评估的结果就依赖权系数,即权系数确定的合理与否,关系到综合评估结果的可信程度。因此,对权系数的确定应特别谨慎。

3.1.1.6 综合评估模型

所谓多指标综合评估,就是指通过一定的数学模型将多个评估指标"合成"一个整体性的综合评估。可用于"合成"的数学方法较多。问题在于如何根据评估目的及被评估对象的特点来选择较为合适的合成方法。

根据各指标间的相互关系确定各级指标的合并计算规则。主要有以下三种形式。

1. 加法规则

加法规则适用于各指标变化相互独立、对总评估的作用只有程度上而无本质上的差别,从而可以相互线性补偿的情形。当某一指标 X_j 由一系列子指标 $X_{j1}, X_{j2}, \cdots, X_{jr}$ 组成时,其计算方法为

$$F(X_j) = \sum_{i=1}^{r} w_{ji} X_{ji} \tag{3-1}$$

式中,w_{ji} ——子指标 X_{ji} 的权系数。

2. 乘法规则

乘法规则适用于各指标地位独立、作用仅有程度上而无本质上差异,但相互间补偿作用甚弱的情形。其计算方法为

$$F(X_j) = \prod_{i=1}^{r} (X_{ji})^{w_{ji}} \tag{3-2}$$

3. 代换规则

代换规则适用于各指标可相互补偿、一优即优的情形。其计算方法为

$$F(X_j) = 1 - \prod_{i=1}^{r}(1 - w_{ji}X_{ji}) \quad (3-3)$$

通常，总评估是各指标在各种规则相互组合下的结果。

3.1.1.7 评估结果

输出评估结果并解释其含义，依据评估结果进行决策。应该注意的是，应正确认识综合评估方法，公正看待评估结果。综合评估结果只具有相对意义，即只能用于性质相同的对象之间的比较和排序。

3.1.2 评估原则

为了搞好系统效能评估，必须遵守如下基本原则。

3.1.2.1 评估的客观性

评估目的是决策，评估的好坏直接影响决策的正确性，因此，评估必须客观反映实际，也就是说，必须保证评估的客观性。为此必须注意：评估资料的全面性和可靠性；评估程序和方法的合理性；评估人员的组成要有代表性、全面性，防止评估人员具有倾向性；保证评估人员能自由发表观点；保证与评估内容有关的各个专业的专家人数在评估人员中占多数。

3.1.2.2 被评估对象的可比性

被评估对象在保证实现系统的目标和功能上要有可比性和一致性，包括评估背景的相似性、评估项目的相同性、评估标准的统一性、评估指标及其度量方法的可比性等。若被评估对象在空间、时间、内容等某些方面有差异，则应采用等价或等效的方法进行处理，抓住重点进行分析比较。

3.1.2.3 评估指标的系统性

评估指标必须反映系统目标，因此应包括系统目标所涉及的一切方面。由于系统目标具有多属性、多层次、多时序的特点，因此制定评估指标必须注意它的系统性，即使对定性问题也应有恰当的评估指标或规范化的描述，以保证评估不出现片面性。

3.1.2.4 评估方法要简洁、直观、可行

装备系统本身结构复杂，再加上其所面临的任务环境复杂多变，而客观上装备系统的优化设计决策需要及时、快捷的效能评估结果，这就需要评估模型直观、易懂。模型中所需数据均可以通过历史统计数据、试验测试或仿真等手段简便地获得，对装备未来使用过程中环境操作条件的假设和推理要客观，并且随着装备研制设计任务逐渐向前推进，装备未来所面临的任务条件逐渐清晰，对仍不能明确的任务条件也要详细分析任务条件可能出现的概率和可能的详细状况，并做出评价。

3.1.3 评估步骤

系统效能评估的步骤是有效进行评估的保证，它一般包括以下几点。

3.1.3.1 系统的界定与状态描述

1. 系统的界定

系统的界定就是确定被评估对象的范围，目的是弄清被评估对象与其相关系统的关系，提高研究问题的针对性和全面性。

2. 系统状态描述

系统状态描述的内容一般是确定系统的可工作状态、不可工作状态及系统的使用维修方式、系统的可靠性框图，还包括系统在执行任务过程中每时刻所应处的状态或每状态所持续的时间等。若某雷达发射系统有两部相同的发射机，则该系统可能有两台正常、一台正常一台故障、两台故障三种状态。对于有故障的装备，还会有出故障后是否可以维修的问题。

3.1.3.2 根据评估目的，进行系统任务分析

根据评估目的，考虑系统的任务要求，进行功能分析和约束条件分析。

任何效能评估都在一定的假设条件下进行，常见的各种假设，如基本假设、战斗背景、作战环境假设等都属于规定条件。

3.1.3.3 系统要素分析

影响装备系统效能发挥的要素有很多，在评估时，要素选取应全面、合理、便于计算。不然就不能反映问题的全貌，评估结果可能缺乏可信度。

在效能评估研究中，由于目的、要求、方法不同，因此考虑的影响要素各有侧重。例如，美国工业界武器系统效能咨询委员会的系统效能评估模型，其表达式为

$E = A \cdot D \cdot C$。式中，A 是有效性向量；D 是可信赖性矩阵，这两项反映的主要是装备的可靠性和维修性方面的内容；C 是能力向量，指已知系统在执行任务的状态下，系统最终完成任务的能力，是系统各种性能的集中表现。该模型前两项的内涵已基本明确，关键是如何理解能力向量的内涵。从该模型的整个情况来看，它应是潜在作战能力中除可靠性、维修性之外的那部分能力。

3.1.3.4 建立评估指标体系

建立效能评估指标体系，是对效能评估中涉及的一系列评估要素，按照一定的结构层次关系进行排列组合，使其成为一个有机的整体。完整的效能评估指标体系是装备整体综合性能的集中体现。长期的效能评估研究经验证明，建立科学合理的效能评估指标体系，是效能评估研究中最关键的一环，没有效能评估指标体系，评估研究就无法进行；效能评估指标体系建得不合理，就谈不上评估结论的正确性。

3.1.3.5 评估指标数据的获取与处理

获取评估指标数据后，必须对其进行规范化处理，以保证评估的科学性。主要包括定性指标的量化、定量指标数据的归一化处理。

3.1.3.6 各评估指标的权系数确定

各评估指标的权系数代表该评估指标对综合评估值贡献的大小。

3.1.3.7 选择、建立评估模型

评估问题的关键在于从众多的方法模型中选择或建立一种恰当的评估模型。任意一种综合评估方法，都要依据一定的权系数对各单项指标评估结果进行综合。系统效能评估模型应既能切合系统的技术特点，又能体现战术任务的要求。

3.1.3.8 计算综合评估值，并对评估结果进行分析

根据指标体系，利用模型进行相应计算，并对评估结果进行分析验证，根据发现的问题进行修改和完善。

3.2 评估指标体系

评估指标体系是联系评估者与被评估对象的纽带，也是联系评估方法与被评估对象的桥梁。只有科学合理的评估指标体系，才有可能得出科学公正的评估结果。

3.2.1 评估指标体系建立的基本原则

评估指标体系的建立，要根据被评估对象的特点和评估目的来定。一般来说，在建立评估指标体系时，应遵循以下原则。

3.2.1.1 系统性原则

评估指标体系应能全面地反映被评估对象各个层次、各个方面的情况，既能反映直接效果，又能反映间接效果，以保证综合评估的全面性和可信度。

3.2.1.2 客观性原则

评估指标的确定应避免加入个人的主观意愿，指标含义应尽量明确，并注意参与指标确定的人员的权威性、广泛性和代表性，有时还需要广泛征集社会环境的意见。

3.2.1.3 简明性原则

在基本满足评估要求和给出决策所需信息的前提下，应尽量减少指标个数，突出主要指标，以免造成评估指标体系过于庞大，给以后的评估工作造成困难。并且应避免各指标间的相互关联，使指标体系的选择做到既必要又充分。

3.2.1.4 独立性原则

每个指标都要内涵清晰、相对独立；同一层次的各指标间应尽量不相互重叠，相互间不存在因果关系。指标体系要层次分明、简明扼要。整个评估指标体系的构成必须紧紧围绕综合评估目的层层展开，使最后的评估结果确切反映评估意图。

3.2.1.5 可测性原则

可测性是指标的定量表示，即指标能够通过数学公式、测试仪器或试验统计等方法获得。指标本身便于实际使用，度量的含义明确，具备现实的收集渠道，便于定量分析，具备可操作性。

对于复杂系统评估的研究要遵循从高到低，从复杂到简单向下划分的原则，采用分层细化方法对系统问题进行研究。指标的选取不是越多越好，关键要考虑指标所起作用的大小，在选取评估指标时不可能把全部指标都考虑进去，因为如果选取的指标过多，就会分散对主要指标的评估，反而适得其反。指标的确定要在动态的过程中反复平衡，有些指标需要分解，有些指标需要综合或删减。

这些原则在具体应用中可能会出现一定的矛盾，一般可做如下处理。

（1）定量指标与定性指标相结合使用。既可使评估具有客观性，便于数学模型处理，又可弥补单纯定量评估的不足及数据本身存在的某些缺陷。

（2）评估的有效性和简便性相矛盾。当评估的有效性和简便性相矛盾时，应在满足有效性的前提下，尽可能使评估简便，而不是相反。

（3）指标的系统性与可获得性相矛盾。指标体系必须包括有关方面的多种因素。但是，有些指标不易获得或不易测度，不能满足评估所需的全部数据。因此，在建立评估指标体系时，对于若干与评估关系甚大的指标，虽然目前尚无法获得数据，但仍要作为建议指标提出，以保证评估指标体系的系统性和科学性。

（4）指标的精确性与可信度问题。评估应尽可能精确，如果有些指标目前不能做到很精确，与其为了追求精确而假设数据，或者因得不到数据而将一些指标舍去，不如由专家根据经验做出定性描述，给某些指标以质的规定更为可信。

在评估指标体系确定及简化过程中，力求遵循以上原则，由专家或评估人员一并考虑。

3.2.2 评估指标数据的获取

系统评估指标数据有很多，以雷达装备系统为例，有方案设计值、预计值、估算值、试验（检验）值、使用统计值等。评估时到底采用哪种指标数据，由评估目的和评估时机来确定。

3.2.2.1 方案设计值

方案设计值包括论证方案、设计方案、订购方案、部署方案、维修方案、保障方案等，一般建立在事前计算基础上，评估时要用这些设计值，必须首先审核其科学合理性，实现可行性，对那些明显不合理（过高或过低）的设计值，不能直接纳入评估指标数据。

3.2.2.2 预计值和估算值

对设计方案、样机或某一客观实体的指标进行预计，如威力预计、可靠性预计、维修性预计、适应性预计等，所获得的值称为预计值。某些指标如费用、成本、效益等，一般称为估算值。进行科学的预计和估算，是系统评估的一项基础性工作。各类指标都有专门的预计或估算方法，常用的方法有相似设备法、专家法、参数法、工程法等。预计和估算的准确性，与采用的方法和估算人员自身的专业经验知识有关。将预计值和估算值与相应设计值对比，可以评估设计和研制质量；将各方案的预计（估算）值相比，可以评估方案的优劣。

3.2.2.3 试验（检验）值

按规定的试验方法和要求，对被评估对象进行试验，包括计算机模拟与仿真、实验室试验、试验场试验等，正式试验得到的试验值可信度比较高。所以对于被评估对象，在有条件做试验的时候，要尽量按规定要求和方法进行试验，哪怕是部分试验、抽样试验或高风险截尾试验等，经过试验后再进行评估，可以提高评估结果的准确性。现在对于系统方案择优，大多采用计算机模拟与仿真，若模型合理、数据可靠和程序正确，则其可信度还是比较高的，是系统评估的一种重要手段。

3.2.2.4　使用统计值

对评估系统的参照系统（如相似设备），或者评估系统已通过试用，其评估指标数据可以采用使用统计值。为了保证使用统计值的可信度，采用时要注意以下几点。

（1）使用的环境条件和工作条件是否符合设计要求，如自然环境、物资保障条件、维修条件和人员条件等，若与设计要求差异明显，则予以特别注明。

（2）统计样本量的大小。包括使用时间、正式开机工作时间或次数、故障次数、维修保障次数等，样本量应尽量大一些，过小会影响数据的代表性。

（3）数据记录的及时、准确和全面。应有专门的人员记录，按规定要求进行。对数据发生的具体情况，包括环境情况、发生过程、处理过程及相关因素等均应记录。

（4）对使用数据进行正确的筛选和统计处理。根据前面三点，判定数据的准确性和代表性，舍去那些明显不合理的数据。在某些情况下，有可能数据记录不完整，对个别缺少的数据，可按历史序列，采用还原法进行增补，以求系统数据的连贯性。

对系统评估的政策依据是评估指标和评估标准，客观依据是评估数据。显然，评估数据是系统客观情况的具体反映。

3.2.3　评估指标数据的预处理

评估指标数据可分为定性指标数据和定量指标数据两种，在多指标综合评估时，各指标往往表现出不可公度性（量纲不同）和矛盾性（价值取向不同）的特点。因此各指标数据无法直接进行综合计算，定性指标首先进行量化，然后进行规范化处理。定性指标数据主要通过专家定性评判，采用量化的方法获得；定量指标数据可以通过试验统计、实地测量、报告分析等方法获得。

3.2.3.1　定性指标数据的量化

在一个复杂的评估指标体系中，有些指标是很难直接进行定量的，只能通过"优、良、差"等语言值进行定性判断。定性描述无法利用数学这一定量计算的工具进行处理，这就需要一个定性指标数据量化的过程。

1. 直接打分法

受咨询专家根据自己的经验知识对定性指标直接做出价值判断，用一个明晰数来度量对指标的满意程度。采用专家打分法，即专家组根据被评估对象的测试情况和要求目标，按下面4个等级在[0,100]内给予评分。

85～100 分　　优秀（高于目标要求）
75～85 分　　良好（满足目标要求）
60～75 分　　一般（介于目标要求与最低要求之间）
0～60 分　　差（低于最低要求）

对某项指标若由 n 个专家给出的评分为 X_i，为避免主观判断的明显误差，将专家评分中的最高分和最低分去掉后平均，该指标的量化值为

$$\frac{1}{n-2}(\sum_{i=1}^{n} X_i - \max_{1 \leq i \leq n} X_i - \min_{1 \leq i \leq n} X_i)，\quad n \geq 3 \tag{3-4}$$

定性指标经量化后，可按效益型定量指标进一步处理。该方法虽然简便，但给专家评估带来了很大难度，因客观事物的复杂性和主体判断的模糊性，专家很难准确地做出判断。

2. 量化标尺量化法

心理学家米勒（G．A．Miller）经过试验表明，在对不同的物体进行辨别时，普通人能够正确区别的等级不大于 9 等级。推荐使用 5～9 个等级，可能时尽量使用 9 个等级。我们可以把定性指标数据通过一个量化标尺直接映射为定量指标数据，常用的量化标尺如表 3-1 所示。考虑使用方便，这里使用 0.1～0.9 之间的数作为量化分数，极端值 0 和 1 通常不用。

表 3-1　常用的量化标尺

等　级	分　数								
	0.1	0.2	0.3	0.4	0.5	0.6	0.7	0.8	0.9
9 等级	极差	很差	差	较差	一般	较好	好	很好	极好
7 等级	极差	很差		差		一般		好	很好	极好
5 等级	极差			差		一般		好		极好

还有把语言值量化成模糊数的标度量化法，常用的模糊数有三角模糊数与梯形模糊数。这种量化方法能够较好地避免丢失模糊信息，但计算过程较复杂，尤其是最后的排序。

有时为了避免仅以隶属度 0 或 1 来选择某一评判等级，可以利用模糊统计的方法确定定性指标对评判等级的隶属度向量，把归一化的隶属度向量和每个评判等级所

对应的量化值进行加权,得到定性指标的量化值。基本步骤如下。

(1)确定评判等级:$V=\{v_1,v_2,\cdots,v_m\}$。

(2)组织多个专家对系统指标进行评估,假设专家对等级的评判频数为 $U=\{u_1,u_2,\cdots,u_m\}$,则 U 就是系统指标对评判等级 V 的隶属度向量。

(3)把每个评判等级的量化值与归一化的隶属度向量进行加权。

3.2.3.2 定量指标数据的规范化

在系统效能的评估过程中,各指标数据之间普遍存在下述三种问题。

(1)无公度问题。各指标数据的量纲不同,不便于互相比较。

(2)变换范围不同。指标数据之间差异很大,可能数量级不同,不便于比较运算。

(3)价值取向不同。根据人们对指标数据期望的特点,可将定量指标分为效益型、成本型和固定型三种类型。其中效益型指标越大越优,成本型指标越小越优,而固定型指标则是在某一区间内最优。下面用指标效用函数法对上述三类定量指标数据进行规范化。

对装备每类评估指标都建立一个适当的效用函数,计算不同指标的效用函数值。效用函数值是[0,1]范围内的一个实数。

若有 n 部装备参评,各装备有 m 个被评估指标 $P=(p_1,p_2,\cdots,p_m)$,其性能值 $d=(d_1,d_2,\cdots,d_m)$,性能指标的最大值点向量 $d_{\max}=(r_{\max}^1,r_{\max}^2,\cdots,r_{\max}^m)$,最小值点向量 $d_{\min}=(r_{\min}^1,r_{\min}^2,\cdots,r_{\min}^m)$。

若被评估指标 p_k 为效益型指标,则效用函数为

$$\mu_k(d_k)=d_k/r_{\max}^k, \quad d_k\in\left[r_{\min}^k,r_{\max}^k\right] \tag{3-5}$$

效益型指标的效用函数如图 3-1 所示。

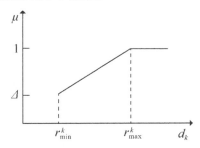

图 3-1 效益型指标的效用函数

若被评估指标 p_k 为成本型指标,则效用函数为

$$\mu_k=1+(r_{\min}^k-d_k)/r_{\max}^k \tag{3-6}$$

成本型指标的效用函数如图 3-2 所示。

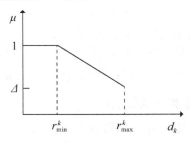

图 3-2　成本型指标的效用函数

若被评估指标 p_k 为固定型指标，p_k 在 $[r_1, r_2]$ 内为宜，则效用函数为

$$\mu_k = \begin{cases} \dfrac{d_k}{r_1} & d_k \in \left[r_{\min}^k, r_1\right] \\ 1 & d_k \in [r_1, r_2] \\ 1 + \dfrac{r_2 - d_k}{r_{\max}^k} & d_k \in \left[r_2, r_{\max}^k\right] \end{cases} \quad （3-7）$$

固定型指标的效用函数如图 3-3 所示。

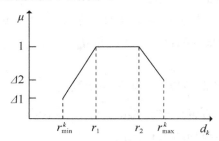

图 3-3　固定型指标的效用函数

指标效用函数值的计算结果为

$$\boldsymbol{\mu} = (\mu_1, \mu_2, \cdots, \mu_m) \quad （3-8）$$

3.2.4　评估指标权系数的确定

系统效能评估作为一种多指标综合评估，各评估指标对综合评估值的贡献往往是不同的。为了体现各评估指标在评估指标体系中的作用地位及重要程度，在评估指标体系确定后，必须对各指标赋予不同的权系数。

一般而言，各指标间的权系数差异主要是以下三个方面的原因造成的。

(1) 评估者对各指标的重视程度不同，反映评估者的主观差异。
(2) 各指标在评估中所起的作用不同，反映各指标间的客观差异。
(3) 各指标的可靠程度不同，反映各指标所提供的信息的可靠性差异。

由于各指标间的权系数差异主要是上述三个方面造成的，因此在确定指标的权系数时，应该从这三个方面来考虑。其中第三个方面在上面评估指标体系的确定中已经进行了考虑。

根据计算权系数时原始数据的来源不同，大致可归为两类。

一类是主观赋权法，利用专家或个人的知识和经验，具有代表性的方法有层次分析法、德尔菲（Delphi）法等。主观赋权法的优点是专家可根据实际问题，较为合理地确定各分量的重要性；缺点是主观随意性大。为了克服这一缺点，可采取增加专家数量、仔细选取专家等措施。

另一类为客观赋权法，其原始数据由各指标在评估中的实际数据形成。客观赋权法从指标的统计性质来考虑，由调查获得，不需要征求专家们的意见，具有代表性的方法有熵值法、主因子分析法、灰色关联分析法、多元回归分析法等。客观赋权法的优点是具有客观性；缺点是当所取样本不够大或不够充分时，权数有时与指标的实际重要程度相悖。

在实际确定指标权系数中，可选用一种或几种主观赋权法和客观赋权法组合成综合权系数，称为组合赋权法。下面主要介绍用层次分析法确定指标权系数。

AHP（Analytic Hierarchy Process，层次分析法），由美国著名运筹学家 T. L. Soaty 于 20 世纪 70 年代提出，是一种定性与定量相结合的多目标评估方法。它将评估者的经验判断量化，在目标结构复杂且缺乏必要的数据情况下更为实用，是分析多目标、多准则的复杂大系统的有力工具，其具体分析步骤在相关参考文献中有详细介绍，这里从略，将其直接应用于指标权系数计算。其基本步骤如下。

3.2.4.1 建立层次分析结构模型

在层次分析法中，递阶层次思想占据核心地位，通过分析建立一个有效的、合理的递阶层次结构模型，问题最终归结为，最低层相对最高层的相对权系数的确定，或者相对优劣的排序。把问题条理化、层次化，构造出一个层次分析结构的模型。

下面以组网雷达"四抗"综合能力为例进行分析，建立组网雷达"四抗"综合能力指标体系层次分析结构模型，如图 3-4 所示。该层次分析结构模型有 3 层：目标层 A 为"四抗"综合能力，指标层 B 为"四抗"的 4 个方面能力；指标层 C 为"四抗"因素层，包括"四抗"综合能力的各个主要因素。

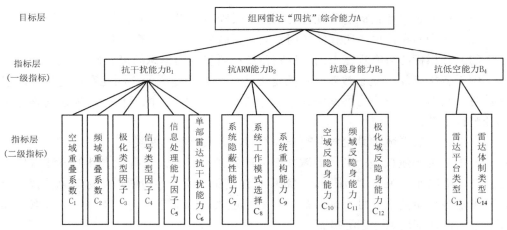

图 3-4 组网雷达"四抗"综合能力指标体系层次分析结构模型

建立层次分析结构模型后,问题分析归结为各种指标对组网雷达"四抗"综合能力影响程度大小的问题。

建立问题的层次分析结构模型是 AHP 中最重要的一步,把复杂的问题分解成元素的各个组成部分,并按元素的相互关系及其隶属关系形成不同的层次,同一层次的元素作为准则对下一层次的元素起支配作用,同时受上一层次元素的支配。最高层次只有一个元素,它表示决策者所要达到的目标;中间层次一般为准则、子准则,表示衡量能否达到目标的判断准则。层次数与问题的复杂程度和需要分析的详尽程度有关。每层次中的元素一般不超过 9 个,因同一层次中包含数目过多的元素会给两两比较带来困难。

3.2.4.2 建立两两比较的判断矩阵

建立层次分析结构模型之后,就可以在各层元素中进行两两比较,构造出判断矩阵。层次分析法主要是人们对每层次中各因素相对重要性给出的判断,这些判断通过引入合适的标度用数值表示出来,写成判断矩阵。判断矩阵表示针对上一层次因素,本层次与之有关因素之间相对重要性的比较。下面探讨如何建立两两比较的判断矩阵。

假定上一层次的元素 B_k 为准则,对下一层次元素 $C_1, C_2, \cdots, C_n$ 有支配关系,我们的目的是在准则 B_k 下按它们的相对重要性赋予 $C_1, C_2, \cdots, C_n$ 相应的权重。在这一步中要回答下面的问题:针对准则 B_k,两个元素 C_i、C_j 哪个更重要。重要性的大小,需要对"重要性"赋予一定的数值。赋值的根据或来源,可以由决策者直接提供,也可以通过决策者与分析者对话来确定,还可以由分析者通过某种技术咨询获得,或者通过其他合适的途径来酌定。一般地,判断矩阵应由熟悉问题的专家独立给出。

对于 n 个元素,建立两两比较的判断矩阵 $A=(a_{ij})_{n\times n}$。其中 a_{ij} 表示元素 i 和元素 j 相对目标重要值。

显然判断矩阵 A 具有如下性质

$$a_{ij}>0;\quad a_{ii}=1;\quad a_{ji}=1/a_{ij},\quad i\neq j$$

我们把这类矩阵 A 称为正反矩阵。对正反矩阵 A,若对于任意 i、j、k,均有 $a_{ij}\cdot a_{jk}=a_{ik}$,则称该矩阵为一致矩阵。

值得注意的是,在实际问题求解时,建立的判断矩阵并不一定具有一致性,常需要进行一致性检验。

在层次分析法中,为了使决策判断定量化,形成上述数值判断矩阵,常根据一定的比率标度将判断定量化。下面给出一种常用的 1~9 标度方法,如表 3-2 所示。2,4,6,8 为上述相邻判断的中值。这些数字是根据人们进行定性分析的直觉和判断力确定的。

表 3-2 判断矩阵标度及其含义

序 号	重要性等级	a_{ij} 赋值
1	元素 i、j 同等重要	1
2	元素 i 比元素 j 稍重要	3
3	元素 i 比元素 j 明显重要	5
4	元素 i 比元素 j 强烈重要	7
5	元素 i 比元素 j 极端重要	9
6	元素 i 比元素 j 稍不重要	1/3
7	元素 i 比元素 j 明显不重要	1/5
8	元素 i 比元素 j 强烈不重要	1/7
9	元素 i 比元素 j 极端不重要	1/9

对于 n 个指标,进行两两指标间重要程度比较,可得如下判断矩阵:

$$A=(a_{ij})_{n\times n}=\begin{bmatrix} a_{11} & a_{12} & \cdots & a_{1n} \\ a_{11} & a_{12} & \cdots & a_{1n} \\ \vdots & \vdots & & \vdots \\ a_{n1} & a_{n2} & \cdots & a_{nn} \end{bmatrix} \qquad (3\text{-}9)$$

3.2.4.3 层次单排序

计算出某层次因素相对上一层次中某一因素的相对重要性,这种排序计算称为层次单排序。具体地说,层次单排序是指根据判断矩阵计算相对上一层次某元素,本层次与之有联系的元素重要性次序的权值。

从理论上讲,层次单排序计算问题可归结为计算判断矩阵的最大特征根及其特征向量的问题。但一般来说，计算判断矩阵的最大特征根及其特征向量，并不需要追求较高的精确度，这是因为判断矩阵本身有一定的误差范围。而且，应用层次分析法给出的层次中各种元素优先排序权值从本质上来说是表达某种定性的概念。因此，一般用迭代法在计算机上求得近似最大特征根及其特征向量。这里给出一种简单的计算矩阵最大特征根及其特征向量的方根法的计算步骤。

（1）计算判断矩阵每行元素的乘积

$$M_i = \prod_{j=1}^{n} a_{ij}, \quad i = 1, 2, \cdots, n \qquad (3\text{-}10)$$

（2）计算 M_i 的 n 次方根

$$\overline{w}_i = \sqrt[n]{M_i} \qquad (3\text{-}11)$$

（3）对向量 $\overline{w} = [\overline{w}_1, \overline{w}_2, \cdots, \overline{w}_n]^T$ 正规化（归一化处理）

$$w_i = \overline{w}_i / \sum_{i=1}^{n} \overline{w}_i \qquad (3\text{-}12)$$

则 $w = [w_1, w_2, \cdots, w_n]^T$ 为所求的特征向量，也就是各指标相应的权系数。

（4）计算判断矩阵最大特征根为

$$\lambda_{\max} = \sum_{i=1}^{n} \frac{[Aw]_i}{nw_i} \qquad (3\text{-}13)$$

式中，$(Aw)_i$ 表示向量 Aw 的第 i 个元素。

方根法是一种简便易行的方法，在精度要求不高的情况下使用。除了方根法，还有和积法、特征根法、最小二乘法等，这里不再介绍。

3.2.4.4 判断矩阵的一致性检验

在上述过程中我们建立了判断矩阵，使得判断思维数学化，简化了问题的分析，使得复杂的问题定量分析成为可能。此外，这种数学化的方法有助于决策者检查并保持判断思维的一致性。应用层次分析法，保持判断思维的一致性是非常重要的。所谓判断思维的一致性是指专家在判断指标重要性时，各判断之间协调一致，不致出现相互矛盾的结果。

判断矩阵一致性检验的过程如下。

（1）计算一致性指标：

$$\text{CI} = \frac{\lambda_{\max} - n}{n - 1} \qquad (3\text{-}14)$$

用 CI 来检查决策者判断矩阵的一致性。

显然，当判断矩阵具有完全一致性时，CI = 0，反之亦然。从而有 CI = 0，$\lambda_{\max} = n$，判断矩阵具有完全一致性。

CI 接近于 0，有满意的一致性；CI 越大，不一致性越严重。那么，判断矩阵不一致程度在什么范围内，层次分析法仍然可以使用呢？为此，引入随机一致性比率（CR）。

（2）平均随机一致性指标（RI）。

对于 $n=1,\cdots,9$，T. L. Soaty 给出了 RI 的值，如表 3-3 所示。

表 3-3 平均随机一致性指标

n	1	2	3	4	5	6	7	8	9
RI	0	0	0.58	0.90	1.12	1.24	1.32	1.41	1.45

当 $n=1,2$ 时，RI = 0，这是因为 1、2 阶判断矩阵总是一致性矩阵。

对于 $n \geq 3$ 的成对比较矩阵 A，将它的 CI 与同阶（指 n 相同）的 RI 之比称为随机一致性比率。

（3）计算随机一致性比率

$$CR = \frac{CI}{RI} \qquad (3-15)$$

当 CR < 0.10 时，认为判断矩阵的一致性是可以接受的，否则应对判断矩阵做适当修正。

对于判断矩阵

$$A = \begin{bmatrix} 1 & \frac{1}{7} & \frac{1}{3} & \frac{1}{5} \\ 7 & 1 & 5 & 3 \\ 3 & \frac{1}{5} & 1 & \frac{1}{3} \\ 5 & \frac{1}{3} & 3 & 1 \end{bmatrix}$$

其计算结果为

$w = [0.055, 0.564, 0.118, 0.263]^T$，$\lambda_{max} = 4.117$，CI=0.039，RI=0.9，CR=0.043

上面得到的是一组元素对其上一层次中某元素的权系数向量。这不是我们的最终目的，我们最终要得到的是各元素，特别是最低层次中各方案对于目标权系数大小的排序，从而进行方案选择。

3.2.4.5 层次总排序及其一致性检验

利用层次单排序的计算结果，进一步综合出对更上一层次的优劣顺序，就是层次总排序的任务。

设上一层次（A 层）包含 $A_1,\cdots,A_m$ 共 m 个元素，它们对目标层的排序权重分别为 $a_1,\cdots,a_m$。又设其后的下一层次（B 层）包含 n 个元素 $B_1,\cdots,B_n$，它们关于 A_j 的层次单排序权重分别为 $b_{1j},\cdots,b_{nj}$（当 B_i 与 A_j 无关联时，$b_{ij}=0$）。现求 B 层中各元素关于总目标的权重，即求 B 层各元素的层次总排序权重 $b_1,\cdots,b_n$，即

$$b_i = \sum_{j=1}^{m} b_{ij} a_j, \quad i = 1,\cdots,n \tag{3-16}$$

虽然各层次对判断矩阵进行了一致性检验，具有较为满意的一致性。但综合考察时，各层次的非一致性仍有可能积累起来，引起最终分析结果的不一致性。因此，对层次总排序也需要进行一致性检验，仍像层次单排序那样由高层到低层逐层进行。

设 B 层中与 A_j 相关的元素的两两比较的判断矩阵在层次单排序中进行一致性检验，求得层次单排序一致性指标为 $\mathrm{CI}(j)$，$j=1,\cdots,m$，相应的平均随机一致性指标为 $\mathrm{RI}(j)$ $\big[\mathrm{CI}(j)$、$\mathrm{RI}(j)$ 已在层次单排序时求得$\big]$，则 B 层总排序随机一致性比率为

$$\mathrm{CR} = \frac{\sum_{j=1}^{m} \mathrm{CI}(j) a_j}{\sum_{j=1}^{m} \mathrm{RI}(j) a_j} \tag{3-17}$$

当 CR < 0.10 时，认为层次总排序通过一致性检验。至此，得到最下层的层次总排序，即权重。

3.3 评估方法的选择

所谓多指标综合评估，就是指通过一定的数学函数（或称为综合评估函数）将多个评估指标数据"合成"一个整体性的综合评估数据。可以用于"合成"的数学方法有很多，问题在于如何根据决策的需要和被评估系统的特点来选择较为合适的方法。

20 世纪 60 年代，模糊数学在综合评估中得到了较为成功的应用，产生了特别适合对主观或定性指标进行评估的模糊综合评估法。20 世纪 70、80 年代，是现代科学评估蓬勃兴起的年代。在此期间，产生了多种应用广泛的评估方法，如层次分析法、数据包络分析法等。20 世纪 80、90 年代，是现代科学评估纵深发展的年代，人们对评估理论、方法和应用开展了多方面的、卓有成效的研究。例如，将人工神经网络技术和灰色系统理论应用于综合评估。

当前，综合评估应用的范围越来越广，所使用的方法也越来越多。但由于各种方法的出发点不同，解决问题的思路不同，适用对象不同，各有其优缺点，以至人

们遇到综合评估问题时不知该选择哪一种方法，也不知评估结果是否可靠。

对于一个应用者，最迫切的问题往往不是建立一个新的评估方法，而是如何从纷繁复杂的方法当中，选择最适宜的方法。

评估方法的分类很多。按照评估与所使用信息特征的关系，可分为基于数据的评估、基于模型的评估、基于专家知识的评估，以及基于数据、模型、专家知识的评估。根据各评估方法所依据的理论基础，把综合评估方法大体分为四大类。

（1）专家评估方法，如专家打分综合法。

（2）运筹学与其他数学方法，如层次分析法、数据包络分析法、模糊综合评估法。

（3）新型评估方法，如人工神经网络评估法、灰色综合评估法。

（4）混合方法，这是几种方法混合使用的情况，如 AHP+模糊综合评估、模糊神经网络评估法。

到目前为止，虽然出现了多种综合评估方法，但还有不少的问题。例如，针对同一问题，不同的方法会得到不同的结果，如何解释？如何辨别不同方法对不同问题的优劣？如何衡量评估结果的客观准确性？这些问题还需要我们进一步探索和研究，使综合评估方法理论不断得以丰富和完善。

总的来说，评估方法是实现评估目的的技术手段，评估目的与方法的匹配是体现评估科学性的重点方面。正确理解和认识这一匹配关系是正确选择评估方法的基本前提。评估目的与评估方法之间的匹配关系，并不是评估的特定目的与特定一种评估方法的一一对应，而是对于特定的评估目的，可以选择高效、相对合理的评估方法。

各具特色的综合评估方法，为针对某一具体的评估工作选择评估方法提供了借鉴。在选择评估方法时，应适应综合评估对象和综合评估任务的要求，根据现有资料状况，做出科学的选择。也就是说，评估方法的选取主要取决于评估者本身的目的和被评估对象的特点。而且，就同一种评估方法而言，在一些具体问题的处理上也并非完全相同，需要根据不同的情况做不同的处理。因此从一定程度上讲，综合评估方法既是一门科学，对该方法的应用又是一门艺术。以下几条筛选原则可供参考。

（1）选择评估者最熟悉的评估方法。

（2）所选择的方法必须有坚实的理论基础，能为人们所信服。

（3）所选择的方法必须简洁明了，尽量降低算法的复杂性。

（4）所选择的方法必须能够正确地反映被评估对象和评估目的。

遵循上述原则，一般可以选择出较为适宜的评估方法。不过，这些原则也只是定性的、指导性的原则。当然，在大多数情况下，最优的评估方法是不存在的。

3.4 雷达装备系统效能分析

3.4.1 基本概念

效能的一般定义：效能是一个系统满足一组特定任务要求的能力（度量）；或者是系统在规定条件下达到规定使用目标的能力。"规定条件"指的是环境条件、时间、人员、使用方式等因素；"规定使用目标"指的是所要达到的目的；"能力"指的是达到目标的定量或定性程度。

效能的概率定义：系统在规定的工作条件和规定的时间内，能够满足作战要求的概率。

雷达装备效能是指在特定条件下，装备被用来执行规定任务时，所能达到预期目标的程度。装备效能是对装备能力的多元度量，并随着研究角度的不同而具有不同的具体的内涵。

装备效能通常可以分为两大类：固有效能和作战效能。

固有效能：装备在论证、研制过程中被确定的内在效能，它是装备的固有属性，是装备的潜在效能。

作战效能：在预期或规定的作战使用环境，以及所考虑的战略、战术、生存能力和威胁条件下，由有代表性的人员使用装备完成规定任务的能力。它是装备的使用属性，是装备在作战环境、战术和人员等约束条件下所达到的效能。

3.4.1.1 效能度量

效能度量是效能大小的尺度，可用概率或其他物理量表示。任务的多样性决定了单项度量的多样性，进而影响综合的度量也不一样。效能度量可从静态考虑，有指标效能（单一、综合）、系统效能或效能指数；从动态考虑，有作战效能。

由于装备的种类和任务要求不同，效能的分析方法和模型也不同，因此衡量系统效能的度量单位也有所区别，而要定量地预测分析效能，就要选定恰当的度量方法和单位。

3.4.1.2 效能指标

在装备论证中，为了评估对应某个新型装备的不同型号系统方案的优劣，必须采用某种定量尺度去度量各个型号系统方案的系统效能。这种定量尺度称为效能指标。例如，用雷达探测距离去度量雷达的探测效能，效能指标是探测距离。由于作战情况的复杂性和作战任务要求的多样性，效能指标常常不是单个明确定义的效能指标，而是一组效能指标。这些效能指标分别表示装备系统功能的各个重要属性（如探测威力、生存能力等）或作战行动的多重目的（如对敌警戒、指挥引导等）。

常用的效能指标如下。

（1）单项效能。单项效能是指当运用装备系统时，达到单一使用目标的程度，如雷达装备系统的探测距离、定位精度等。

（2）系统效能。系统效能是指装备系统在一定条件下，满足一组特定任务要求程度的度量，与可用性、可信赖性和固有能力有关。它是对装备效能的综合评估，又称为综合效能，是装备系统发展论证中主要考虑的因素。

（3）作战效能。作战效能是指在规定的作战环境条件下，运用装备系统及其相应的兵力执行规定的作战任务时，所能达到的预期目标的程度。这里，执行作战任务应覆盖装备系统在实际作战中可能承担的各种主要作战任务，且涉及整个作战过程。因此，作战效能是任何武器装备系统的最终效能和根本质量特征。

3.4.2 雷达装备单项效能

雷达装备的主要单项效能如下。

3.4.2.1 最大探测距离

雷达最大探测距离，是指在一定的探测概率、虚警概率、目标雷达截面积、目标起伏模型、雷达工作模式的前提下，雷达能够探测到此目标的最远距离。在实际情况中，由于波束的影响，不同高度层的最大探测距离不相同，当目标雷达截面积为 0.01m^2 时，为小目标的探测距离，特别是针对隐身目标的探测距离。

雷达以一定的周期 T_r 扫描给定的空间角范围 φ_s，最大探测距离 $R_{\max}$ 由搜索雷达方程确定，即

$$R_{\max}^4 = \frac{P_{av}A_rT_r\sigma_t}{4\pi\varphi_s KT_s D_0(1)L_s} \tag{3-18}$$

式中，P_{av} ——雷达平均发射功率；

A_r ——雷达天线有效接收面积，$A_r = k_e A$，即 A_r 是天线几何面积 A 乘以有效系数 k_e；

σ_t ——目标平均雷达截面积；

φ_s ——扫描空间角；

K ——玻耳兹曼常数，$K \approx 1.38 \times 10^{-23}\text{J/K}$；

T_s——系统温度，典型值为600K；

$D_0(1)$——单个脉冲检测因子，按虚警概率 $P_{fa}=10^{-6}$，发现概率 $P_d=0.5$，则 $D_0(1)=11.2$dB；

L_s——系统损耗，包括机内传输损耗、检测损耗、信号处理损耗与机外电波传输损耗，典型值为24dB。

3.4.2.2 最小探测距离

最小探测距离在可能情况下越小越好。特别是部署在机场附近用于保障进出机场飞行情况时，应严格控制该指标。

3.4.2.3 方位范围

方位范围通常为360°。某些体制雷达，如固定式相控阵雷达、无源雷达、超视距雷达等，对其方位范围应根据实际需要进行充分论证。

3.4.2.4 高度范围

高度范围根据要求探测目标的高度确定。航空器的飞行高度一般在30km以下，弹道导弹轨道最高点高度为几十千米至几千千米，空间目标轨道高度为几百千米至几万千米。

3.4.2.5 仰角范围

仰角范围主要用于表明探测目标高度和顶空盲区的大小，对于赋形天线，一般为0°～40°。

3.4.2.6 分辨率

雷达分辨率是指区分两个或两个以上邻近目标的能力。分辨率可细分为角度、距离、速度。

角度分辨率取决于雷达天线的波束宽度。一般来说，角度分辨率在一个波束宽度左右。

距离和速度分辨率可通过信号波形的模糊函数来表述。模糊函数的物理意义是两个相同信号在延时间隔 τ 后的关联程度。分辨率是指可分辨的能力，而模糊指不能分辨。设信号波形为 $s(t)$，其模糊函数为

$$x(\tau,f_d)=\int_{-\infty}^{+\infty}s(t)s^*(t+\tau)e^{j2\pi f_d t}dt \qquad (3-19)$$

式中，f_d——多普勒频率，τ 越大，模糊函数 x 越小，关联程度就越小，越容易分辨；x 越大，模糊度越高，分辨率也就越差。常用的线性调频信号的距离分辨率为 $\Delta f=bT/\pi$，多普勒分辨率近似为 $1/T$，T 为脉冲宽度，b 为调频斜率。

3.4.2.7 数据率

数据率是每秒获取数据的次数,是雷达的一个重要效能参数。可以用数据更新时间 T_r 表示,T_r 是扫描完整个给定空域的时间。对于方位机扫雷达,T_r 就是天线转动一圈的时间,数据率为 $D = 1/T_r$。

3.4.2.8 目标处理容量

目标处理容量是指雷达在一个全空域扫描周期内,能处理的最多目标个数,通常用点迹处理能力(如 10000 点)、目标跟踪批数(1000 批)来表示。

3.4.2.9 雷达抗干扰改善因子

雷达抗干扰能力包括抗无源、有源干扰能力。其具体指标参数有频率点数、捷变频方式、杂波可见度、抗干扰改善因子等。

雷达抗干扰改善因子(EIF):雷达未采用抗干扰措施时系统输出的干信比与采用抗干扰措施后系统输出的干信比的比值:

$$\text{EIF} = (J/S)/(J/S)' \tag{3-20}$$

式中,(J/S) 为雷达未采用抗干扰措施时系统输出的干信比;

$(J/S)'$ 为雷达采用抗干扰措施后系统输出的干信比。

EIF 越大,表明雷达采用抗干扰措施后,要想有效地干扰雷达,必须付出更大的干扰信号功率,因此,雷达的抗干扰性能就好。

如果雷达具有多项抗干扰的技术措施,那么总的雷达抗干扰改善因子将是各技术措施所具有的改善因子的乘积:

$$\text{EIF} = \text{EIF}_1 \cdot \text{EIF}_2 \cdots \cdots \text{EIF}_n = \prod_{i=1}^{n} \text{EIF}_i \tag{3-21}$$

3.4.2.10 雷达目标识别能力

雷达目标识别能力包括目标类别识别能力、目标成像性能等。

3.4.2.11 雷达抗反辐射导弹能力

雷达抗反辐射导弹能力包括信号的低截获概率、告警性能、诱饵性能等。

3.4.3 雷达装备系统效能模型

装备系统效能评定的方法较多,主要评定方法如图 3-5 所示。目前,在国内外比较流行的系统效能分析方法有指数法、ADC(模数转换)法等。它们已在许多武器装备效能评估中得到应用，这些方法当然存在某些局限性。例如，指数法和层次分析法的分析过程受人为主观因素影响较大（如关于权系数的确定），效能结果的含义不够明确；而 ADC 法是以系统状态划分及其条件转移概率为建模思想的，当它应用于系统状态数较多的复杂系统时，会出现矩阵维数的急剧"膨胀"，难以把系统效能分析反映在动态的系统运行过程中。

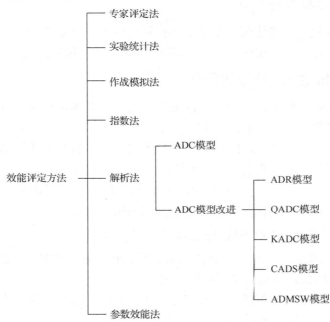

图 3-5　装备系统效能主要评定方法

3.4.3.1　系统效能典型模型——ADC 模型

WSEIAC 模型属于解析法，它由美国武器系统效能工业咨询委员会（The Weapon System Effectiveness Industry Advisory Committee，WSEIAC）建立，为美国空军所采用。20 世纪 60 年代初期开始研究，中期提出报告，国内多称为 ADC 模型。这种模型的物理意义比较明显，容易为人们所接受，被认为是很有效、很通用的模型。

WSEIAC 认为："系统效能是预期一个系统满足一组特定任务要求的程度的度量，是系统可用性、任务成功性与固有能力的函数。"

系统效能将可靠性、维修性和固有能力等指标效能综合为可用性、任务成功性、固有能力 3 个综合指标效能，并认为系统效能是这 3 个指标效能的进一步综合。

图 3-6 所示为雷达装备效能结构要素示例。

图 3-6　雷达装备效能结构要素示例

WSEIAC 系统效能的表达式为

$$E = A \cdot D \cdot C \quad (3\text{-}22)$$

式中，E——系统效能（Effectiveness）；

A——可用性向量（Availability）；

D——可信性矩阵（Dependability）；

C——固有能力矩阵（Capability）。

1. 可用性向量 A

假设系统有 n 种不同的状态，且在任一随机任务开始时刻，系统处于状态 i 的概率为 a_i，则可用性向量 $A = [a_1, a_2, \cdots, a_n]$。$n$ 是系统可能的全部状态数，故有

$$\sum_{i=1}^{n} a_i = 1 \quad (3\text{-}23)$$

2. 可信性矩阵 D

在 ADC 模型中，可信性是指装备在任务开始时可用性给定的情况下，规定的任务剖面中的任一随机时刻，能够使用且能完成规定功能的能力。装备在执行任务中的状态取决于与任务有关的系统可靠性及维修性参数的综合影响。可信性常用任务可靠度或任务成功度来表示，可信性矩阵表示为

$$D = \begin{bmatrix} d_{11} & d_{12} & \cdots & d_{1n} \\ d_{21} & d_{22} & \cdots & d_{2n} \\ \vdots & \vdots & & \vdots \\ d_{n1} & d_{n2} & \cdots & d_{nn} \end{bmatrix} \quad (3\text{-}24)$$

式中，d_{ij}——系统在开始执行任务时处于状态 i，系统在执行任务过程中处于状态 j 的概率。$\sum_{j=1}^{n} d_{ij} = 1$，即矩阵中每行各项之和等于 1。

3. 固有能力矩阵 C

$$C = \begin{bmatrix} c_1 \\ c_2 \\ \vdots \\ c_n \end{bmatrix} \quad (3\text{-}25)$$

式中，c_j——系统处于状态 j 时，系统完成规定任务的能力。

运用 ADC 模型分析装备执行某项任务时的系统效能计算方法为

$$E = A \cdot D \cdot C = [a_1, a_2, \cdots, a_n] \begin{bmatrix} d_{11} & d_{12} & \cdots & d_{1n} \\ d_{21} & d_{22} & \cdots & d_{2n} \\ \vdots & \vdots & & \vdots \\ d_{n1} & d_{n2} & \cdots & d_{nn} \end{bmatrix} \begin{bmatrix} c_1 \\ c_2 \\ \vdots \\ c_n \end{bmatrix} = \sum_{i=1}^{n} \sum_{j=1}^{n} a_i d_{ij} c_j \quad (3\text{-}26)$$

对于多项任务的装备系统，系统总体效能为

$$E_s = \sum_{i=1}^{m} a_i E_i \quad (3\text{-}27)$$

或

$$E_s = \prod_{i=1}^{m} a_i E_i \quad (3\text{-}28)$$

式中，a_i——第 i 项任务的权系数，共 m 项任务；

E_i——装备系统对第 i 项任务的效能。

对于必须完成上一项任务才能进行下一项任务的装备，常用式（3-28）计算其系统效能。

3.4.3.2 ADC 模型应用示例

用 ADC 模型分析系统效能的过程大体包括如下几个步骤。

（1）确定系统效能参数。

（2）分析系统的可用性。
（3）分析系统的可信性。
（4）分析系统的固有能力。
（5）评估系统效能。

通过以下例子说明系统效能评估的过程。

例 3-1：某测距雷达由两部发射机，一个天线，一个接收机，一个显示器和操作同步机组成。每部发射机的 $T_{bf_1}=10h$，$\overline{M}_{ct_1}=1h$，天线、接收机、显示器与操作同步机组合体的 $T_{bf_2}=50h$，$\overline{M}_{ct_2}=0.5h$。两部发射机同时工作时，雷达在最大探测距离上发现目标的概率为 0.900，发现目标后，在 15min 内跟踪目标的概率为 0.970；只有一部发射机工作时，在最大探测距离上发现目标的概率为 0.683，发现目标后在 15min 内跟踪目标的概率为 0.880。假设雷达在 15min 的跟踪过程中是不可修复的，若雷达效能的度量单位是在执行任务期间，发现目标并跟踪目标的概率。已知各单元的寿命和修复时间均服从指数分布，试采用 ADC 模型计算雷达效能。

解：根据雷达工作的实际情况，应先发现目标后才能跟踪目标，故分别计算雷达发现目标的效能 E_1 和跟踪目标的效能 E_2，计算总的效能 $E_s = E_1 \cdot E_2$。

1）描述系统的状态并确定可用性向量

在开始执行任务时，雷达的主要状态应有如下几种。

（1）所有部件都正常工作。

（2）一部发射机故障，另一部发射机及所有其他部件能正常工作。

（3）系统处于故障状态，即两部发射机同时发生故障或雷达的其他部件发生故障或全部故障。

设 A_1 为每部发射机的可用度，A_2 为天线、接收机、显示器和操作同步机组合体的可用度，则

$$A_1 = \frac{\overline{T}_{bf1}}{\overline{T}_{bf1} + \overline{M}_{ct1}} = \frac{10}{10+1} \approx 0.909$$

$$A_2 = \frac{\overline{T}_{bf2}}{\overline{T}_{bf2} + \overline{M}_{ct2}} = \frac{50}{50+0.5} \approx 0.990$$

系统处于各状态的概率分别为

$$a_1 = A_1^2 \cdot A_2 = 0.909^2 \times 0.990 = 0.818$$

$$a_2 = 2A_1(1-A_1)A_2 = 2 \times 0.909 \times 0.091 \times 0.99 = 0.164$$

$$a_3 = 1 - a_1 - a_2 = 1 - 0.818 - 0.164 = 0.018$$

可用度向量 A 为

$$A = (a_1, a_2, a_3) = (0.818, 0.164, 0.018)$$

2）确定可信性矩阵

因为雷达发现目标是瞬间发生的，它只与系统此瞬时的状态有关，也可以认为发现目标的瞬间系统的状态不发生转移，所以，雷达发现目标的可信性矩阵为单位矩阵，即

$$D_1 = \begin{bmatrix} 1 & 0 & 0 \\ 0 & 1 & 0 \\ 0 & 0 & 1 \end{bmatrix}$$

假设雷达在执行任务期间是不允许修理的，则雷达在跟踪目标期间的可信性矩阵为三角矩阵，其对角线以下的所有项都为零。

发射机的故障率为

$$\lambda_1 = 1/10 = 0.1 \text{次/h}$$

组合体的故障率为

$$\lambda_2 = 1/50 = 0.02 \text{次/h}$$

则每部发射机在执行任务中（15min）的可靠度为

$$R_1 = \mathrm{e}^{-\lambda_1 t} = \mathrm{e}^{-0.1 \times 0.25} \approx 0.975$$

组合体的可靠度为

$$R_2 = \mathrm{e}^{-\lambda_2 t} = \mathrm{e}^{-0.02 \times 0.25} \approx 0.995$$

可信度矩阵中的 d_{11} 是雷达所有部件在开始执行任务时能正常工作，在执行任务的整个过程中能保持该状态的概率，因此

$$d_{11} = R_1^2 \cdot R_2 = 0.975^2 \times 0.995 \approx 0.946$$

d_{12} 是雷达所有部件在开始执行任务时能正常工作，但一部发射机在任务期间发生故障的概率，因此

$$d_{12} = [R_1(1-R_1) + (1-R_1)R_1]R_2 = 2 \times 0.975 \times 0.025 \times 0.995 \approx 0.049$$

d_{13} 是雷达所有部件在开始执行任务时能正常工作，但在执行任务期间发生故障的概率，因此

$$d_{13} = 1 - d_{12} - d_{13} = 0.005$$

d_{22} 是开始时一部发射机正常工作，在执行任务期间保持该状态的概率，所以：

$$d_{22} = R_1 \cdot R_2 = 0.975 \times 0.995 \approx 0.970$$

由于雷达在执行任务期间不允许修理，所以

$$d_{21} = d_{31} = d_{32} = 0 \text{；} \quad d_{23} = 1 - d_{22} = 0.03 \text{；} \quad d_{33} = 1$$

雷达跟踪目标的可信性矩阵为

$$D_2 = \begin{bmatrix} 0.946 & 0.049 & 0.005 \\ 0 & 0.970 & 0.030 \\ 0 & 0 & 1 \end{bmatrix}$$

3）确定能力矩阵

依题意可知发现目标的能力矩阵为

$$C_1 = \begin{bmatrix} 0.900 \\ 0.683 \\ 0.000 \end{bmatrix}$$

跟踪目标的能力矩阵为

$$C_2 = \begin{bmatrix} 0.97 \\ 0.88 \\ 0.00 \end{bmatrix}$$

4）运算

根据 ADC 模型，$E = A \cdot D \cdot C$，雷达发现目标的系统效能为

$$E_1 = A \cdot D_1 \cdot C_1 = (0.818, 0.164, 0.018) \begin{bmatrix} 1 & 0 & 0 \\ 0 & 1 & 0 \\ 0 & 0 & 1 \end{bmatrix} \begin{bmatrix} 0.900 \\ 0.683 \\ 0.000 \end{bmatrix} = 0.848$$

雷达在 15min 内跟踪目标的系统效能为

$$E_2 = A \cdot D_2 \cdot C_2 = (0.818, 0.164, 0.018) \begin{bmatrix} 0.946 & 0.049 & 0.005 \\ 0 & 0.970 & 0.030 \\ 0 & 0 & 1 \end{bmatrix} \begin{bmatrix} 0.97 \\ 0.88 \\ 0.00 \end{bmatrix} = 0.925$$

雷达能够成功地发现目标并跟踪目标的效能为

$$E_s = E_1 E_2 = 0.848 \times 0.925 \approx 0.784$$

第 4 章 雷达装备管理体制

军事装备管理体制是国家和军队对装备工作实施领导和管理的组织制度,主要包括国家和军队领导、管理装备工作的机构设置、职责分工和权限划分,以及相应的法规和政策制度等。它既是国防体制的重要方面,又是军队领导指挥体制的重要组成部分,同时是装备工作的组织基础和基本保障。

雷达装备管理体制就是为雷达装备工作进行管理所建立的组织系统和工作制度,是做好雷达装备管理工作的组织保证。

4.1 基本构成

装备管理体制是由装备管理组织机构、装备管理运行机制和装备管理法规制度构成的一个复杂系统,涵盖装备寿命周期的全过程。装备管理通常按照管理主体、寿命周期阶段划分为发展管理和使用管理。发展管理的主体一般是国家、军队决策机构、军队装备管理职能部门、国防工业部门等,主要负责装备的规划论证、研制生产、试验鉴定等前期的管理工作;使用管理的主体是军队,主要负责装备的调配部署、使用保障、退役报废等后期的管理工作。相应地,雷达装备管理体制也划分为装备发展管理体制和装备使用管理体制。雷达装备发展管理体制是对雷达装备发展战略做出决策,根据决策去组织论证、研制生产、试验鉴定的决策领导机构、管理部门和研制单位等组织机构、运行机制,以及所制定的法规制度等;装备使用管理体制是指装备从部队接收到退役报废全过程管理的组织机构设置、职权划分及其相应制度的统称。

4.1.1 组织机构

4.1.1.1 雷达装备发展管理组织机构

装备发展管理组织机构是装备发展管理的组织保证。比较健全的装备发展管理体制是由领导决策机构、组织管理机构、组织实施机构等组成的。

1. 领导决策机构

雷达装备发展的领导决策机构是雷达装备管理的最高机构，其基本职能是：依据国家、军队关于雷达装备发展战略、装备建设的方针政策、指示要求，负责拟制雷达装备发展方向重点、体制系列，制定相关政策法规。

2. 组织管理机构

组织管理机构是贯彻落实领导决策机构制定的方针、政策的组织。其主要职能是：对雷达装备发展工作实施全面规划和组织领导，具体组织雷达装备科研论证、立项研制、试验鉴定和监督生产制造；组织实施装备订购验收、技术保障管理和专业技术人员培训；组织装备技术服务；管理装备财务工作，掌握控制装备建设经费的使用；具体承办装备的军援、军贸、引进和技术交流等工作；负责管理装备军用标准化、科技信息、科技成果和专利工作；管理装备科研机构、工程技术院校、修理机构、装备（器材）仓库、军事代表机构的有关业务工作。

3. 组织实施机构

在雷达装备管理的这一层次中，主要包括科研、生产、采购等具体实施机构管理部门。

1）科研机构管理部门

科研机构管理部门主要负责组织拟制装备科研开发战略、规划、计划；组织拟制预先研究、型号论证、装备改进（型）的规划、计划和有关政策法规；负责研究处理与设计有关的技术质量问题；组织试验、试用和检验工作，确保装备的研制质量。

2）生产机构管理部门

生产机构管理部门主要负责根据下达的装备采购订货计划，组织与承制单位签订订货合同，履行合同规定的相应权利、义务和责任，督促承制单位严守合同，按时完成订货任务；按照订货合同对生产过程进行质量监督，参与技术状态控制，确保产品生产质量；对产品质量进行检验验收，严防不合格产品交付部队使用；对订购装备的成本进行审查，提出定价意见；负责订货合同日常管理，监督工厂认真履行合同，对进度、价格、性能和质量等例行检查，将工厂履约情况和问题及时上报；督促承制单位做好装备售后服务工作等。

3）采购机构管理部门

采购机构管理部门主要负责组织拟制雷达装备订货的规划、计划、保障方案、有关法规、标准、实施细则等；负责落实由工业部门、企业承担的雷达装备及器材

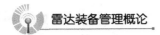

备件订货和修理计划；组织实施装备订货产品质量监督和检验验收，负责处理与工业企业部门制造、修理有关的技术质量问题；负责协调工业部门向部队、装备修理厂提供装备使用、修理的技术资料、技术服务工作；负责订货、修理的装备、器材的审价工作等。

4.1.1.2 雷达装备使用管理组织机构

雷达装备使用管理组织机构主要由领导管理部门、修理储存机构和使用保养的基层单位构成。

1. 领导管理部门

领导管理部门的主要任务是对装备管理工作进行组织计划和指挥协调，其分为军种、战区、部队三个层次，与各军种领导指挥层次相适应。

第一层次是军种。由军种作战使用部门、装备保障部门分别负责雷达装备的组织计划管理和技术、后勤保障工作。

第二层次是战区。负责辖区内所属雷达装备的组织计划管理、技术及后勤保障工作，由战区作战使用部门、保障部门分别负责。

第三层次是部队。负责组织和实施本部队装备的管理。

2. 修理储存机构

修理机构包括雷达基地级修理机构、技术保障队和技术保障室等，其主要职责是实施对装备进行大、中、小修理，恢复和提高装备的战技性能，保证装备的正常使用。储存机构包括各级装备仓库、军械器材库、油料库和综合库等，其主要职责是做好雷达装备及其备件器材的仓储、保管工作。

3. 使用保养的基层单位

使用保养的基层单位主要是雷达站。基本职责是正确使用装备，延长使用寿命；保管、保养好装备，使其处于良好状态，作战、训练时能充分发挥战技性能。

4.1.2 运行机制

科学的装备管理体制不仅要有合理的组织系统，还要有一套良好的运行机制，才能保证整个管理体制健康、有序地运转。

4.1.2.1 宏观调控机制

宏观调控机制是对雷达装备的规划、计划、经费分配、质量进度、总量规模、产品价格和科研生产能力等进行控制和协调的活动。雷达装备是一种特殊商品,在市场经济条件下,它具有商品的一般属性,其研制、生产和采购过程必然受到价值规律的制约。作为军事装备,雷达装备有其特殊性,国家对其研制、生产过程的控制比一般商品更加严格,由国家以指令性方法安排生产任务,价格不完全受供需双方关系的影响,要做到这一点,政府(军队)必须对雷达装备管理的全过程(特别是研制、生产、采购)实行宏观调控。实施宏观调控的具体方法一般以法律、经济手段为主,行政手段为辅,通过资金分配、税收征集等方面施加影响来实现国家的宏观调控目标。

4.1.2.2 评估监督机制

评估监督机制实际上是一种制约机制。雷达装备是关系到信息化战争胜负、国家安危的特殊商品,资源投入大,质量要求高。如果不建立严格的评估监督机制,就有可能保证不了质量,不仅浪费金钱,还可能延误战机,使战争失败,后果严重。评估监督机制主要涉及权力机关和研究机构对雷达装备项目的可行性分析、评估;立法机关对雷达装备各管理系统的监督、检查;军事代表对装备科研、生产的监督,以及在各个环节都必不可少的财务监督检查制度等。通过这些评估监督机制,保证装备的研制、生产质量,防止违法乱纪的行为出现,确保装备管理工作顺利运行。

4.1.2.3 竞争激励机制

竞争激励机制在市场经济条件下是一种优胜劣汰的基本机制。雷达装备管理要恰当地运用这一机制来提高装备质量和经济效益。在组织装备研制生产时,加大装备的规划、论证、研制、生产的透明度,实行招标合同制,调动各行各业的积极性、主动性、创造性,鼓励更多的、有一定技术实力的军工企业参加装备研制、生产的招标竞争,军方对投标方进行综合分析比较,优胜劣汰,做到既能保证产品质量,又能以较低的价格与承制单位合作,从中获得经济效益。良好的竞争激励机制能使军方有限的资源获得最好的军事效益。

4.1.3 法规制度

一个健全、完备的装备管理体制还应有一系列法律、法规、制度作为保障。装备管理法规制度是规范与军事装备有关的政府部门、军队装备管理部门、科研生产单位之间的责权关系、协作关系和行为准则的法律文件,是装备系统得以正常运行的保证。完善的装备管理体制,除了合理的组织系统、良好的运行机制,还必须有健全严格的法规制度作为实现装备管理的法律保证。

雷达装备管理的法规制度，是国家、军队组织领导和有效控制雷达装备建设的重要手段，是雷达装备建设正常进行的基本保证。这是因为：第一，由于雷达装备的建设涉及军队、政府部门、企业、科研院所等多个单位，因此对其管理需要集中统一的领导和社会各个领域的协调配合。这就决定了对装备上的一些重大问题，国家必须以法律、法规来加以规范，才能保证其有计划地顺利实施。第二，雷达装备的特殊商品属性和在研制、生产和消费过程中所具有的特殊规律，决定了雷达装备在整个发展过程中不能完全按照普通商品生产和流通的原则来确定，不能以经济效益为装备发展的唯一目标。所以，对装备管理的一切重要活动，应以法律、法规和规章的形式做出明确的规定，作为规范各个部门行为的准则，作为组织进行雷达装备发展决策、研制、生产、编配和使用的基本依据，保证雷达装备发展和使用管理目标的实现。第三，雷达装备建设不仅直接关系国家安全，还对国家的科技、经济将产生重大影响。为了保证装备的发展与国家科技、经济的发展相适应，世界各国普遍强调通过建立科学、完善的法规制度，指导并保证装备的发展和使用在国家整体发展与建设的大系统中有序进行。第四，随着科学技术的飞速发展和雷达装备性能不断提高，对装备研制、生产、使用和维修管理的系统化、综合化、规范化、标准化要求也越来越高，必须有一套科学统一的管理程序和技术标准、规范作为依据，有一套完整的条令、条例和规章来指导装备管理的实践，才能保证装备建设的正常进行。

4.2 原则与要求

装备管理体制是为保障装备建设和装备管理工作而建立的组织机构及相应的运行机制。随着雷达装备的发展和装备管理理论、管理方式、管理手段的进步，装备管理体制和相应的管理机构必须不断调整和改革，并贯彻坚持如下原则和要求。

4.2.1 基本原则

4.2.1.1 要有利于满足军事斗争需求

雷达装备管理体制的主要任务是保证雷达部队对装备需求的实现，使装备的发展适应部队的军事需求。满足军事斗争需求是实现军事装备价值的客观要求，对于雷达装备发展，满足军事斗争需求是最基本的原则，应充分发挥装备管理体制在装备发展和管理中的作用，用先进的军事思想和作战理论指导雷达装备的发展与保障。未来信息化战争，是陆、海、空、天、电、网等多维一体联合作战，这就要求雷达装备管理体制必须适应信息化战争的新变化。满足军事斗争需求是部队作战、训练的要求所决定的，装备必须满足雷达部队训练、作战的要求，部队的需求应是衡量装备价值的最重要的标准。

4.2.1.2　要有利于实现全系统、全寿命管理

全系统、全寿命管理是由装备发展的客观规律和内在要求决定的，是一种科学的管理方式，装备管理体制要有利于实现装备的全系统、全寿命管理。装备的全系统是指按一定的秩序和内在联系组合而成的装备整体，既包括由各功能单元组合而成的单件装备，又包括由众多相关单件装备组合而成的装备系统，甚至装备体系。随着科学技术的发展及其在军事领域的广泛运用，军事装备的系统化程度越来越高，现代战争的对抗完全是体系与体系的对抗，要取得对抗的胜利，必须统筹整个系统的发展，优化装备体系。装备系统化的特点决定了对装备的管理必须使用系统的观点和方法。装备的全寿命周期是指装备从论证开始到退役报废所经历的整个过程，装备的全寿命管理是对装备全寿命周期进行整体运筹、科学决策的一种管理方法，目的是提高装备的使用效益，节约经费，提高效费比。

4.2.1.3　要与军队领导体制相适应

雷达装备作为一类军事装备，其管理体制相对军队领导体制来说，只是其中的一个组成部分，是小局与大局的关系。小局必须服从和服务于大局，在大局内行动。因此，雷达装备管理体制在结构、职能与相互关系上，必然受到军队领导体制的诸多制约，只能在适应的前提下，设立机构，完善职能、理顺内外关系，才能具有生命力。

4.2.2　主要要求

4.2.2.1　机构精干

现代信息化战争突发性强，节奏快，装备战损率较大，雷达部队在战争中首当其冲，全程参与，要求雷达装备管理高效、适时，而机构精干是实现高效、适时的重要因素。如果管理机构不精干，关系必然复杂，办事环节增多，整个管理系统必然反应迟钝，运转不灵，不能适应信息化条件下的作战对装备管理的要求，

以最少的机构，完成管理任务，是确立管理体制所要达成的目标。精干不是说机构越少越好，而应根据承担的任务来确定，否则该设的机构没有设，有的职能无人去实行，也达不到精干的目的，因此，既要注意克服机构臃肿、人浮于事的弊端，又要防止功能不全，"缺胳膊少腿"的毛病。实现机构精干，要注意把握以下几个方面的内容。

（1）系统的功能机构要健全。雷达装备管理系统要形成有效的管理运动，必须形成一个由决策机构、执行机构、监督机构和反馈机构组成的功能齐全、相辅相成、相互制约的机构体系，并建立相应的科学决策、执行、监督和反馈制度。

（2）依据管理任务的需要设立机构。根据管理任务的需要确定职能，依据职能设立机构，按照机构设立人员编制。对于每个机构，任务的需要都有大小、全局与局部、长期与临时之分，要依据这些不同情况，合理设立机构。

（3）实行定编定员。定编是指确定工作机构，定员是指按编制员额配备机构工作人员。定编是定员的前提，定员是定编的保证，编额要与工作任务、职责范围、机构设立有机地结合起来，使之适应装备管理工作的需要。

4.2.2.2　整体高效

整体高效是指系统的整体管理效能高，是衡量一个管理系统优劣的关键性指标。装备管理系统整体功效的高低，直接影响装备管理的质量，是检验管理系统是否科学合理的一个标准。可以说，研究装备管理的目的，就是为了提高管理功效，更好地实现管理目标，以适应现代作战的要求。装备管理系统的整体功效，不是各组成部分局部功效的简单相加，而是大于各局部功效的总和。因此，在确定雷达装备管理体制时，必须把整体高效作为追求的目标，不要因为过分考虑局部功效而影响系统整体功效的发挥，当在局部功效可行，而在整体功效不可行时，应放弃局部而保证整体。提高雷达装备管理系统的整体功效，涉及方方面面的因素，包括领导者的个人素质和领导艺术、工作人员的素质和结构、管理的手段和方法等。从与管理体制相关的方面来说，主要是系统的组合要优化、关系要顺畅、分工要明确、责权要统一。

4.2.2.3　强化监督

监督的目的在于及时发现和纠正管理中的问题与偏差，保证管理工作的高效进行和顺利发展。在雷达装备管理过程中强化监督，对保证决策的执行，经费投资的方向和效益，研制装备的质量，人力、物力、财力的有效使用等方面都具有重要的作用。监督既是装备管理中一项不可缺少的重要职能，又是装备管理中的一个重要环节，监督不力，在管理上就会出现"盲区"或薄弱点，影响管理效能的提高。强化监督要综合运用多种手段，将行政监督与经济监督、一般监督与专门监督、内部监督与外部监督、自我监督与群众监督、事前监督、日常监督与事后监督等形式结合起来进行，使监督贯穿装备管理的整个过程和各个环节，不留空白和缺口，还要把强化监督与加强监督机构的建设结合起来，机构是职能的载体，监督机构不健全或监督力量薄弱，强化监督就是空的，尤其要完善专门监督机构的建设，明确职责分工，提高工作人员素质，使监督职能在装备管理中得到充分发挥，起到应有的作用。

第 5 章 雷达装备调配管理

雷达装备调配工作，是装备申请、分配、调整、调拨、交接、退役、报废和储备等活动的统称，为部队遂行各项任务提供物质基础，是保障部队形成和提高战斗力的重要手段。雷达装备调配管理是对装备调配中的各项活动进行全过程的计划、组织、领导、协调和控制等活动，是部队装备管理的重要内容。其基本任务是科学配置装备资源，优化部队装备体系结构，保障部队遂行作战、训练等任务。

雷达装备调配工作在不同环节有其各自的规律。其中雷达装备接装工作、退役报废工作涉及单位多、协调关系复杂、专业性强、技术含量高，对优化雷达装备体系结构、预防装备安全事故等有重要影响，是装备调配管理的重中之重。

5.1 概述

科学、高效地组织好雷达装备调配工作，是部队完成训练、作战任务的基本前提。为此，必须明确雷达装备调配的基本原则、主要依据和具体任务，才能完成装备调配管理任务。

5.1.1 基本原则

雷达装备调配的基本原则体现在以下几个方面。

5.1.1.1 统一计划、分级实施

统一计划是集中统一原则在雷达调配保障中的具体体现，是筹集和运用装备保障资源，使装备调配保障系统协调有序运行，充分发挥整体保障效能的关键。无论是军种装备调配保障，还是战区、基地、部队各层次装备调配保障，在总体上都应当坚持统一计划，以确保保障需求与保障可能的总体平衡。分级实施是指装备调配保障应在统一计划下，按照各军种层次装备调配保障的职能分工，分别结合各自的

实际情况具体组织实施；以增强保障的针对性、灵活性。无论是平时还是战时的装备调配保障，既要实行统一计划，又要充分发挥各级装备调配保障机构的职能作用，分级实施，从而实现计划统一性与保障灵活性、有序性的最佳结合。

5.1.1.2 突出重点、统筹兼顾

突出重点、统筹兼顾，要求装备调配保障必须科学处理全面保障与重点保障的关系，这是解决供需矛盾的关键。雷达装备调配保障需求对象多元、范围广泛、整体性要求高，必须统筹全局，全面兼顾。在保障对象上，要统筹兼顾各军种及遂行不同任务部队的需要；在保障时间上，要统筹兼顾平时和战时、遂行任务各个阶段的需要；在保障空间上，要统筹兼顾不同地区、不同方向的需要；在保障内容上，要统筹兼顾骨干装备及其配套的设备等各项保障。

现代战争雷达装备调配保障需求多、任务重，保障能力有限，供需矛盾突出，在统筹兼顾、统一计划的同时，必须突出重点。装备调配保障，必须根据预警体系建设与作战任务，分清主次、轻重、缓急，准确把握重点；组织计划保障要着重观照重点，集中主要力量，优先保障重点；根据情况变化，及时调整保障计划，适时转移和形成新的保障重点；对重点保障对象、内容及关键阶段、重要行动，应打破常规，特事特办，以确保重点的急需。

5.1.1.3 优化结构、系统配套

现代信息化战争是体系与体系的对抗。雷达装备系统是预警装备体系的重要组成，是一个由多型装备构成，相互依存、互为补充、有机结合的整体。雷达装备调配保障必须注重科学配备，优化装备体系结构、系统配套，才能保证预警监视装备体系的完整，体系效能得以有效发挥。

各级装备调配保障机构必须准确掌握部队的装备需求信息，以部队能够有效使用为前提，按照雷达装备的系列配套要求和标准，科学计划和组织调配保障，做到各型装备及其相应的物资、器材齐全配套，品种、规格、性能等方面供需匹配，规范适用。

5.1.1.4 科学预测、及时精确

雷达装备的技术含量高、研制周期长、价格昂贵，可供调配的装备资源有限，供需矛盾大。科学预测、及时精确是雷达调配保障的必然要求，应当以尽可能少的人力、物力、财力，在恰当的时间为部队提供适量的装备保障，获取最佳的军事、经济双重效益。因此，装备调配保障机构必须全面分析雷达装备需求和现实保障可能，充分论证，正确决策，精确计算，周密计划，避免因决策和计划失误而造成浪费。运用先进的信息管理系统，加快装备保障信息的传递和反馈速度，全面准确地

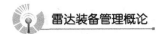

掌握装备需求与保障能力信息，提高保障时间、数量的准确性。要建立、健全调配保障的各种标准及规章制度，进行严格的控制和监督，防止不必要的损失和浪费，提高装备保障的综合效益。

5.1.2 主要依据

雷达装备调配工作，既要考虑部队的编制体制和担负的战备任务，又要考虑装备资源的生产、储存和动员情况等，其主要依据有以下几点。

5.1.2.1 雷达装备体制和部队编制

雷达装备体制和部队编制不同，对雷达装备调配的需求不同。装备体制是军队在一定时期内装备总体结构制式化的体现，在总体上规定了装备编配的种类、数量及相互之间的比例构成。它规定了已列编装备的型号、配备单位和数量，也规定了拟列编装备的种类、数量、单位和时限，还规定了一定时期内重点发展和编配的装备类型、数量和单位等，全面反映了一定时期的装备需求。

部队编制明确了各类部队的装备编配种类和数量，具体反映了各部队不尽相同的装备需求。编制是法规，一经正式颁发，必须严格执行。因此，根据装备体制和部队编制制订装备调配计划，是权威性、规范性、原则性的要求。

5.1.2.2 部队完成任务需要

各部队担负的任务不同，对装备需求也不同。就平时而言，执行战备、训练、演习等不同任务的部队，雷达装备使用的型号、数量及强度不尽相同，对装备的需求也随之不同。与平时相比，战时空域覆盖要求高、情报数据更新快，导致雷达装备使用的数量多、强度大，战损严重，装备调配数量骤增，加上复杂多变的战场情况，使装备调配的难度不断加大。遂行作战任务的兵力编成、作战规模、作战样式、作战环境、持续时间及敌我对抗程度不同，对雷达装备需求的种类、数量及保障重点等均有很大的不同。

5.1.2.3 部队所处环境

部队所处环境主要指气候环境、地理环境等。我国幅员辽阔，地理环境差异巨大，高原、高寒、草原、戈壁、沙漠、热带丛林、江河水网地区及远离陆地的岛礁，需要适应不同环境的装备类别。雷达装备部署具有点多面广的特点，即便是同一型号的装备在不同的环境下，也会使得装备的使用年限、故障及故障率、损耗及损耗率等出现很大差异。因此，装备调配必须考虑环境因素的影响。

5.1.2.4 实际保障能力

装备实际保障能力是装备调配的基本依据,受军费投入水平和装备研制、生产、储备、输送等多种能力制约,调配必须以现实能力为基础,量力而行。财力和生产能力直接制约装备补充、供应,尤其是对战时装备调配的组织计划、实施方式和保障效率有着十分重要的影响。因此,装备调配必须以实际保障能力为依据,使装备编配与装备保障能力相适应。

5.1.2.5 上级和首长的指示精神

军队是执行政治任务的武装集团,装备工作实行首长负责制。为应付紧急情况和突发事件,本着特事特办、急事急办的原则,雷达装备调配保障必须以上级和首长的指示精神为依据。

5.1.3 具体任务

雷达装备调配管理的具体任务概括主要有如下几点。

5.1.3.1 制订装备调配计划

雷达装备调配计划应根据部队的实际情况,权衡装备实际需求与装备资源保障可能,通过科学预测提出的在一定时期要实现的调配目标和实现目标的方法。这类计划包括制订调配规划计划、确定调配原则和要求、评估调配保障水平、拟制调配实施步骤等多方面的内容,即通过调配计划解决配什么?怎么配?配给谁?配多少等问题。雷达装备调配保障应坚持统一计划,按照业务职能分工,结合各自具体情况组织实施,确保计划目标的全面落实。

5.1.3.2 依法合规组织装备调配

系统配套的规章制度、技术标准体系是部队搞好雷达装备调配、使用、管理、维护的依据。随着我军编制体制调整改革,现有规章制度、技术标准有的已经过时需要废止,有的必须做出相应的修改和完善,同时制定一些新的规章制度和标准规范。只有严格执行这些规章制度,雷达装备调配的各项工作才能做到有法可依、有章可循。

5.1.3.3 改善调配供应的设施和设备

雷达装备实施快速有效调配保障,离不开先进高效的设施和设备等物质手段的保证。近年来,我军装备调配环节的设施和设备建设取得了长足进步。但由于经费不足、相关技术飞速发展等原因,现有设施和设备存在技术落后、严重老化、库房陈旧、设备失修等情况，调配供应手段的落后与快速高效的客观要求之间尚有较大差距。需要在指挥决策支持系统、信息处理自动化、网络建设等方面进一步加强。此外，加大投资力度，在主要作战方向上修建一批功能齐全、库容量大的存储设施，合理存储一批骨干雷达、"杀手锏"装备及配套器材，形成与现代联合作战相对应的装备区域配套网络，为建立平战结合的调配保障体系打下基础。

5.1.3.4 研究调配方式和方法

为了实现雷达装备的精准调配保障，提高调配效率和调配效益，必须研究、选择科学的调配方式和方法。应用现代管理理论、预测、决策、统计、线性规划、库存论、排队论等系统工程、运筹学理论解决装备在存储、运输、调拨供应、调整和报废处理中的各种理论和实践问题，提高整个调配工作的效率和军事经济效益。今后，一方面应将现有研究的成果在调配实践中逐步推广使用；另一方面要对调配领域中一些新的课题组织深入研究和攻关，使雷达装备的调配工作向着科学化、高效化、规范化的方向发展，形成具有我军特色的雷达装备调配保障体系。

5.1.3.5 加强对调配过程的监控

"控制"是管理的重要职能之一，是指管理主体对管理对象进行综合评估和调控，并采取相应纠正措施的过程。因此，对雷达装备的调配监控必须以体系化、全要素、全过程的观点为指导，针对调配的各个环节，实施全程监督。第一，制定装备调配各环节的工作标准，这些标准既是目标，又是衡量工作质量的尺度；第二，建立各级监控机构，并通过各种手段检查和收集各环节职能部门的工作成效；第三，对照所制定的标准，对职能部门的工作成效做出评估，并通过分析寻找相应的纠偏措施。评估和监控不但起着执行与完成计划和目标的保障作用，而且能够达到管理各项职能紧密结合，使调配管理的过程形成一个相对封闭的闭环系统，通过闭环系统的运行去实现目标，推动整个管理工作螺旋上升。

5.2 雷达装备调配计划

计划是管理的重要职能之一，是决策付诸实施前做出的行动安排。雷达装备调配计划就是为实施雷达装备调配行动而预先做出安排的军用文书，是组织实施雷达装备调配的重要依据。

5.2.1 基本分类

雷达装备调配计划有多种分类方法，不同的分类方法又有不同的具体内容。

以内容区分可分为装备分配补充计划、调整计划、换装计划、接装计划、退役报废计划等。

以下达时机区分可分为年度计划和专项计划。

年度计划是为落实装备建设规划计划，保障部队齐装满编、装备梯次更新，结合下级年度申请拟制的计划。

专项计划是为保障紧急任务或重大专项任务需要，结合下级临时申请拟制的计划。

5.2.2 制订依据

雷达装备调配保障计划应当依据装备建设规划计划、部队任务、装备编制、装备配备标准、储备方案、系统配套要求和上级下达的调配保障计划，结合下级上报的装备申请等组织拟制。

5.2.2.1 雷达装备建设五年计划

雷达装备建设五年计划是装备建设中长期规划的实施方案，包括雷达装备建设的指导思想、计划目标、方向重点、经费指标、建设方案、实施步骤、规模结构、能力水平和政策措施等内容。雷达装备调配机构，要根据雷达装备建设五年计划，制订相应的装备调配计划。

5.2.2.2 雷达装备年度订货计划

雷达装备订货是雷达装备调配的重要物质来源，是雷达装备更新换代的重要渠道。雷达装备调配机构必须根据年度订货计划，预测和掌握计划完成情况，制订相应的装备调配计划，确保按时、按质、按量将装备调配到位。

5.2.2.3 雷达装备体制

雷达装备体制是编配装备和组织装备配套建设的主要依据。雷达装备调配机构必须按照装备体制，遵循系统配套的原则，周密计划，不仅要做到调配的装备型号供需匹配，还要提高装备调配工作在数量上的准确性、时间上的有效性，实现军事经济效益的最佳结合。

5.2.2.4 部队实际保障能力

部队实际保障能力是制约雷达装备形成战斗力的重要因素。在制订雷达装备调配计划过程中，必须综合考虑制约装备形成战斗力的各方面因素，尽可能将新型装备优先配发给技术基础较好、任务需求大的单位，以便及时发现新型装备在使用、保障中存在的问题，并加以解决。

5.2.2.5 部队编制和担负的任务

部队编制是指在一定时期内，人员、装备的编配数量，是制订雷达装备调配计划的重要依据。雷达装备调配机构必须依据部队编制，结合部队装备实力情况，以及装备退役报废等情况，及时拟制雷达装备调配计划。部队担负的任务不同，对装备的需求不同。在制订装备调配计划过程中，必须根据部队完成任务的需要调配装备。部队担负什么任务，就配备什么装备。同时应充分考虑所配备的装备与部队作战、训练、技术保障及驻地气候、地理环境诸多因素的适应程度。

5.2.3 制订程序

雷达装备调配计划制订程序如图 5-1 所示。

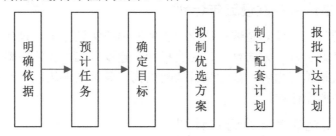

图 5-1 雷达装备调配计划制订程序

第一，明确制订计划的依据。主要领会、理解任务意图和战训计划，分析制订计划与执行计划的背景、环境和计划所要达到的目的等，这是制订计划的前提。

第二，预计装备调配任务。主要采用科学方法估算、测算装备调配保障所需装备型号种类、数量和现有装备保障能力所能保障的程度，这是制订计划的基础。

第三，确定调配保障目标。主要通过对有关情况的全面分析、综合判断，科学确定调配装备的型号类别、数量及其来源，调配保障的对象、重点和要达到的指标，装备调配保障的时限及方法步骤等，这是制订计划的指南。

第四，拟制优选调配保障方案。主要根据装备调配保障决策，筹划装备调配保障力量的编成、部署、任务分工及其指挥与协调，安排装备的申请（筹措）、储备、补充、接装、换装、调整、调拨、供应、运输等工作，从而拟制一个或多个装备调配保障方案，并对不同的方案进行比较权衡，从中优选、优化出最佳方案，形成装备调配保障计划。

第五，制订调配保障的配套计划。就是装备保障指挥机构各部门和装备调配保障机构，依据装备调配保障总计划，制订完成各自担负任务的分计划，以保证总计划的贯彻落实。

第六，报批下达调配保障计划，装备调配保障总计划和分计划制订后，要按照隶属关系或指挥关系逐级上报审批。

制订雷达装备调配计划，应当着重把握好三点：一是统筹全局，突出重点，兼顾一般。要搞好装备需求和装备调配能力的综合平衡，既要优先保障主要方向、重要部队、关键阶段及任务行动的装备需求，又要尽力满足其他部队的装备需求，保证战训任务的顺利实施。二是多案准备，科学决策，留有余地。要立足最复杂、最困难的局面和可能变化的情况，尽可能拟制几种备选方案，并综合运用经验法、数学模型法、实验试点法等进行决策择优，既要追求最佳保障效果，又要留有充分的余地；预先准备应变措施，增强计划的适应性和可行性。三是积极主动，密切配合，协调一致。装备保障指挥机构各部门和其他分管有关装备的部门，应当按照职能分工认真履行职责，主动搞好拟制计划的配合工作，搞好总计划与分计划，各分计划之间的协调，使拟制的装备调配保障计划科学合理，切实可行。

5.3 雷达装备接装管理

雷达装备部署量多、更新换代快，接装工作频繁。雷达接装工作涉及的单位多，既有装备领导机关、使用部队，又有装备承制厂（所）、军事代表室等部门，协调工作复杂；接装工作责任重大，涉及装备责任主体的转换、隶属关系的交接，直接影响装备后续工作的展开；装备交接工作对涉及人员要求高。不论是接装培训还是交接验收工作，对接装人员的业务知识水平都有相关要求，需要加以明确。此外，装备的押运工作，涉及装备、人员的安全，更需要精心组织实施。因此，需要对雷达装备接装工作进行系统研究，以便明确接装工作内容构成、厘清关系，规范接装流程，提升接装培训效率，确保接装安全，使装备交接工作得以有序、高效运行。

5.3.1 相关概念

下列术语与定义是开展雷达接装工作研究的基础与前提。

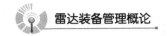

5.3.1.1 雷达接装工作

雷达接装工作是指依据装备调配计划，接装单位接收承制（修）单位提供的合格装备的系列活动，一般包括接装准备、接装培训、雷达交接、雷达发运等工作。

接装工作是装备全寿命管理过程的重要环节，做好接装工作，是实现人与装备的最佳结合，是缩短新型装备战斗力、保障力形成周期，固有效能得以尽快充分发挥的重要举措。雷达及配套设备、随机备件、随机资料、随机维修设备工具等经军方检验验收合格后，应由承制单位入库封存，等候调拨，开展接装工作。

5.3.1.2 雷达交接

雷达交接是指雷达装备拥有权或管理权由一方转移到另一方的过程，一般以签署相关文件为标志。接装单位、承制单位、军事代表室依据装备主管机关的装备调拨通知实施装备交接，雷达交接可在承制单位所在地、装备部署阵地或其他指定地点进行。阵地交接的雷达，宜在雷达架设、调校完成后进行交接检查，完成交接。

5.3.1.3 出厂检查

经检验验收合格后委托承制单位保管的雷达，在交付接装单位前，由军事代表室进行质量检查，一般包括装备储存环境、保管情况、包装质量、成套文件检查，以及配套的备件、设备、工具的数量、质量、封装情况等。

5.3.1.4 交接检查

接装小组在交接时对所接雷达实施的数量、质量进行检查。

雷达交接前的维护保养工作由装备承制单位按装备维护要求进行，使之处于良好的技术状态。

5.3.1.5 接装培训

在雷达交付前，由承制单位对装备使用部队、教学科研机构和维修机构等相关人员进行的操作使用和维修保障技术培训，可采取预先培训、出厂培训、阵地培训等形式。

1. 预先培训

在雷达装备生产、调试阶段，对装备操作使用人员、维修保障人员进行的操作使用和维修保障技术培训，一般在承制单位实施。

2. 出厂培训

在雷达接装过程中，对操作使用人员、维修保障人员进行的操作使用和维修保障技术培训，一般在承制单位实施。

3．阵地培训

利用雷达阵地组装、调校、首次架设和执行专项任务等时机，在雷达阵地对装备操作使用人员、维修保障人员进行的全功能操作使用和维修保障技术培训。

大型预警相控阵雷达等大型复杂装备需要在阵地完成安装、调校、验收工作，随之出现了阵地接装、预先培训、阵地培训的一些新的接装模式、培训形式的变化。

5.3.1.9 承运单位

提供运输工具并负责将装备运输到指定地点的单位。

5.3.2 流程及要求

雷达接装工作流程通常分为接装准备、接装培训、雷达交接和雷达发运阶段。雷达接装工作的各个阶段，应明确安全防卫责任主体，落实安全保密措施。

5.3.2.1 接装准备阶段

接装单位、承制单位、军事代表室依据装备主管机关的装备调拨通知实施装备交接。

1．接装单位准备工作

接装单位准备工作主要包括如下内容。

（1）接装单位受领任务后，应根据上级主管部门接装通知要求，制定接装实施方案，选派接装人员，组建接装小组，明确职责分工和相关要求。

（2）接装单位应及时与上级主管部门、军事代表室和承制单位取得联系，了解接装工作安排，掌握拟接装备的情况、运输方式、完成时限和其他要求。

（3）接装单位应组织接装小组接装前学习教育，明确交接、发运要求和安全保密注意事项等。

（4）接装单位应及时向上级主管部门报告接装准备情况。

2．军事代表室准备工作

军事代表室准备工作主要包括如下内容。

（1）按照接装通知时限要求督促承制单位制订接装工作详细计划。

（2）对拟交接雷达进行出厂检查。

（3）督促承制单位拟制接装培训大纲、培训计划，并审查上报。

（4）审查接装培训教材（案）、培训教员情况，检查教学设施等。

（5）组织接装小组与承制单位召开接装工作协调会，通报接装工作计划安排；

向接装小组介绍雷达研制、生产、试验、鉴定等情况；组织学习有关接装工作的管理规定；明确接装人员日常管理、安全保密等工作要求。

（6）督促承制单位做好接装人员的生活保障准备工作。

3．雷达承制单位准备工作

雷达承制单位准备工作主要包括如下内容。
（1）完成接装工作的详细计划。
（2）做好雷达交接前的维护和保养工作，保证雷达符合交付状态。
（3）配合军事代表室对拟交接雷达进行出厂检查。
（4）按照合同规定提供全部技术文件和证明材料。
（5）完成接装培训大纲、培训计划、培训教材（案）拟制工作。
（6）做好接装培训、雷达交接、雷达发运等准备工作。
（7）做好接装人员生活保障准备工作。

5.3.2.2 接装培训阶段

在雷达交付前，由承制单位对装备使用部队、教学科研机构和维修机构等相关人员进行的操作使用和维修保障技术培训，可采取预先培训、出厂培训、阵地培训等形式。

1．培训流程

第一，编制培训大纲。接装培训大纲由雷达承制单位根据装备使用、维修保障需求，按装备型号、人员岗位分别编写，主要内容包括培训任务与目标；培训内容与时间；培训方式与方法；培训考核与标准。

第二，制订培训实施计划。培训实施计划由雷达承制单位依据培训大纲和任务要求编制，主要内容包括任务来源、培训目标和时限；教员分工与学员编组；课程安排；教学组织与实施方法；检查与考核方法；教学与生活保障；保密与安全措施。

第三，培训准备。根据培训实施计划，培训准备一般包括遴选教员，准备教学装（设）备、教材（案）、教学场地等内容。雷达及主要配套设备承制单位应按培训大纲要求选派教员，承担接装培训工作的教员应具备较强的专业水平和教学能力，有较强的实际操作和工作经验。培训教材（案）应满足培训大纲要求，紧贴装备实际，内容完整准确、易于理解，并按装备型号、人员岗位分别编写。

第四，组织实施。承制单位应按培训实施计划开展培训，包括理论培训和实践培训两种方式。理论培训可采取集中授课、自学辅导、研讨交流等方式；实践培训可采取现场见习、实际操作、模拟训练等方式。

第五，考核评定。培训结束后应组织接装培训考核。考核内容包括装备专业理论和实践操作。考评等级分为优秀、良好、合格和不合格。军事代表室同承制单位根据考核成绩，对参训人员培训情况做出综合评定，及时反馈上级主管部门和接装单位。

第六，评估与总结。接装培训完成后，各相关单位收集整理资料、分析实效信息、总结经验做法、查找存在问题、制定改进措施。

2．培训内容

接装培训内容按照人员岗位确定，主要如下。

（1）装备维修保障人员：一般包括装备的结构组成、工作原理、工作过程、信号控制流程、测试接口数据、维护保养及故障检修方法等。

（2）装备使用人员：一般包括装备的结构组成、工作过程、操作使用、维护保养、安全防护、架设、撤收等。

3．培训时间

接装培训时间根据雷达的复杂程度、不同专业的培训内容和培训方式确定，特殊体制雷达培训时间根据研制生产情况单独确定。培训应突出装备操作使用和维修技能训练。

5.3.2.3 雷达交接阶段

1．交接时机

交接时机按接装地点不同分别确定，要求如下。

（1）承制单位所在地交接的雷达，在交接检查完成后，装备发运前进行。

（2）部署阵地进行交接的雷达，在首次架设、调校完成、交接检查完成后，担负任务前进行。

（3）其他指定地点（如存储仓库）交接的雷达，在装备运抵、交接检查完成后，展开或封存前进行。

2．交接步骤

（1）确认交接凭证。交付方确认接装小组出示的调拨装备凭证。

（2）交接检查。接装小组应实施交接检查，军事代表室、承制单位配合检查。检查内容主要包括雷达的产品合格证明等文件；按雷达成套设备清单检查雷达及配套设备的品种、数量、外观及安装情况；按雷达随机技术资料清单检查雷达随机技术资料的品种、数量、制作质量及包装情况；按雷达随机备件器材清单检查雷达随机备件器材的品种、数量及包装情况；按雷达随机仪器仪表、工具清单检查雷达随机仪器仪表、工具的品种、数量及包装情况；其他约定的检查项目。

（3）确认交接检查结果。接装小组、军事代表室、承制单位共同确认交接检查结果。

当交接检查结果符合要求时，实施交接并办理手续。

对交接检查中发现的能及时处理的问题，立即进行处理，满足要求后，实施交接并办理手续。

对交接检查中发现的不能立即处理的问题，作为遗留问题，填写雷达交接遗留问题清单（明确问题责任方与解决时限）后，实施交接并办理手续。

当交接检查结果不符合要求时，接装小组请示上级主管部门批准后，可以拒绝接收雷达，同时将拒收理由通报军事代表室及承制单位。当交付方对拒收有异议时，应报请上级主管部门裁决。

（4）进行交接并办理交接手续。

在上级主管部门或军事代表机构的监督下，交付方与接装小组进行交接，办理交接手续。雷达交接手续主要包括如下内容。

第一，交付方和接装小组按规定办理雷达出厂证明文件。

第二，对存在交接遗留问题的，填写雷达交接遗留问题清单。雷达交接遗留问题清单一式三份，由承制单位、军事代表室、接装小组签章后保存。

第三，填写雷达交接登记表。

第四，填写签署装备调拨通知单。

5.3.2.4 雷达发运阶段

根据雷达运输特性、交接地的运输条件、上级主管部门要求或合同约定，确定发运方式。发运方式一般包括铁路运输、公路运输、水路运输、航空运输和自身机动等。当雷达通过自身机动方式进行发运时，应按照预定的路线和要求进行，确保安全和装备完好。

1. 准备阶段

雷达发运准备阶段工作主要包括如下内容。

（1）根据接装工作计划，军事代表室应适时上报雷达发运工作计划申请。

（2）军事代表室接到装备调拨通知单、军运计划表、军运计费证明后，及时通报承制单位，督促承制单位做好相关工作。

（3）根据发运工作计划，承制单位适时与承运单位联系，提供被运装备物资相关运输技术参数，申请加固、伪装器材，明确装载日期，办理火车、汽车、轮船、飞机等运输设备的相关手续。

（4）承制单位主导，相关军事代表室、承运单位、接装小组参加，共同拟制发运方案。发运方案内容包含运输梯队编成、进度安排、编组序列、运输工具需求、加固器材需求、装卸载头向、捆绑紧固要求、运输途中检查、安全管理措施等。

（5）承制单位负责完成待运雷达装备运输单元包装保护，进行装载前检查。

（6）军事代表室应组织押运人员进行相关培训、安全教育，并考核。

2．装载阶段

雷达装载阶段工作主要包括如下内容。

（1）承制单位应按要求组织装载。雷达装载前应清理作业场地，划定安全作业区，设置明显的警示标志；采用适当的装载设备及工具进行作业，采取必要的防火、防雨、防晒、防雷、防静电和保密等措施，派专业人员到现场监督作业，并做好装卸记录。

（2）军事代表对装载过程和装载质量实施监督检查。检查内容包括发运装备的型号、数量、到站、收货单位、军运号、押运人员、押运证等。

（3）承运单位应对装载质量进行检查和确认。检查内容包括测定总重和重心位置，必要时重新制定装载加固方案；易旋转、活动、开放、脱落（垂）部件应锁闭牢靠；雷达自备罩衣、篷布、伪装网、加固器材质量是否良好。若存在安全隐患，则采取切实有效的整改措施后发运。

（4）承运单位负责向押运人员交代运输途中的安全注意事项，备份加固器材及工具。

3．运输阶段

雷达运输阶段工作主要包括如下内容。

（1）承运单位应按规定运输路线、运输工具、运输方式、时间要求组织运输，采取防震、防火、防晒、防雨、防静电、保密、加固等适宜的防护措施，将装备运输到指定地点。

（2）押运人员应经常检查装备运输情况，重点检查易旋转、活动、开放、脱落（垂）部件是否锁闭牢靠，雷达自备罩衣、篷布、伪装网等紧固状态是否完好。

（3）押运人员根据运输情况如实填写运输日志，建立报告制度，定时向相关单位汇报运输情况。

（4）相关单位应对押运人员进行跟踪指导，确保运输过程安全可控。

4．卸载阶段

接装单位按要求组织卸载，对运载情况和包装件的完好性进行检查、验收，并做好记录。在卸载过程中，装备承制单位应提供必要的协助和指导。

接装工作完成后，接装单位要及时上报接装工作情况。接装单位、军事代表室、承制单位应及时开展接装工作总结，整理雷达接装工作资料并归档。

5.4 雷达装备退役报废管理

雷达装备退役报废工作对促进装备体系结构优化，保持现役装备的技术状态水平，保障部队作战、训练和其他各项任务的顺利完成具有重要意义，具有严肃性、经常性和科学性等特点。

5.4.1 相关概念

下面给出雷达装备退役报废工作的相关定义与术语，这是对装备退役报废开展研究的基准所在。

5.4.1.1 装备退役

装备退役是指按照规定权限和程序，使装备退出服役状态的活动。

5.4.1.2 装备报废

装备报废是指按照规定权限和程序，使无法修复或无修复价值，影响使用、储存安全的装备退出服役状态作为废品处理的活动。

可见，退役和报废是装备全寿命管理的最后一个环节，是装备退出服役状态的两种形式，退役主要用于解决装备"不好用"的问题，而报废则主要用于解决装备"不能用"的问题。装备退役报废与装备寿命密切相关，决定装备是否退役报废的主要因素是其自然寿命、技术寿命和经济寿命，这不仅取决于装备本身的可靠性与维修性，还与装备的作战需求、使用维修保障方式和使用储存环境相关。

5.4.1.3 等效服役时间

等效服役时间为装备经环境系数修正后的等效使用时间与经储存系数修正后的等效储存时间之和。

雷达装备接装到部队后，在雷达使用保障阶段，由于使用强度、自然环境、储存环境等因素的不同，雷达的在编日历时间并不能准确反映其寿命状态，因此引入雷达等效服役时间的概念，作为退役条件之一。等效服役时间为

$$T = T_{sh} + kT_{ch} \tag{5-1}$$

式中，T——等效服役时间；

T_{sh}——等效使用时间；

T_{ch}——等效储存时间；

k——储存时间等效为使用时间的折算系数，k 在[0.1,0.3]内取值。

等效使用时间为

$$T_{\mathrm{sh}} = \sum_{i=1}^{6} a_i t_{\mathrm{sh}i} \qquad (5\text{-}2)$$

式中，a_i——环境系数，取值如表 5-1 所示；

$t_{\mathrm{sh}i}$——装备在 i 地区的使用时间；

i——地区序号。

表 5-1 环境系数

i	取 值	区 域 范 围	环 境 特 征	备 注
1	$a_1 = 1$	秦岭、淮河以北，内蒙古、辽宁以南地区	干燥度、年降雨量、气温等适中，作为基准地区	无天线罩、温（湿）度调节器等环控设施（备）
2	$a_2 = 1.2$	秦岭、淮河以南，广东、广西中部以北，非沿海地区	潮湿	
3	$a_3 = 1.4$	东北地区、内蒙古东部地区	高寒	
4	$a_4 = 1.5$	新疆、宁夏、甘肃、内蒙古西部地区	干燥、风沙	
5	$a_5 = 1.7$	青海、西藏地区	高原缺氧、低气压	
6	$a_6 = 1.8$	沿海[a]和海岛地区	高盐分、潮湿	

注：当具有天线罩、温（湿）度调节器等环控设施（备）时，根据环控设施（备）对该区域不良环境因素对装备影响的调控效果、环控设施（备）工作时间占日历时间的比例的实际情况，a_i 在[1,1.4]内取值，具体数值由鉴定专家组确定。沿海[a]地区为沿海岸线向内陆延伸 50km 的带状区域。

等效储存时间为

$$T_{\mathrm{ch}} = \sum_{i=1}^{6} \sum_{j=1}^{3} a_i b_j t_{\mathrm{ch}ij} \qquad (5\text{-}3)$$

式中，b_j——储存系数，取值如表 5-2 所示；

$t_{\mathrm{ch}ij}$——装备在 i 地区 j 储存环境下的累计储存时间；

j——储存环境序号。

表 5-2 储存系数

j	含 义	取 值
1	A 级储存环境储存系数	$b_1 = 1$
2	B 级储存环境储存系数	$b_2 = 1.5$
3	C 级储存环境储存系数	$b_3 = 2$

注：A 级储存环境为保障设施齐全的库房，温度为 5℃～30℃，相对湿度为 45%～70%，环境洁净；B 级储存环境为一般条件库房，温度为-5℃～35℃，相对湿度为 45%～80%，环境较洁净；C 级储存环境为简易棚或储物加盖蓬，温（湿）度等基本随自然环境。当处于 A 级、B 级储存环境时，a_i 按表 5-1 中在有环控设施（备）情况下取值；当处于 C 级储存环境时，a_i 按表 5-1 中在无环控设施（备）情况下取值。

5.4.1.4 环境系数

环境系数表示自然环境对装备寿命影响程度的数值,用于将装备在不同地区使用时间等效成统一的时间。

环境系数的具体取值如表 5-1 所示。环境系数设置的依据如下。

气候区域的划分。根据中国科学院地理科学与资源研究所对我国气候板块进行的区域划分图,将我国大致划分为八个气候区域,即东北地区、内蒙古地区、甘新地区、华北地区、华中地区、华南地区、云贵川地区和青藏地区,该区域划分图是当前国内最权威的划分法。上述划分全面综合了气候对农、林、牧和工业生产的影响,而就雷达装备而言,影响雷达装备寿命的主要因素有潮湿、风沙、盐分、高原缺氧、低气压、高寒、高热等。对照中国气候区域划分法,综合考虑影响雷达装备的因素,雷达装备服役地区划分如表 5-1 所示。

上述气候区域划分法在 GJB 6288－2008《地地导弹部队作战保障装备退役报废标准》与 GJB 5396－2005《电子对抗装备退役、报废要求》中得到了应用、验证。

环境系数的具体取值。一是当雷达装备无天线罩、温(湿)度调节器等环控设施(备)时,环境系数取值参考了 GJB 5396－2005《电子对抗装备退役、报废要求》的数据。雷达装备与电子对抗装备同属电子类装备,具有可比性。GJB 5396－2005《电子对抗装备退役、报废要求》颁布后,在使用过程中,其内容得到了验证,具有科学性;二是随着装备综合保障设计的逐步完善和阵地建设的加强,雷达装备电子方舱配备了空调等温(湿)调控设备,部分还加装了天线罩等防护设施。这些环控设施(备)在一定程度上抵消了高温、潮湿、高寒、风沙等环境因素对装备寿命的不利影响。因此,当具有天线罩、温(湿)度调节器等环控设施(备)时,根据环控设施(备)对该区域不良环境因素对装备影响的调控效果、环控设施(备)工作时间占日历时间的比例实际情况,环境系数在[1,1.4]内取值,具体取值由技术鉴定专家组确定。从部队专家工作经验和雷达装备退役报废工作实际中获得的数据,也印证了上述参数取值的合理性。

5.4.1.5 储存系数

储存系数表示储存环境对装备寿命影响程度的数值,用于将装备在不同级别储存时间等效成统一的时间。储存系数取值如表 5-2 所示。

5.4.1.6 等效大修次数

等效大修次数是指装备中修、小修的次数经修理折算系数修正后等效于大修的次数。

等效大修次数作为雷达报废条件之一，其计算公式为

$$N = n_d + a_z n_z + a_s n_s \tag{5-4}$$

式中，N——等效大修次数；

n_d——大修次数；

a_z——中修折算系数，一般取 0.2；

n_z——中修次数；

a_s——小修折算系数，一般取 0.02；

n_s——小修次数。

5.4.1.7 修理折算系数

修理折算系数是以装备大修为参照，将装备中修、小修次数等效成一次大修的数值。

5.4.2 退役报废条件

明确雷达装备退役报废条件，是开展雷达退役报废工作的前提，是保证退役报废工作科学性，提高雷达装备军事经济效益的关键。

5.4.2.1 退役条件

雷达装备退役条件主要包括如下内容。

（1）等效服役时间。雷达装备等效服役时间已达到设计寿命，且无改进、延寿价值的装备，可退役。

（2）战技性能。雷达装备战技性能具备下列条件之一，可退役。

① 主要特征性能指标下降，不能满足最低任务要求，采取措施后仍不能恢复或改善，影响正常使用。

② 故障率高，导致雷达装备执行任务中连续工作时间不能满足要求，无法保证正常战备、训练任务的完成。

（3）技术体制。雷达装备技术体制落后，具备下列条件之一，可退役。

① 关键硬件技术落后，且无升级改造可能，维修保障困难，不能满足任务需求。

② 主要软件性能落后，且无升级改造可能，不能满足任务需求。

（4）维修保障费用。雷达装备年维修保障费用大，且维修价值不大，可退役。

（5）安全性。雷达装备存在安全隐患且无法消除，应退役。

（6）新型装备列装条件。当战技指标更先进、效费比更高的同类新型装备列装条件成熟时，虽然有的装备尚未达到其他退役条件，但可以考虑提前退役。

5.4.2.2 报废条件

雷达装备报废条件主要包括如下内容。

（1）功能。雷达装备主要功能丧失，无法修复或无修复价值的，应报废。

（2）保障条件。保障资源缺失，且无替代手段的，应报废。

（3）安全性因素。装备存在危及人员、装备本身的安全隐患，且无法排除的，应报废。

（4）等效服役时间。雷达等效服役时间达到设计寿命，且无延寿、修复、使用价值的，可报废。

（5）等效大修次数。雷达装备大修次数超过 2 次，或者等效大修次数超过 3 次，且无延寿、修理价值的，可报废。

5.4.3 退役报废流程

装备退役报废严格按审批权限和审批程序执行。装备退役报废的审批权限一般根据装备的属性、种类、用途和使用范围等确立。装备的批量退役报废与非批量退役报废，其审批权限有所区别。雷达装备退役报废流程如图 5-2 所示。

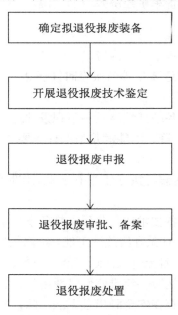

图 5-2　雷达装备退役报废流程

5.4.3.1 确定拟退役报废装备

对符合上述退役条件之一的,确定为拟退役装备。

对符合上述报废条件之一的,确定为拟报废装备。

5.4.3.2 开展退役报废技术鉴定

根据雷达装备退役报废条件,对拟退役报废的装备进行技术鉴定,给出是否退役或报废的鉴定结论。

1．成立鉴定小组

鉴定小组人员一般包括装备管理、使用人员和维修保障等方面的专家。

2．技术鉴定准备阶段

在技术鉴定准备阶段应完成对待鉴定装备相关技术资料的准备、鉴定计划的制订、鉴定人员的培训、鉴定所需器材物资的准备等工作。

3．技术鉴定实施阶段

(1)查阅与待鉴定雷达装备有关的技术资料,主要包括装备履历书、维修记录、使用登记等。

(2)进行必要的维修。根据需要,对装备进行维护和修理,排除安全隐患,恢复其实有的技术状态。非雷达有意外严重损伤,原则上不实施大范围的换件修理。

(3)查验装备技术状态。对照装备总技术条件所列的基本项目,查验装备的技术状态。

4．鉴定结论确定阶段

鉴定小组逐项研究检查结果、分析测试数据。依据装备服役年限、主要性能、维修情况、机械部件、电子器件老化程度等因素鉴定装备的质量状况,并与上述退役报废条件进行比对、验证,综合权衡,给出鉴定结论,填写雷达装备退役和报废技术鉴定书。

5.4.3.3 退役报废申报

使用单位的装备部门对确认已达到退役报废标准的雷达装备按照有关规定拟制退役报废申请计划,经本级部队首长批准,按报批权限规定逐级报批。

5.4.3.4 退役报废审批、备案

按照审批权限,相应机关对部队上报的装备退役报废计划进行检查、审核、审批、备案。

5.4.3.5 退役报废处置

按退役报废批复文件要求,执行对退役报废装备的处置。根据不同情况,采取不同方式处理退役报废装备,做到物尽其用。

5.4.4 退役报废装备处置

退役报废装备的处置,应当严格按照计划严密组织,落实责任,加强监督,确保安全。

5.4.4.1 一般要求

(1)安全处理。退役报废装备处置前,应对破损的机械构件、高压、辐射等部件进行安全检查,排除安全隐患。

(2)脱密处理。处置退役报废装备,可能失密或泄密,必须进行脱密技术处理。

5.4.4.2 退役处置方式

(1)封存备用。对仍有一定使用价值的退役装备,可封存备用。

(2)教学、训练。退役装备或退役装备的某些部件,可供教学、训练使用。

(3)假目标。退役装备可用作有源、无源假目标。

(4)国防教育。退役装备可供国防教育使用。

(5)保存样本。应当保存型号退役装备的样品和有关资料;不便保存样品的,应当保存模型、图片、声像片等。对于有重要历史意义的退役装备,应当妥善保管。

(6)移交预备役部队。退役装备可移交预备役部队使用,按相关规定办理,确保使用安全和保密。

(7)转为民用。具有民用价值的退役装备,脱密后可转为民用。

(8)军贸军援。性能相对较好的退役装备,脱密后可按相关规定通过对外军贸渠道外销或用于军事援助。

5.4.4.3 报废处置方式

(1)拆件留用。应尽量拆除报废装备有用的零部件,充作现役装备的备件。

(2)假目标。报废装备可用作有源、无源假目标。

(3)国防教育。报废装备可供国防教育使用。

(4)保存样本。具有代表性或有重要历史意义的报废装备,可作为样本保存。

(5)毁型处理。对于不能按上述规定处理的报废装备,应进行毁型处理。

第 6 章 雷达装备日常管理

雷达装备日常管理是指雷达装备从接装到使用单位开始，直到退役报废，为保持其良好的技术状态和延长使用寿命，保证随时遂行各种任务而进行的计划、组织、协调、控制等一系列活动，主要包括装备的动用、使用、保养、保管、封存、启封、定级、登记、统计、点验、仓库和配套设施建设、爱装管装教育、安全管理、检查、评比与总结等。装备日常管理是装备全寿命管理的重要阶段，是人装结合不断完善、战斗力不断提升的过程，是装备管理工作中一项最经常、工作量最大的工作，是部队完成作战、训练、战备等各项任务的重要保证。做好装备日常管理对促进军队现代化、正规化建设，提高部队作战能力、军事经济效益有重要意义。

6.1 主要内容与基本原则

装备日常管理是部队全面建设的基础性工作，其基本任务是采取多种管理措施和手段，提高装备的战备完好率，保证装备始终处于良好的技术状态，保障部队能够随时执行各项任务。做好装备日常管理工作，首先必须明确装备日常管理的主要内容，遵循装备日常管理应遵循的基本原则。

6.1.1 主要内容

雷达装备日常管理的主要内容包括装备的动用、使用、保养、保管、封存、启封、定级、登记、统计、点验、仓库和配套设施建设、爱装管装教育、安全管理、检查、评比与总结等。其具体任务主要如下。

6.1.1.1 保证装备的正确使用

检查和指导部（分）队根据装备的性能、用途和使用要求，合理地使用装备，防止不按编配用途，不按操作规程，特别是超强度、超负荷使用装备，以避免装备过早损坏或报废。

6.1.1.2 保证装备的正确保管和保养

根据装备的性能、技术状况和使用的环境条件，检查和指导部（分）队及时正确地进行保管和保养。帮助基层改善管理条件，防止装备锈蚀和霉烂变质，延缓装备老化和失效。

6.1.1.3 搞好储存装备的管理

按照不同的装备性能要求，组织专业人员做好封存装备的储存管理，改善储存条件，确保物资的质量和安全，延长其储存寿命。

6.1.1.4 搞好装备的信息管理

进行装备的登记、统计，及时准确地掌握和上报数量、质量情况；了解装备在训练和作战中暴露出来的问题，向研究、生产和修理部门提供信息，以便改进装备，提高质量。

6.1.1.5 搞好装备的例行管理

做好装备的交接、检查、定级与转级、动用、事故处理和废旧装备物资的回收处理。认真贯彻执行装备管理的规章制度，切实防止丢失和错乱。

装备日常管理可分为动态管理和静态管理。装备日常管理中的启封、动用、使用及检查、评比等管理活动，称为"动态管理"。装备的启封是指装备由封存状态转为动用状态的工作过程；装备的动用是指为达到一定的军事目的而改变装备的静止状态；装备的使用是指通过操作装备来发挥其战技性能的过程；装备的检查及评比是对装备管理工作实施控制的重要内容，是保证装备管理顺利进行的重要手段。

装备的维护保养、封存、保管、定级与转级、登记与统计、配套设施建设等管理活动，称为"静态管理"。装备的维护保养是指保持和恢复装备战技性能的过程；装备的封存是指对一定时间内不动用的装备按规定的标准或要求进行技术维护并做存放保管的处理；装备的保管是指对储存、停止使用（室内存放、场地停放等）的装备按技术、安全要求进行的管理活动；装备的定级与转级是指根据军队统一规定的技术标准，对装备质量状况进行的等级区分；装备的登记与统计是指对装备及其管理数据的记录、收集、整理和分析的工作过程；装备的配套设施建设是装备管理的物质基础，主要包括装备停放、保管、修理场所等。

6.1.2 基本原则

装备日常管理的基本原则是装备日常管理活动规律的体现，是装备日常管理中观察和处理问题的准则，是装备日常管理中必须遵循的基本要求。部队装备日常管理必须按照系统性、层次性和动态性的要求，严格实行科学化、制度化、经常化管理，具体应遵循如下五条基本原则。

6.1.2.1 加强领导、常抓不懈

装备日常管理与部队现代化、正规化建设密切相关，是部队作战能力生成和提高的基础工程，是提高装备军事经济效益的基本保证，必须做到加强领导、常抓不懈。

在装备日常管理中坚持加强领导，就是将装备日常管理作为部队建设的全局性工作，切实做到党委集体经常议、各级主官亲自抓、机关协力办，不断提高管理的广度、深度和力度，提高装备管理的整体效能。要深刻认识到，装备日常管理牵涉装备技术，以及人力、物力、财力等方方面面，影响因素繁多。做好装备日常管理工作，不仅是各级装备机关的职责，还是各级党委、首长义不容辞的责任。

在装备日常管理中坚持常抓不懈，一是将装备日常管理作为部队建设经常性的工作来抓，做到"经常抓、抓经常""反复抓、抓反复""持久抓、抓持久"；二是将装备管理融入部队政治教育、军事训练、日常行政工作、基础设施建设中，做到部署工作有装备管理、检查部队有装备管理、总结评比有装备管理，在部队中形成"党委常议、军官常管、士兵常爱"的管理局面，真正做到"管理要天天抓、质量要天天讲，一刻也不能放松"。

6.1.2.2 责权对应、赏罚严明

装备日常管理既有层次分工，又有系统分工，还有专业分工，必须做到责权对应、赏罚严明。

在装备日常管理中坚持责权对应，就是做到管理岗位与管理任务的相对应。一是根据装备日常管理主体、管理对象、管理环境的不同，实事求是地确定装备管理岗位；二是明确装备日常管理的责任和管理权力，使得处于一定管理岗位的各级领导和机关人员、专业技术人员、使用操作人员等，都能各司其职、各负其责，按照决策咨询、组织计划、技术指导、使用操作、管理保障等分工，分别履行装备管理职责。

在装备日常管理中坚持赏罚严明，可以促使装备管理主体在其位谋其政，避免管理责任流于形式，防止滥用管理权力。为此，一是严格按照管理绩效实施奖惩，将管理责任与利益紧密联系起来；二是坚持奖励、惩罚手段并用，既要大张旗鼓地表彰先进，又要严厉惩处各种造成装备损失的行为。

6.1.2.3 平战结合、管用统一

装备管理与使用之间,以及装备平时管理、使用与战时管理、使用之间存在一定矛盾,它们相互影响和制约。装备日常管理的根本目的是保证装备能够有效使用,这同时是装备管理工作的出发点和立足点。装备管理与使用具有高度的统一性。雷达装备具有"养兵千日、用兵千日"的特点,因此其日常管理必须做到平战结合、管用统一。

在装备日常管理中坚持平战结合,应做到既能保证部队完成平时的建设、战备、训练任务,又能为完成战时作战任务做好充分准备,做到装备能够迅速完成由平时向战时的转变,做到不经临战抢修、不经补充就能够迅速机动,迅速展开,充分发挥其战技性能,在最短的时间内遂行战斗任务。

在装备日常管理中坚持管用统一,应做到装备管理与使用有机结合,既要尽可能满足军事需要、提高军事效益,又要有限度地使用管理资源,提高装备管理的效益,以较小的投入保障平时和战时的需求。

6.1.2.4 科学组织、严格规范

装备日常管理是一个业务众多、技术繁杂的工作,涉及的门类众多,领域广泛,不仅每项管理业务都渗透大量的科学技术,管理工作本身还必须建立在科学的基础上,必须做到科学组织、严格规范。

在装备日常管理中坚持科学组织,一是树立强烈的科学意识,并将科学意识广泛渗透装备管理的各项工作之中,这是装备管理科学组织的基本前提;二是掌握与装备技术水平相适应的科学知识,提高管理者的科学素质;三是充分利用现代科学管理知识,综合运用各种现代科学管理方法和管理手段,不断提高管理水平。

在装备日常管理中坚持严格规范,就是严格按照有关标准,合理规范和约束装备管理活动。装备管理条令、条例和各种规章制度等,是建立在装备管理客观规律基础之上的主观指导规律,是管理科学的集中体现,也是长期装备管理工作经验的科学总结和装备管理智慧的结晶,因此,装备日常管理应以各种装备管理规范为准则,严格贯彻执行。

6.1.2.5 勤俭节约、讲求效益

装备日常管理牵涉大量人力、物力、财力,为避免浪费,提高装备管理资源的综合效益,必须做到勤俭节约、讲求效益。

在装备日常管理中坚持勤俭节约,一是发扬艰苦奋斗的精神,树立过紧日子的思想,尤其是在我国军费比较有限的情况下,更应如此;二是优化管理资源配置,可以将有限的管理资源用于重点装备管理,确保重点装备系统的运转和重点部队完

成主要任务。

在装备日常管理中坚持讲求效益,应做到以少的资源消耗,获得大的管理效果。为此,一是必须采取科学的管理方法和自由高效的管理手段,科学决策,提升管理信息化水平;二是优化管理体制结构,充分发挥各级装备管理主体的主观能动性;三是将全局的、整体的、长远的宏观效益与局部的、单位的、当前的微观效益有机结合,提高整体效益。

6.2 雷达装备动态管理

雷达装备动态管理主要包括雷达启封、动用、使用及检查、评比等活动。雷达装备动态管理是充分发挥装备效能的重要保证和手段,是装备日常管理的关键环节。

6.2.1 雷达装备动用

装备动用管理的目的是保持足够的装备随时处于良好状态,保障作战和其他行动的需要。装备通常要规定平时动用的数量和比例,对于雷达装备,还应包括其备用频率、隐蔽频率的动用。

装备动用通常分为日常动用、军事演习动用和紧急动用。日常动用是指平时部队的正常训练、生活保障等使用装备;军事演习动用是指为完成作战演习任务使用装备;紧急动用是指抢险救灾或执行其他紧急任务需使用装备。装备动用的比例、数量和审批办法按相关规定执行。

6.2.1.1 装备动用的要求

1. 严格执行动用规定

日常标准动用。部队必须严格执行相关规定的日常动用装备的比例、数量和审批权限,不得超标准动用。雷达开机训练通常应结合战备值班进行。

紧急动用。动用装备的单位应及时逐级上报,经批准后,方可动用;特殊情况下,边动用,边报告。

2. 严格制订和执行动用计划

统一制订的装备动用计划是控制装备动用的基本手段和措施。部队正常训练、执勤所需的装备,应制订年度动用计划,并严格按批准的计划执行;临时动用装备,应当报请上一级首长批准,并由主管业务部门统一安排。

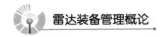

3．严格控制动用范围

在编装备不得挪作他用，是部队自觉执行装备动用计划的具体体现，也是装备管理的基本要求。部队应统一组织、控制装备的动用范围，对于一切非军事活动，应按有关规定执行。装备的编制、配备和动用范围的规定具有法律效力，违反规定擅自动用在编装备的行为，属于违法违纪行为。有关责任人员要对其行为后果承担法律或纪律责任。

4．严格操作规程

严格操作规程是对装备动用的技术要求，也是正确使用装备的根本保证。经批准可以动用的装备，应严格按照装备动用的目的、编配用途、技术性能、操作规程动用，如不准将通信车、侦察车等专用车辆作为乘坐车使用，不准将牵引车作为运输车使用等。

6.2.1.2 装备动用的规定和审批

雷达装备价格昂贵、保密性强，必须以高度政治责任感，管好部队装备，从严掌握装备、电磁频率动用标准和审批权限。紧急动用装备、动用库存装备、动用战略储备装备、动用雷达隐蔽频率都要经过相应机构的审批，方可进行。

6.2.2 雷达装备使用

在装备使用管理中，既要对装备进行管理，又要对装备的使用人员进行相应的管理；既要在宏观上进行计划、组织和协调，又要对具体工作实施检查和指导。因此，在装备使用管理中，必须树立科学的指导思想，正确处理好装备使用管理中各项工作关系，充分发挥装备的战技性能，提高装备的使用效能。

6.2.2.1 正确使用装备

装备的正确使用是指使用装备的部队和人员严格按照装备的编配用途、技术性能、操作规程和安全规定使用装备，防止违章操作和超强度、超负荷使用装备。

1．按编配用途使用装备

雷达装备有其规定的编配用途，它是由装备本身的技术性能、部队作战和保障任务的需要决定的，是为特定作战目的服务的。只有严格按照编配用途使用装备，才能充分发挥装备特定的作战效能。因此，平时未经上级特别批准，战时无特殊情况，不得任意改变装备的编配用途，不得挪作他用。

2. 按技术性能和操作规程正确、安全地使用装备

装备用途是由其技术性能决定的。若不按技术性能和操作规程使用装备，则有可能影响装备的正常使用，情况严重时还会造成装备的损坏和人员的伤亡等安全事故。

现代雷达装备系统复杂，在操作使用的任一环节上违背技术性能和操作规程，都可能使整个装备系统效能下降，甚至导致装备失控，影响装备正常使用。因此，应加强装备操作、使用人员的教育、训练，使他们熟练掌握技术技能，严格遵守操作规程，正确、规范、安全地使用装备。

6.2.2.2 雷达装备阵地优化工作

雷达装备阵地优化专指为实现任务、装备、环境的最佳匹配，根据担负的任务，针对阵地的地理、气象、电磁等环境条件，参照各型雷达阵地优化指导手册，对雷达装备进行优化设置和调整。雷达装备阵地优化分为常态优化和应急优化两类。常态优化针对较长时间内相对稳定的阵地环境，对雷达装备进行全面系统的优化调整，优化后的状态是雷达装备基本状态。在雷达装备首次架设、阵地转移、大修后架设、年维护、巡回检修和重大改进等时机实施。应急优化根据特定的任务需求，有针对性地对雷达装备进行优化调整。

1. 工作原则

适应环境，发挥性能；紧贴任务，突出效能；人装结合，科学使用；注重实践，积累完善。

2. 主要任务

（1）建立工作机制，制订实施计划、方（预）案，编制雷达装备阵地优化指导手册。

（2）组织实施雷达装备阵地优化，实现雷达装备与任务、阵地环境的最佳匹配。

（3）验证作战效能，检查验收雷达装备阵地优化效果。

（4）组织雷达阵地优化技术培训和战斗操作训练，开展雷达装备阵地优化理论研究。

（5）收集整理雷达装备阵地优化数据和资料，建立并完善雷达装备阵地优化工作档案。

3. 实施流程

雷达装备阵地优化按照计划、准备、优化和验收四个阶段进行，其流程图如图 6-1 所示。

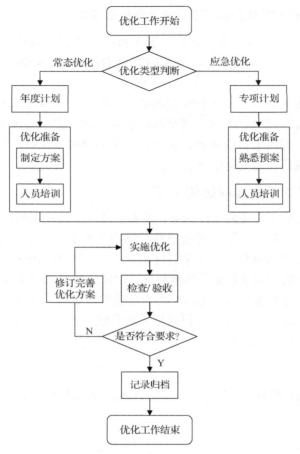

图 6-1 雷达装备阵地优化流程图

（1）计划：雷达装备阵地优化计划分为年度计划和专项计划。年度计划是结合装备架设、年维护等，对全年雷达装备阵地优化工作的总体安排；专项计划是针对执行重大任务的雷达装备阵地优化安排。

（2）准备：成立雷达装备阵地优化工作小组，掌握雷达装备工作状态、阵地相关资料，针对不同优化需求，制定常态优化方案，熟悉应急优化预案，确定方法步骤，准备所需器材工具设备，开展优化人员培训。

（3）优化：根据优化方（预）案，参照各型雷达阵地优化指导手册，采取参数设置、系统功能调整、工作模式选择等手段，对雷达装备实施优化。

（4）验收：对优化后的雷达装备，从战术性能、技术指标、系统功能等方面进行性能检查，利用日常空情或专用测试设备对作战效能进行评估。

雷达装备阵地优化效果检验要充分利用日常空情、重要任务飞行、组织检（校）

飞等时机，验证雷达装备阵地优化后的作战效能，检查雷达装备阵地优化效果。其检验准则为：适应阵地环境条件；适用于作战使用需求；适合战斗使用操作。

6.2.3 雷达装备在役考核

我军装备试验鉴定体系调整完善后，目前逐步形成了以性能试验-状态鉴定、作战试验-列装定型、在役考核-改进升级 3 个环路为主体的装备试验鉴定体制。其中在役考核是全新的试验类型，是在装备列装服役后，为检验装备满足部队作战使用与保障要求的程度所进行的持续性试验鉴定活动。

6.2.3.1 在役考核的内涵

1．基本概念

在役考核主要依托列装部队和相关院校，结合正常战备训练、联合演训及教学等任务组织实施，重点跟踪掌握部队装备作战使用、维修保障等，验证装备作战与保障效能，发现问题缺陷，考核装备部署部队的适编性和服役期的经济性，以及部分在性能试验和作战试验阶段难以考核的指标等。目的是通过全面系统的在役考核，解决装备"好用"的问题，不断提高装备的适配性。

基于上述理解，我们认为雷达装备在役考核是指在雷达装备列装服役期间，为检验装备满足部队作战使用与保障要求的程度所进行的持续性的试验鉴定活动。

2．分类

对在役考核工作进行合理分类，有助于准确地把握在役考核的工作内容，合理定位在役考核的工作目标。

1）依据考核对象分类

雷达装备在役考核的对象是指已列装部队的雷达装备及其相关要素构成的预警装备体系，依据考核对象规模的不同，可分为以下三类。

（1）单装在役考核，以某型装备为考核对象的在役考核。

（2）雷达装备体系在役考核，以功能上相互关联、相互补充的各类、各型系列雷达装备构成的雷达装备体系为考核对象的在役考核。

（3）一体化联合在役考核，在一体化联合作战背景下，以多兵种、多领域和成建制、成体系的预警装备体系为考核对象的在役考核。

2）依据考核时机分类

雷达装备在服役期间，根据不同考核目的开展的六种时机的在役考核如下。

（1）新列装装备的在役考核。一般在新型雷达装备列装后开展，目的是促进新型装备战斗力和保障力的形成，使新型装备融入作战体系，发挥固有作战效能。

（2）装备问题整改后的在役考核。一般在部队反馈的雷达装备问题完成集中整改后开展，目的是在部队实际使用条件下验证装备问题整改的成效。

（3）装备升级改进后的在役考核。一般在雷达装备完成升级改进后（如可靠性增长、雷达加改装等）开展，目的是在部队实际使用条件下验证装备改进后是否满足部队的作战使用要求和保障要求。

（4）接近服役期限的在役考核。一般在雷达装备寿命终期阶段开展，目的是为装备的升级、改型或退役等提供决策建议。

（5）装备使命任务变更后的在役考核。一般在雷达装备部署阵地、探测目标等发生变化导致装备使命任务变更，并在我方完成相应雷达装备体系调整后开展，目的是检验调整后的雷达装备体系对新的环境条件和任务要求的适应能力。

（6）战备检验时的在役考核。一般在某个探测方向上完成雷达部署、装备后展开，目的是检验雷达装备体系的整体作战能力和战备情况，为雷达装备作战运用提供决策支持。

3）依据考核方式分类

依据考核方式的不同，在役考核可分为以下两种情况。

（1）一般在役考核。依托部队装备的日常训练、战备值班、维修保障等活动进行。这种考核方式不单独设置试验科目，伴随部队各种活动进行数据采集，开展考核评估。

（2）专项在役考核。根据在役考核目的，在一般在役考核的基础上增设专项试验内容，特别是对当前缺少作战试验环节的部队现役装备，通过专项在役考核，补充强化相关试验科目，弥补一般在役考核不易考查到的内容。

3．基本特点

对于雷达装备性能试验和作战试验，在役考核具有以下四个鲜明特点。

（1）持续性。从考核时间来看，在役考核不是短期的、一次性的，其始于雷达装备列装，并一直持续到雷达退役报废。在装备整个服役期内，部队将有序地采集上报数据，相关单位定期或根据需要开展考核评估。

（2）经常性。从考核模式来看，在役考核是部队的经常性工作，适时将被考核的雷达装备置于列装部队，成体系、成建制开展考核，检验装备随着服役时间的推移，以及使命任务、编配方案和环境条件等发生变化时，能否仍然满足部队的作战使用要求。

（3）全面性。从考核要素来看，雷达装备在役考核涉及部队作战指挥、装备管理、维修保障和使用操作等与装备相关的方方面面，是全员参与的全流程、全要素的考核，不局限于装备自身质量问题的检验。

（4）结合性。从考核方式来看，在役考核通常结合部队正常的战备训练、联合演训等任务组织实施，因此，雷达装备在役考核与战备训练、维修保障等工作相结合，均为部队的经常性工作。

6.2.3.2 在役考核内容和评估指标体系

1. 在役考核内容

雷达装备在役考核的重点是装备是否满足部队服役要求，特别是要考虑部队当前反映比较强烈的"不好用""不好修""不好保障"等实际问题。雷达装备在役考核的重点内容应包括以下五个方面。

1）雷达装备部队适用性

雷达装备部队适用性是检验装备完成作战使用任务的满意程度。虽然在作战试验鉴定阶段对装备的部队适用性进行了检验，但是由于样本量、试验周期、试验条件等方面的限制，无法对雷达装备的可用性、可靠性、维修性、保障性等进行充分的检验，需要在装备服役阶段持续进行成建制、成规模、实际环境、长周期的检验考核。

（1）雷达使用可用性。在装备成建制、成体系列装后，部队实际使用、维修、保障和管理环境条件下，需要经过长周期、大样本的战备完好性统计，得出真实可信的结果。

（2）雷达任务可靠性。在作战试验阶段进行完整充分的任务可靠性试验，将导致装备列装定型的极大延后及作战试验费用的急剧增长，这既不科学，又不现实。因此，需要在装备服役阶段开展长周期、大规模的跟踪考核。

（3）雷达维修适应性。由于雷达装备故障发生与装备寿命不同阶段密切相关，因此在雷达作战试验阶段不可能对装备故障规律有深入的把握，对故障后装备便于维修的程度也缺乏全面诊断，特别是在作战试验阶段，由于新型装备尚未形成部队级维修能力，因此，难以检验装备是否完全适应部队的计划维修体系，需要在装备服役阶段持续检验。

（4）雷达保障适应性。在雷达装备服役前，由于针对新型装备的保障体系尚未形成，难以检验装备的使用保障方案、维修保障方案、器材备件、保障设备设施、保障人员人力等保障要素的适用性，需要在装备服役阶段通过在役考核、迭代建设不断完善。

2）雷达装备质量稳定性

雷达装备列装定型前通过性能试验、作战试验确定的质量水平是否能够在装备服役阶段得到很好的保持，是在役考核需要回答的重要问题。关于装备质量稳定性，需要重点关注以下两个方面。

（1）雷达装备（器材）生产从小批量到大批量后，其质量是否保持在一定的水平。由于大批量与小批量生产的装备质量可能存在差距，因此，有必要将大批量生产的装备质量与装备作战试验检验的质量水平进行比对，以评估大批量生产的装备是否存在质量下降的问题。

（2）雷达装备大批量列装部队并长期服役，其质量水平是否出现快速下降的现象。在雷达服役阶段应对装备的整体质量水平进行跟踪监控，及时防范装备质量特性下降风险，同时发现影响装备作战使用的质量缺陷问题。质量特性包括通用质量特性和专用质量特性；通用质量特性是指保证各类装备战技性能有效发挥的一组通用技术特性，主要包括可靠性、维修性、保障性、测试性、安全性等；专用质量特性是指能够体现此类装备特殊功能的战技性能，如雷达探测范围、测量精度、分辨率、反杂波能力、抗干扰及抗反辐射导弹能力等。

3）雷达装备服役期的经济性

装备经济性是装备建设发展的重要命题。随着雷达装备结构日益复杂化、技术密集程度的提高，装备经济性逐渐成为装备建设的重要约束条件。从装备经费支出的比例来看，装备服役阶段发生的使用与保障费用一般占装备寿命周期费用的50%以上，有的甚至更高。通过在役考核，一方面可发现导致服役阶段装备费用高昂的关键因素，回答装备"是否用得起"的问题；另一方面可评估装备发生的费用相对其有效工作时间"是否合理"的问题。

4）雷达装备编配与部队编制、使命任务的适应程度

装备是部队完成使命任务的物质基础和技术手段。装备编配则是军事组织编制的重要组成部分，与部队的组织关系、机构设置、隶属关系、人员数额、职务区分等一起构成军事组织编制组成内容。雷达装备种类多、型号杂，不同型号的雷达装备其功能定位、性能的先进程度、设备量大小、阵地要求差异大，基编配对象从旅级一直到营连级。科学合理的组织编制、阵地设置及其装备编配，对于完成各型雷达作战使命、发挥最大作战效能、各级建制单位的合理编组、实现人和装备的有机结合，具有极其重要的意义。通过雷达装备在役考核发现装备编配与部队任务、编制不适应，装备与阵地环境不匹配的问题，为装备编制的调整优化提供依据。

5）雷达装备与预警装备体系要素有效匹配的程度

现代作战是体系与体系的对抗，装备体系中各构成要素之间的匹配程度，即装备适配性，是保证装备体系有机融合、力量倍增的重要因素。若装备体系内部各要素之间产生"干涉"或"内耗"，则严重阻碍装备体系作战效能的发挥。因此，雷达

装备适配性评估旨在考核其在预警装备体系内部，甚至更高层面军事作战体系适应匹配程度的问题。

2．评估指标体系

基于上述雷达装备在役考核内容，提出了雷达装备在役考核的主要评估指标，构建了雷达装备在役考核评估指标体系，如表6-1所示。

表6-1　雷达装备在役考核评估指标体系

一级指标	二级指标	三级指标
部队适用性	使用可用性	使用可用度
		平均完好率
	任务可靠性	平均致命性故障间隔时间
	维修适应性	平均故障修复时间
		部队级修复率
		维修人员满意度
	保障适应性	使用保障适用性
		保障资源适用性
质量稳定性	质量水平差异性	通用质量特性差异率
		专用质量特性差异率
	质量水平变化性	通用质量特性变化率
		专用质量特性变化率
装备经济性	平均使用费用	年均使用费用
	平均保障费用	年均保障费用
装备适编性	任务适编性	雷达类型适编性
		部署阵地适应性
	数量适编性	装备数量满足度
	人员适编性	人员数量适应性
		专业岗位适应性
		技术等级适应性
装备适配性	探测能力协同性	探测目标类别齐全性
		探测威力匹配性
	信息通联性	融合其他探测装备目标数据能力
		探测目标信息分发能力
		信息通联安全性
	机动同步性	自行机动同步性
		运输机动同步性

6.2.3.3 在役考核指标确定方法

1. 部队适用性

1）使用可用性

雷达使用可用性重点考核装备能够随时投入使用或作战的能力。一般采用使用可用度和平均完好率作为评估指标。

使用可用度为

$$A_o = \frac{T_W}{T_W + T_F} \tag{6-1}$$

式中，T_W——雷达在役考核期间能工作的时间；

T_F——雷达在役考核期间不能工作的时间（改进时间除外）。

平均完好率（MSR）是指被考核某型雷达装备能够随时遂行作战任务的完好数与该型装备的实有数之比，平均完好率在日完好率统计的基础上进行加权平均，计算公式为

$$MSR = \frac{1}{N}\sum_{i=1}^{N} MSR_i \tag{6-2}$$

式中，N——雷达装备在役考核期间的天数；

MSR_i——第 i 天雷达装备的日完好率，即装备当日完好数与实有数之比。

2）任务可靠性

任务可靠性重点考核雷达装备在执行任务期间发生影响任务完成故障的频繁程度。一般采用平均致命性故障间隔时间作为评估指标。其度量方法为：在规定的一系列任务剖面中，产品任务总时间与严重故障总数之比，也称为致命性故障间的任务时间。

3）维修适应性

维修适应性重点考核在部队装备维修保障体系已建立的情况下，部队装备维修人员顺利恢复装备技术状态的能力。一般采用平均故障修复时间、组织级修复率（Organizational Level Repair Rate，OLRR）、维修人员满意度作为评估指标。

$$OLLR = \frac{N_{OR}}{N_R} \tag{6-3}$$

式中，N_{OR}——在役考核期间部队级维修机构修复的故障次数；

N_R——在役考核期间雷达装备故障总次数。

维修人员满意度为定性指标，通常采用调查问卷的方式，以部队维修人员为调查对象，对装备的维修可达性、零部件的标准化和互换性、防差错措施与识别标记、维修安全性、维修难易程度等进行定性评估。

4）保障适应性

保障适应性重点考核雷达装备在部队实际保障体系下,其自身保障特性和可得到的保障资源满足作战使用要求的程度。一般采用使用保障适用性和保障资源适用性作为评估指标。

使用保障适用性是指雷达装备在部队现有保障体系下完成作战训练的动用前检查、动用后保养等使用保障活动的适用程度,该指标采用调查问卷法进行定性评估。

保障资源适用性是指雷达装备配套的保障资源满足部队作战使用实际要求的程度,重点从器材备件的配套率与有效率、保障设备设施的满足度、技术资料的可用性、训练器材的配套率与满足度、计算机保障资源便于获取的程度等方面,采用调查问卷法进行定性评估。

2. 质量稳定性

质量稳定性主要采用质量水平差异性和质量水平变化率作为评估指标。

1）质量水平差异性

雷达装备质量水平差异性重点考核规模化生产的装备的质量特性是否与列装定型前保持一致,或者不同生产批次之间的质量水平是否保持一致。一般采用通用质量特性差异率（Generic Quality Characteristic Difference Rate,GQCDR）和专用质量特性差异率（Special Quality Characteristic Difference Rate,SQCDR）作为评估指标,计算公式分别为

$$\text{GQCDR} = \frac{|G_A - G_B|}{G_A} \tag{6-4}$$

$$\text{SQCDR} = \frac{|S_A - S_B|}{S_A} \tag{6-5}$$

式中,G_A——雷达装备某典型通用质量特性（如 MTBCF）在作战试验阶段的测量值;

G_B——该典型通用质量特性在装备服役阶段的测量值;

S_A——雷达装备某典型专用质量特性（如探测距离）在作战试验阶段的测量值;

S_B——该典型专用质量特性在装备服役阶段的测量值。

2）质量水平变化率

质量水平变化率重点考核雷达装备在服役阶段质量水平的变化情况,及时发现装备质量水平急速下滑的趋势。一般采用通用质量特性变化率（Generic Quality Characteristic Change Rate,GQCCR）和专用质量特性变化率（Special Quality Characteristic Change Rate,SQCCR）作为评估指标,计算公式分别为

$$\text{GQCCR} = \frac{\left|G_{T_1} - G_{T_2}\right|}{G_{T_1}} \tag{6-6}$$

$$\text{SQCCR} = \frac{\left|S_{T_1} - S_{T_2}\right|}{S_{T_1}} \tag{6-7}$$

式中，G_{T_1}、G_{T_2}——装备服役后在时间点 T_1、T_2（$T_1 < T_2$）的通用质量特性测量值；

S_{T_1}、S_{T_2}——装备服役后在时间点 T_1、T_2 的专用质量特性测量值。

3．装备经济性

1）平均使用费用

平均使用费用重点考核雷达装备在服役阶段正常开展作战、训练活动的情况下，产生的使用费用均摊到有效工作时间后的费用。使用费用主要包括油料费用、耗材费用、装备折旧费用等。

2）平均保障费用

平均保障费用重点考核雷达装备在服役阶段正常开展作战、训练活动的情况下，产生的保障费用均摊到有效工作时间后的费用。保障费用主要包括维修器材费用、技术资料费用、人员培训费用、维修工时费用等。

4．装备适编性

1）任务适编性

任务适编性重点考核成建制列装的雷达装备能否适应部队需要完成的使命任务，发现装备在作战体系内存在的作用小、贡献率低、环境适应性较差的问题。一般采用雷达类型适编性和部署阵地适应性作为评估指标。

雷达类型适编性是指部队编配的雷达装备种类、型号与其担负使命任务的匹配程度。编配的雷达类型的功能定位、性能指标先进程度要足以支持部队的使命任务完成，要根据部队作战任务的变化适时调配所属雷达类别。部署阵地适应性是指雷达在列装部队担负作战、训练任务时，能够适应其所在地域环境的程度。一般可结合部队的战备值班及机动演练进行评估，重点检验雷达装备适应所在阵地的地形、地貌、天气、气候、海拔、电磁等环境的能力。

2）数量适编性

数量适编性是指部队编配的雷达装备数量能够满足作战、训练等任务需要的程度。特别是要考虑在战备值班与专项演练任务常态化的情况下，装备数量能否有效保持装备整体战斗力的问题。一般采用装备数量满足度作为评估指标。

装备数量满足度是指装备列装部队的数量支撑其完成既定战备值班、机动演练等作战任务的程度。一般可结合部队现有战备、演练任务量进行分析，以发现装备在完成任务中是否存在缺口或闲置的现象。装备数量满足度可通过专家评判的方式进行评估。

3）人员适编性

人员适编性重点考核部队实际编配的装备使用、保障与管理人员满足实际需要的程度。一般采用人员数量适应性、专业岗位适应性、技术等级适应性作为评估指标。

人员数量适应性检验部队装备相关人员的数量是否满足要求；专业岗位适应性检验部队装备相关人员在相应岗位上是否专业对口、比例适当；技术等级适应性检验部队装备相关人员的专业技术能力是否满足装备使用、保障、管理等技能要求。这三项指标均可通过对部队装备相关人员的调查分析进行评估。

5. 装备适配性

装备适配性重点考核某型号雷达装备在作战装备体系内作用发挥、与其他装备协调使用的情况，一般采用探测能力协同性、信息通联性、机动同步性作为评估指标。

1）探测能力协同性

探测能力协同性重点考核当雷达装备与作战体系内其他装备协同作战时，其探测能力与其他装备协同配合的程度。一般采用探测目标类别齐全性、探测威力匹配性作为评估指标。

雷达探测目标类别齐全性是指当雷达执行预警探测任务时，其探测目标类别应包含当前作战对象主要空天攻击手段，目前主要是指对低、慢、小、高、快、隐等目标探测的有效性。雷达探测威力匹配性是指雷达的探测距离、探测精度、数据率等对警戒、引导、反导、空间目标探测等作战任务对雷达情报要求的匹配程度。上述两项指标一般结合部队的战备值班及专项演练任务进行评估，重点从对各类目标发现概率、跟踪连续性，对目标指引、火力打击、损毁评估等任务的情报支持程度方面检验雷达装备是否存在限制体系作战效能发挥的弱项短板。

2）信息通联性

信息通联性重点考核当雷达装备与装备体系内其他装备存在指控通联关系时，能够及时有效通联的程度。一般采用融合其他探测装备目标数据能力、探测目标信息分发能力、信息通联安全性作为评估指标。

融合其他探测装备目标数据能力是指该型号雷达装备接收其他雷达，以及技侦、光电、卫星等其他类别探测装备所获得的目标数据、进行数据融合、完成情报验证、提高探测精度的能力。

探测目标信息分发能力是指该型号雷达装备将探测、生成得到的目标信息分发给装备体系内其他用户，使其完成相应警戒引导、目标指示、火力打击等任务的能力。

信息通联安全性是指该型号雷达装备与上级、友邻、下级信息节点之间进行信息传递时，满足信息安全要求并可靠运行的程度。

上述三项指标均可通过对侦察、预警、探测、指挥、控制、通信等信息装备使用人员的调查分析进行评估。

3）机动同步性

机动同步性重点考核该型号雷达装备与装备体系内其他装备同步机动时，其机动速度与其他装备协同一致的程度。一般采用自行机动同步性和运输机动同步性作为评估指标。

自行机动同步性是指雷达装备利用自身机动能力与作战体系内航空、导弹等其他装备开展同步机动的协调程度。运输机动同步性是指采用公路、铁路、水路、航运等运输方式，雷达装备与作战体系内其他装备开展同步机动部署的协调程度。这两项指标均可通过对部队相关人员的调查分析进行评估。

6.2.3.4 在役考核工作流程与实施方法

1．工作流程

雷达装备在役考核工作流程如图 6-2 所示，主要包括在役考核规划计划/方案拟制、在役考核任务准备、在役考核组织实施、在役考核评估总结、在役考核问题反馈与处理阶段。

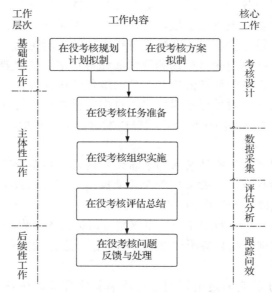

图 6-2 雷达装备在役考核工作流程

由图 6-2 可知，雷达在役考核分为三个层次：一是基础性工作，包括在役考核规划计划/方案拟制，是在役考核开展的前提和基础；二是主体性工作，包括在役考核任务准备、在役考核组织实施和在役考核评估总结；三是后续性工作，组织后续的在役考核问题反馈与处理，保证在役考核发现的问题、提出的意见建议能够得到落实，保证在役考核发挥应有作用。

雷达在役考核任务准备阶段的核心工作是考核设计，主要成果是《在役考核大纲》；在役考核组织实施阶段的核心工作是数据采集，获取真实、完整和可信的数据，完成数据信息的分析处理，主要成果是《数据采集分析报告》；在役考核评估总结阶段的核心工作是评估分析，得出有价值的结论和意见建议，主要成果是《在役考核报告》；在役考核问题反馈与处理阶段的核心工作是跟踪问效，主要成果是《在役考核问题报告》。

2．实施方法

1）围绕雷达装备的任务能力，设计考核内容

在役考核应反映影响部队雷达装备任务能力生成、保持、提高的制约因素，为雷达装备建设指明重点和方向。进行雷达在役考核设计时，需要根据在役考核的不同时机和目的，以及部队装备使用、保障的实际情况，抓住在役考核关注的重点问题，合理设计在役考核的考核方式、考核内容、考核指标和评估方法等，全面筹划在役考核。

2）依托雷达装备部队使用、保障实际工作，采集数据信息

数据是雷达在役考核的核心资源，考核评估是否科学合理的关键在于数据的准确性和全面性。开展雷达在役考核的首要任务是依据考核评估需求做好数据信息的采集工作。一方面，要根据制定的在役考核内容，确定数据采集的时机、内容、形式和要求，制定专用数据采集表格，结合部队日常的战备、训练、演习、管理保障等活动，以及必要时增加的试验科目，指定相关人员全程参与活动，开展数据信息跟踪采集；另一方面，要充分利用部队长期积累的历史数据，对其进行梳理、分析与应用。同时按照"大数据"的思维方式，开展在役考核数据工程建设，不断采集、处理、分析、存储相关数据，为在役考核的评估分析提供强有力的数据支撑。

3）运用大数据思维、系统工程的方法，开展评估分析

在役考核的意义在于发现规律性问题，提出合理化建议的有效措施，其关键在于持续迭代的评估分析。从理论上说，单次在役考核虽然对发现雷达装备存在缺陷具有一定的作用，但显然难以发挥在役考核真正的潜在价值，即通过同型多个装备、多型同类装备、成谱系雷达装备的对比，分析各型号雷达装备作战能力、保障能力、效费比提升的制约因素，为雷达装备建设发展、作战效能的充分发挥提供决策支撑。

评估分析的主要做法是基于大数据的"时间上纵向比较"与"同类（型）装备横向比较"相结合。因此，通过对比分析，系统评估该型号雷达装备的综合表现，充分反映影响装备作战能力、保障能力提升的制约因素，特别是影响作战效能发挥的装备设计问题、编配问题和保障问题，以及装备使用效益的经济性问题等。

4）紧盯发现的关键问题，抓好跟踪问效

雷达在役考核能否取得成效，关键在于提出的问题和意见能否得到各部门的重视，能否提出有效措施。众所周知，在役考核的对象是列装定型后的雷达装备，此时装备已经完成规模化生产和部署，在役考核的结论和建议不易对相关部门形成约束力。因此，一方面应当以适当形式赋予雷达装备使用部队装备部门相关职能，设立在役考核工作人员相关岗位，负责常态化的数据采集、整理、汇总、上报和问题跟踪等工作，使用在役考核得到组织保证；另一方面需要逐步形成"在役考核问题报告"→"在役考核发现问题通报"→"在役考核发现问题整改通知"→"在役考核发现问题整改结果通报"的闭环管理制度，保证在役考核发现的问题整改能够落到实处。

6.3 装备静态管理

雷达装备静态管理主要包括保养与保管、封存、定级与转级、登记与统计、配套设施建设等活动。做好装备静态管理是提高军事经济效益、适应战备需要的重要措施。

6.3.1 装备保养与保管

装备保养与保管是保持装备处于完好状态的重要工作，是装备日常管理的关键环节。

6.3.1.1 装备保养

装备保养是装备使用过程中的一个重要环节，是装备日常管理最为基础的工作，其目的是及时恢复和经常保持装备的完好状态，保证装备按照战技性能和用途正常使用。

各型号雷达装备都有规定的保养时机、种类、项目，以及人力和资源消耗标准等。在一般情况下，装备运行了一定时间后，应按规定进行某种保养。保养的主要内容是清洁、调整、紧固、润滑、加添油液、补充备品备件，以及检测诊断、排除故障等。

6.3.1.2 装备保管

装备保管是指装备的保存及其相关管理活动。装备保管应着眼战备,确保安全和质量。根据装备保管的实际需要,不断改善装备的储存保管环境,做好安全防卫工作;应分类存放并定期检查保养,做到"四无"(无丢失、无损坏、无锈蚀与无霉烂)"三相符"(账目、实物与卡片相符),全面提高装备的保管质量;应通过"三分四定"措施,保持正规、统一、良好的保管勤务秩序和战备秩序。

对库存和阵地上中断使用达规定时间以上的雷达装备,应封存保管,置于清洁、干燥和安全的场地。雷达装备封存期间应定期维护,未经主管部门批准,严禁从封存雷达装备上拆换零部件。

雷达专用车辆存放时,应顶起车身,避免钢板和轮胎受力;露天存放的车辆,应搭盖车棚,防止日晒雨淋;长期露天放置的车辆(天线车、附件车等)轮胎应有防护罩等防护措施;雷达装备的密码设备按机要保密相关规定管理。

6.3.2 装备封存

装备封存是指为减缓雷达整机、单元部件在储存过程中的自然侵蚀,所采取的技术措施,可分为局部封存和整装封存。

局部封存主要针对雷达装备分系统、单元部件进行封存。

整装封存对雷达整机采用封套进行封存,可分为整装动态封存和整装静态封存。整装动态封存采用封套封存,并用管道和除湿机等除湿;整装静态封存采用封套封存,封套内放有干燥剂、无除湿设备。

针对不同雷达结构组成、使用和储存特点,选择相应的封存方式,既要注重封存防护的有效性,坚持封存技术要求的规范性,又要兼顾雷达紧急启封的快速方便性。

6.3.2.1 封存条件

被封存的雷达装备应具备的条件如下。

1. 具备作战使用价值

被封存的雷达装备应具有相应作战使用价值,以保证在雷达装备启用时,其战技性能仍能适应作战需要。对于战技性能落后的老旧型号雷达装备,一般不进行封存。

2. 技术状态良好

拟封存雷达装备应处于良好的技术状态,质量等级应在堪用品以上。

3．具有足够的剩余使用寿命

拟封存雷达装备应具有足够的剩余使用寿命，以保证启封后仍有较长的作战和训练使用时间。

4．在一定时间内不予使用

根据部队任务和雷达装备储备要求，对于中断使用达规定时间以上不予动用的雷达装备，应进行封存，以保持其随时处于良好的技术状态。

6.3.2.2 封存程序

雷达装备封存程序包括确定封存方式、封存准备、雷达技术检查与鉴定、封存前维护保养、检查封存质量等。雷达装备封存程序如图 6-3 所示。

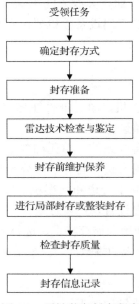

图 6-3　雷达装备封存程序

6.3.2.3 封存装备管理

封存装备在入库存放期间，采取以下相应管理措施。

1．健全制度

要抓好装备封存入库后的管理工作，必须建立一套严格的规章制度。这些规章制度主要包括管理责任制度、维护保养制度、登记制度和检查制度。只有建立严格的规章制度并认真履行，才能提高封存装备管理的质量和效益。

2. 定期检查

在雷达装备封存期间维护时,应对封存环境的湿度、温度、封存容器的密封状态、封存装备的封存状况进行检查,保证相关环控设备运行正常,对干燥剂进行必要的再生处理。封存设备、部件因封存失效导致损伤或性能下降时,应分析原因并进行修复,方可继续进行封存。

3. 组织保养

封存装备应根据需要进行维护保养,如定期转动活动机件、定期进行通电检查、定期进行密封检查等。装备部门应制定封存期间的保养规定,并拟制实施计划,组织有关机构和部(分)队实施。

6.3.3 雷达技术等级鉴定

雷达技术等级鉴定是根据雷达装备的技术性能、使用年限和修理情况确定其质量等级的过程。其目的是准确掌握部队装备实力、合理使用雷达装备、优化技术保障方案、有计划地安排修理和换装。

雷达技术等级鉴定分为例行技术等级鉴定和特定技术等级鉴定。例行技术等级鉴定是对雷达装备质量等级进行的定期鉴定,通常结合年维护进行;特定技术等级鉴定是在特定条件下对雷达装备质量等级进行的非周期性技术等级鉴定,特定技术等级鉴定时机:需要对质量状况进行普查时;故障频繁,性能下降,有意外严重损伤或技术改造后,需要重新定级时;提前申请大、中修时;申请报废时。

6.3.3.1 技术等级鉴定程序

技术等级鉴定程序应按照准备、实施、定级三个阶段组织实施。

1. 准备阶段

成立鉴定小组。鉴定小组全面负责技术等级鉴定工作,小组成员必须熟悉被鉴定雷达装备的工作原理、性能、结构及技术参数测试方法。

准备鉴定资料。鉴定小组收集雷达装备履历、工作环境、存储条件、战技指标、近年来可靠性信息,了解雷达装备性能发挥情况、目前存在的问题,确定维修重点、所需物资(器材、工具、仪表)。

制订鉴定计划。鉴定小组根据雷达装备的技术状况,周密制订技术等级鉴定计划,每部雷达装备都制订一份,由鉴定组长批准。计划内容通常包括鉴定类别及原因、人员组成及分工、维修及测试项目、所需物资清单和安全措施。

准备鉴定物资。鉴定小组准备鉴定所需的物资,并对其数量、质量进行检查校验。鉴定物资必须符合被鉴定雷达的技术要求。

组织鉴定动员。鉴定小组召开技术等级鉴定动员会，主要议题是宣布时间计划、进行人员分工、明确实施程序和安全事项等。

2．实施阶段

组织维护修理。按维护规则要求，对雷达进行必要的维修，使其技术状况恢复到部队级修理范围内所能达到的最佳状态且无停机故障。维护的主要内容是对雷达进行检查、调整、校正；修理的主要内容是对故障及隐患予以排除，一时难以排除的，应提出处理意见。除非雷达装备有意外严重损伤，否则原则上不实施大范围的换件修理。

组织检查测试。逐项对雷达装备进行检查、测试，记录测试结果。按雷达装备技术说明书与使用说明书的指标要求，对雷达装备的老化情况进行不通电检查，对雷达装备的功能缺失情况、主要战技参数等进行通电检查；根据雷达装备近年可靠性信息，评估雷达装备各分系统工作稳定性。检查、测试操作必须符合相关要求，确保数据准确。登记中使用的符号必须规范，描述性文字必须准确、无歧义，确保能够客观反映雷达装备的实有技术状态。

3．定级阶段

提出鉴定意见。鉴定小组逐项审查检查测试结果，提出鉴定意见。鉴定意见包括定级意见、运用意见、保障意见、非常规转级原因说明。定级意见依据技术等级鉴定分级标准提出；运用意见依据型号雷达装备技术等级鉴定详细要求提出；保障意见依据雷达装备工作环境、存储条件、可靠性及实际作战任务提出。如果雷达装备出现非常规转级，必须分析其原因并在鉴定意见中填写非常规转级原因。

6.3.3.2　技术等级鉴定内容

技术等级鉴定内容包括性能评定、时间评定、功能评定、陈旧评定和参数测试。

1．性能评定

性能评定主要包括最大作用距离变化率和测高误差变化率。雷达装备实际最大作用距离、测高误差与技术说明书指标值（或最佳状态值）的比值作为性能评定的量化依据。无测高功能的雷达装备只使用最大作用距离变化率。

1）最大作用距离变化率

最大作用距离变化率通过将发射功率、噪声系数和天馈系统损耗等参数的实测值与技术说明书指标值进行计算获得，即

$$D = 1 - \sqrt[4]{\frac{P_{测}/F_{测}\rho_{测}}{P/F\rho}} \times 100\% \qquad (6\text{-}8)$$

式中，$P_{测}$——发射功率实测值；

$F_{测}$——灵敏度（或噪声系数）实测值；

$\rho_{测}$——天馈系统损耗实测值；

P——发射功率指标值；

F——灵敏度（或噪声系数）指标值；

ρ——天馈系统损耗指标值。

当发射功率、噪声系数和天馈系统损耗不便于测量时，雷达装备最大作用距离变化率为

$$D = 1 - \frac{\text{雷达装备在该阵地实际作用距离}}{\text{雷达装备在该阵地历史最佳作用距离}} \times 100\% \qquad (6\text{-}9)$$

"雷达装备在该阵地实际作用距离"应在气象条件较好的情况下，以技术等级鉴定当日实际观察到的最大探测距离为准，需要比较的两个距离必须在同一方位、高度。

2）测高误差变化率

根据测高误差指标要求，在相关距离段、高度层各采集 10～20 个点迹的高度数据。将各点迹的高度数据与敌我识别系统（或二次雷达）的高度数据进行比较，计算各点迹高度数据的差值。针对相关距离段、高度层计算高度数据差值的统计平均值。将平均值作为该距离段、高度层的测高平均误差。对比各距离段、高度层的测高平均误差是否超出该型号雷达装备测高误差指标要求。

2．时间评定

时间评定包括启用（使用）年限和开机时间。

启用（使用）年限、开机时间与大修周期的比值，作为时间评定的量化依据。不同使用条件下的雷达装备，其大修周期必须乘以不同的环境系数。

启用年限适用于未经过大修的雷达装备，从首次架设开始计算，通过查阅雷达装备履历登记获得（单位：年）。

使用年限适用于经过大修的雷达装备，从最近一次大修后首次架设开始计算，通过查阅雷达装备履历登记获得（单位：年）。

开机时间从雷达装备首次架设或最近一次大修后首次架设时间开始计算，通过查阅雷达装备履历登记获得（单位：小时）。

3. 功能评定

功能评定包括雷达装备各分系统功能缺失情况和工作稳定性情况。

在技术等级鉴定前应保证雷达装备无停机故障,雷达装备存在的其他问题可分为一类、二类、三类问题。雷达装备某分系统存在的对本分系统(或其他分系统)主要功能影响严重的问题,为一类问题;雷达装备某分系统存在的对本分系统(或其他分系统)主要功能影响一般的问题,为二类问题;雷达装备某分系统存在的对本分系统(或其他分系统)主要功能影响轻微的问题,为三类问题。

一类、二类、三类问题作为功能缺失情况的量化依据。各分系统功能缺失情况通过通电检查,对雷达装备各分系统的各项功能逐项进行验证获得。如果雷达装备重要分系统的主要功能发生劣化,那么需要使用参数测试的结果进行证明。

工作不稳定、工作很不稳定作为工作稳定性情况的量化依据。各分系统工作稳定性情况可通过查阅近年可靠性信息获得。

4. 陈旧评定

陈旧评定包括机械部件老化程度和电气部件老化程度。

机械、电气部件的轻度、中度、重度老化作为陈旧评定的量化依据。

机械部件老化程度通过不通电检查,对机械部件的锈蚀、磨损、变形、密封等情况进行目视观察获得。根据损伤程度(面积、深度、位置、数量)及对雷达装备功能、安全影响的程度,划分为轻度、中度、重度老化。

电气部件老化程度通过不通电检查,对电气部件的绝缘、接触、打火、破损等情况进行目视观察获得。根据损伤程度(面积、深度、位置、数量)及对雷达装备功能、安全影响的程度,划分为轻度、中度、重度老化。

5. 参数测试

参数测试项目通常包括驻波比、馈线损耗、输出功率、发射脉冲波形、增益、噪声系数、动态范围、本振信号、脉压后波形、发射激励信号、相参信号、天线转速、阵面检测等。

参数测试结果需要填写标称值、实测值、测试端口、使用仪表。若因客观原因无法进行测试,则需要在备注中写明原因。

6.3.3.3 技术等级鉴定定级

雷达和电站的质量等级应分别定级。雷达装备质量等级分为四等六级:新品、堪用品(一级品、二级品、三级品)、待修品和待退役(报废)品。雷达装备质量等级采用量化评分定级,按型号雷达装备制定量化评定细则。雷达装备依据工作时间和性能、功能、陈旧的变化程度扣分，扣分标准根据型号雷达装备技术等级鉴定详细要求确定。

6.3.3.4 技术等级转级

技术等级转级分为常规转级与非常规转级。依据原定等级，凡当年鉴定等级符合正常使用条件下装备自然老化规律的，为常规转级；凡不符合正常使用条件下装备自然老化规律，发生提前降级、回调或跨级的，为非常规转级。

发生非常规转级的雷达装备，应说明原因，报雷达主管业务部门审定。

6.3.4 装备登记与统计

装备登记与统计是指对装备实力、质量等管理数据的记录、收集、整理和分析的工作过程。装备统计提供的大量信息，是各级装备部门了解情况、做出决策、指导工作、编制计划的基本依据。

6.3.4.1 装备登记与统计的基本任务

装备登记与统计工作的任务：及时、准确、全面、系统地记录、收集、整理装备管理工作的各种数据，并进行统计分析，提供资料，为管理决策提供科学依据。其具体任务如下。

1. 登记和收集装备管理数据

认真收集并及时登记装备管理中的各种数据，是装备登记与统计的主要任务。登记和收集数据的对象主要是各类装备、维修器材的数量、质量和分布情况；各类修理机构的维修能力及维修设备的数量、质量和分布情况；各类仓库库存物资的数量、质量情况；各类装备经费的分配和使用情况；各项装备业务工作的进度和完成任务的情况；各类专业人员的数量、质量和训练情况；各项规章制度的贯彻执行情况；装备科研、学术研究和技术革新情况；装备安全和防事故情况等。

2. 进行统计分析

对登记和收集到的装备管理数据，要用科学的方法，进行筛选、分类、排序和必要的计算，以便聚同分异、去伪存真，使之系统化、条理化。在此基础上，还应进行认真的统计分析，以达到揭示矛盾、总结经验、发现问题、找出规律，为管理决策提供科学依据的目的。

3. 编制统计报表，及时实施上报

对登记和收集到的装备管理数据，在进行统计分析的基础上，应及时填写统计报表，按要求上报。

6.3.4.2 装备登记与统计的主要内容

1. 装备实力统计

装备实力统计是指对部队装备实际数量、质量的统计。部队装备实力统计是自下而上进行的。每年经过各级主管装备部门层层统计综合后，准确地统计出雷达装备数量，提出部队装备现状和需求的分析意见，作为制定雷达装备发展战略和装备建设中长期计划，以及下一年度部队装备采购、申请和补充、调整计划与实施方案的重要依据。

雷达装备数量多、分布广、使用强度大，在日常的战备、训练及库存保管中，客观地存在使用损耗和自然损耗情况，部队装备的数量、质量随时都在发生新的变化。为了切实弄清和掌握部队装备的数量、质量、超缺编及分布的变化情况，每年都要动用大量的人力、物力，通过装备实力统计的方法予以全面的调查核实，以确保部队按编配齐装备和满足部队战备需要。同时，提出准确的装备实力统计分析意见，供装备机关决策参考。

对于雷达这样的大型装备，一般采用逐号统计，即按每部装备出厂编号进行统计。目的是跟踪调查核实这些装备的寿命消耗和大修情况，使装备主管部门能全面、及时、准确地掌握每部大型装备类剩余使用寿命及大修次数，为科学计划、宏观统筹、合理使用装备、搞好装备衔接等提供依据。

2. 装备完好率统计

装备完好率是指能随时遂行作战任务的完好数与装备实有数之比。装备完好率应按装备分类计算。装备完好率是衡量部队作战能力的一项重要指标，主要用于衡量装备技术保障程度和管理水平，以及装备对作战、训练、值勤的可能保障程度。装备完好率的计算方法为

$$雷达装备日完好率 = \frac{雷达装备当日完好数}{雷达装备当日实有数} \times 100\%$$

$$雷达装备平均完好率 = \frac{雷达装备完好率之和}{雷达装备完好率统计总日数} \times 100\%$$

（6-10）

装备完好数是指技术状况良好、配套齐全和寿命储备能满足一定时间作战需要的装备数量；装备实有数是指部队正在使用、维修和封存的全部装备。

3. 装备可靠性统计

装备可靠性统计一般可用装备平均无故障间隔时间（MTBF）表示，计算方法为

$$单部雷达装备平均无故障间隔时间 = \frac{雷达装备工作总时间}{故障次数} \quad (6-11)$$

$$多部同型雷达装备平均无故障间隔时间 = \frac{同型各雷达装备工作时间之和}{同型各雷达装备故障次数之和} \quad (6-12)$$

4. 装备失修率统计

装备失修率统计是指对装备年失修数与装备年应修数比率的统计。装备修理受多种条件制约，存在一定的失修现象。这种现象的存在，既影响了部队装备的完好率，又影响了部队装备的战斗力。

装备失修率的计算方法为

$$雷达装备失修率 = \frac{雷达装备年失修数}{雷达装备年应修数} \times 100\% \quad (6-13)$$

装备统计是为科学管理装备服务的，各级主管装备部门和业务系统及统计人员，应及时掌握部队装备变化信息，充分运用部队装备统计数据，加强对部队装备统计数据的分析，加强统计预测和统计监督，适时提出改进统计方法、规则、手段的建议和加强部队装备管理工作的意见，为提高部队装备科学化管理水平而努力。

6.3.4.3 装备登记与统计的要求

装备登记与统计的基本要求：以统计学原理为指导，结合各类装备的实际情况，坚持实事求是的原则，合理组织实施装备登记与统计，做到真实、及时、统一、保密。具体要求如下。

1. 坚持登记与统计的真实性

登记与统计的真实性是登记与统计工作的生命，只有掌握真实的数据资料，并进行科学的处理，才能获得可靠的、有用的装备管理信息。因此，登记与统计必须认真细致，切实从基层抓起，坚持定期核对制度，把登记与统计数据建立在真实、可靠的基础上。

2. 保证登记与统计的及时性

及时性是登记与统计的重要质量标准。只有对装备管理数据及时进行登记、统计、分析、报告，才能充分发挥统计资料的使用价值。各级装备部门要重视和加强计算机在登记与统计工作中的开发应用和数据传输技术的现代化建设。

3. 维护登记与统计的严肃性

登记与统计的严肃性是指登记与统计必须按照统一的规定填写，做到数据可靠、数量准确、字迹清晰、变动有序、手续完备、账面整洁。

4. 严守登记与统计的保密性

登记与统计资料大都具有军事机密的特性。装备实力统计为"绝密"级，装备实力统计经上级装备部门核准后，送本级保密室存档。因此，统计资料的存放和传递必须严格按照保密规定办理，严防失密、泄密现象发生。

6.4 装备安全管理

装备安全管理是指采取必要的措施和手段，消除一切使雷达装备及其相配套的物资器材、设施设备、人员安全受到威胁的隐患，降低、杜绝各类安全事故的发生，确保部队训练、战备各项工作的顺利进行。雷达装备安全管理工作应当以预防为主，严格岗位责任制，坚持经常性的安全防护教育，落实规章制度，确保人员、装备安全。

6.4.1 重要意义

雷达装备安全管理是部队装备管理工作的一项重要内容，直接关系到部队战备、训练任务的完成和人员、装备的安全，特别是新型雷达装备技术含量高，电气设备结构复杂，造价昂贵，安全管理工作更加突出。

6.4.1.1 雷达装备安全管理是落实安全发展理念的必然要求

安全发展理念是"以人为本"思想的基本体现，是人类智慧和借鉴国内外发展经验的结晶，是现代社会的必然要求。雷达装备安全管理工作，要在提高认识、统一思想的基础上，增强做好安全工作的责任感和使命感。各级各部门一定要充分认识装备安全工作的重要性、艰巨性和长期性，自觉从思想上、行动上真正牢固树立"安全第一"的思想。

牢固树立安全发展理念，反映了雷达装备建设发展的特别需求。雷达装备新技术、新体制不断涌现，冲击着人们原有的管理理念，使得装备安全管理工作出现新情况、新变化，必须采取相应行之有效的方法手段。唯物辩证法认为，在事物发展的波浪式进程中，一般都要经历一些特殊的阶段，在这些阶段中，挑战与机遇并存、危机与转机同在、新旧观念碰撞、新旧体制交织、新旧装备共存，是一个矛盾凸现期和隐患爆发期。当前,雷达装备建设正面临前所未有的快速发展的新形势,官兵思想观念不断变化,编制体制不断调整,这就要求我们必须更加重视安全发展,坚守安全底线,对安全防范工作进行科学运筹,坚持理论与实践相结合,使雷达装备的安全管理工作不断从被动走向主动,从盲目走向科学。

6.4.1.2 雷达装备安全管理是完成作训任务的基本保证

只有装备安全管理工作据实有效,降低、杜绝装备安全事故的发生,才能保证人员的安全、装备的战备完好率,这是确保部队完成作训任务的基本保证。为此,第一,应进一步加强装备安全意识,强化安全经常性工作的重要地位;第二,加强雷达装备安全文化建设,设立专职的安全工作岗位,提供雷达装备安全工作开展的组织保证;第三,提高装备安全管理的理论水平,采用科学的管理方法,充分利用现代信息化手段;第四,加强雷达装备安全管理人才队伍建设,建立装备安全教育体系。

6.4.1.3 加强雷达装备安全管理是保证人员装备安全、装备良性发展的必要环节

安全管理就是预防事故,尽最大努力避免事故发生。事故一旦发生,如何采取措施,避免产生次生灾害,防止类似事故再次发生。通常事故发生的原因是多方面的,有的事故与装备的安全性设计有关;有的与制造工艺有关;有的与气候、环境有关;有的与使用操作有关。

在装备的设计研制阶段,加强装备安全管理,要从改进、提高装备的安全性设计入手,切实采取各种消除隐患的措施,把由于设计、制造可能带来的不安全因素减少到最低限度。目前普遍采用的余度设计、防差错设计等都是提高安全性的措施。

在装备使用保障过程中,加强装备使用、保障人员的安全教育,严格按操作规程、维修规程对装备进行正当操作、科学维修,杜绝安全事故发生。事故发生后,要及时查找原因、提出对策。对于因装备设计原因造成的安全事故,要及时将相关信息反馈给装备研制厂家,厂家提出更改设计方案,采取措施,从源头消灭事故隐患,进而完成装备升级发展。

6.4.2 一般规律

虽然装备安全管理是一项极其艰巨而复杂的工作,但其也是一门科学,是有规律可循的。只要我们对预防雷达装备安全管理工作有科学、积极的态度,按照客观规律办事,装备安全事故是可以减少和杜绝的。

6.4.2.1 遵循装备工作内在规律是做好雷达装备安全管理的基础

对装备工作规律缺乏深入认识是装备安全管理之祸、事故之源。不断更新的高科技密集的雷达装备，其操作使用、维修保障等各项工作，都有其内在的固有规律。如果没有一定的科学专业知识和职业素养，就不能深刻认识各项装备工作的内在客观规律，做好安全管理更是无从谈起。提高部队的科学文化素质是做好装备安全管理的有效手段。

6.4.2.2 恪守安全工作制度是做好雷达装备安全管理的保证

所谓制度，就是要求人们共同遵守的办事章程或行为准则。在几十年的装备工作中，建立了一整套科学的装备安全工作规章制度。这既是完成各项任务的基础，又是做好装备安全管理工作的有力保证。这些规章制度，是广大官兵与不安全因素做斗争、预防装备管理事故的经验总结，有的是血的教训换来的，它反映了装备工作的客观规律，是做好装备管理工作的规范。因此，装备安全管理工作必须以健全的、切实可行的规章制度为保障。规章制度是否健全与落实，对做好装备安全管理工作至关重要。制定符合实际的、切实可行的规章制度，增强官兵装备管理的法纪观念、条令观念、制度观念，使广大官兵养成一切按制度办事的习惯，是减少和杜绝装备管理事故，实施装备安全管理的可靠保障。

6.4.2.3 思想重视是做好雷达装备安全管理的根本

各级管理人员是实施装备管理的主体，是保证装备管理无事故的决定因素。人的行为是受思想支配的。发生装备管理事故的原因是多方面的。这些原因，表面上看来，有的是领导上的官僚主义、形式主义；有的是肇事人纪律性差、违章蛮干。而在这些表现的后面，都隐藏着思想上重视不够，麻痹大意，不负责任。因此，搞好装备安全管理的关键是抓好人的思想教育工作。要利用各种形式扎扎实实地宣传装备安全管理的重要性和装备管理事故的危害性，造成一个人人防事故，处处讲安全，群策群力抓装备安全管理的局面。使预防装备管理事故，保证装备安全成为广大官兵的自觉行动。

6.4.2.4 领导重视是做好雷达装备安全管理的关键

各级领导是装备管理的组织者和指挥者，对预防装备管理事故具有关键性的作用。实践证明，什么时候领导和机关重视装备管理的安全防事故工作，抓装备安全管理工作的思路清晰，什么时候工作就有预见性、主动性、针对性强，各种防范措施就能得到落实，装备就能得到有效管理，就能做到安全无事故。在装备管理中，只要干部的责任心强，骨干作用发挥得好，群众性预防工作扎实，就能做到及时发现，处置有力，把装备管理事故消除在萌芽状态。

6.4.3 主要内容

部队装备安全管理的目的是保证人员、装备安全,降低、杜绝各类装备安全事故的发生。雷达装备安全管理的主要内容如下。

6.4.3.1 技术安全管理

技术安全管理是指从技术角度,在装备使用、保障过程中,加强安全工作的组织管理,消除事故隐患,最大限度地避免因操作不当、不按技术规程办事、蛮干、乱干,或者因技术安全规程执行不到位,以及技术环境条件恶劣等引发的各类安全事故。

技术安全管理是雷达装备安全管理的重要内容,也是最主要的环节。在装备管理实践中,因技术原因造成的事故所占的比重,远远大于其他因素引发的事故。因此,各级、各类装备管理人员必须按雷达工作内在规律实施管理活动,按操作使用规程、维护修理规程执行,加强装备的技术安全管理,从根本上保证装备的安全。

6.4.3.2 制度安全管理

制度安全管理是指通过建立健全装备安全管理制度,对装备工作实施有效指导、督促与监控,保证各项管理制度落到实处,确保装备、人员安全。雷达安全制度主要包括如下内容。

第一,值班守机制度。雷达、油机发电机组开机期间,值班操纵员、值班油机员应对雷达、油机进行守机观察。担负值班守机任务的人员不得擅离职守,若有特殊情况需要离开时,必须请示值班首长批准,待有人接替并交接清楚后方可离开。

第二,检查制度。各级单位应定期对所属单位的安全防护工作情况进行检查,对检查中发现的问题要立即解决,对解决不了的问题要逐级上报,寻求解决办法。每次机关工作组深入基层时,都要把安全防护工作作为一项内容,随时进行检查,当季节变化,特别是遇有灾害性气候条件的前后,各单位要有针对性地组织进行安全防护检查,特殊情况时,部队机关要派出工作组指导帮助有关单位做好安全防护工作。检查内容包括安全防护设备、设施及器材的完好情况;安全防护工作的计划、措施、规章制度的落实情况;安全防护教育、训练的实施情况;上级有关安全防护工作指示、通报的贯彻落实情况;安全防护方案、预案的熟练程度。雷达、油机操作人员要严格执行雷达兵器"三检查"(开机前、工作中和关机后对雷达装备进行检查)制度。

第三,会议制度。各级单位应定期召开会议,分析本单位安全防护工作形势,研究解决存在的问题；制订安全防护工作计划、措施、方案、预案、确定紧急情况下的信号、分工、任务和处置程序；研究处理事故和事故征候；总结安全防护工作的经验教训。针对特殊情况、灾害性气象条件、重大雷达兵器技术活动和季节变化的特点等，专门召开安全工作会，有针对性地研究制定措施，必要时可请求上级派人进行指导。

第四，训练制度。部队各级单位应按军事训练大纲的要求，结合季节特点，把安全防护训练工作列入军事训练、考核计划。定期组织装备安全防护教育，并将教育、训练情况进行登记、上报。训练要以集中授课和组织演练的方式，使各类人员明确安全防护工作的任务、职责、规章制度，掌握安全防护知识和基本工作方法，熟悉应急行动的信号、方案、预案及程序和措施。训练时要保证人员、时间、内容的落实。

第五，奖惩制度。每年结合半年和年终工作总结，对在安全防护工作上尽职尽责、成绩突出、保障兵器安全认真负责、贡献较大的同志给予适当奖励。对及时发现和消除事故隐患，避免发生装备事故的同志，要视情况专门给予奖励。对那些在安全防护工作上不认真负责，因失职或人为造成装备事故或事故隐患，损坏雷达装备的当事者、责任者、领导者，按纪律条令给予惩戒。

装备技术安全管理与制度安全管理相辅相成、相互补充。技术安全管理是基础，制度安全管理是手段，二者相互依赖、相互促进，构成了装备安全管理系统。只有把二者有机地结合起来，综合实施，全面管理，才能保证装备安全管理的有效性，达到装备安全管理的目的。

6.4.4 基本任务

雷达装备安全管理的基本任务主要如下。

（1）坚持预防为主，树立全员安全意识，加强装备安全管理工作的组织与宣传教育，自觉把安全管理落实到装备管理的每项具体活动中。

（2）建立健全装备安全管理制度，使装备安全管理工作有法可依，并通过采取有力措施，不断加大组织领导力度，确保各项装备安全制度落到实处。

（3）建立装备安全组织体系，加强安全管理队伍建设，定期进行培训、教育和演练，制定切实可行的安全措施。

（4）加强技术检查与监督，积极做好技术安全管理工作，开展群众性的安全预防活动，进行定人、定点、定时群众性安全检查。

6.4.5 具体做法

6.4.5.1 岗位责任制

成立装备安全管理领导小组，负责所属雷达装备安全管理工作的组织领导；装备保障部门负责雷达装备安全管理工作的计划、实施与检查；雷达站成立装备安全防护小组，排（班）设立安全员，具体负责全站安全防护工作的实施。

雷达装备安全管理领导小组的主要工作如下。

（1）分析装备安全形势，布置、讲评，总结安全防护工作。

（2）掌握安全防护工作情况，适时提出改进安全防护工作的合理化建议。

（3）督促、检查有关业务部门制订和实施安全防护计划、措施、方案和预案。

（4）协调各业务部门解决安全防护工作中存在的问题。

（5）组织对雷达装备事故的调查和处理。

装备保障部门的主要工作如下。

（1）制订并组织实施安全防护计划、措施、方案和预案。

（2）深入基层调查研究，检查讲评安全防护工作的落实情况，传授安全防护知识，组织进行安全防护演练，总结推广安全防护工作经验。

（3）掌握雷达装备安全防护设备、设施、器材的数量、质量及使用情况，并负责管理、补充、维修、配备和技术鉴定工作。

（4）解决安全防护工作中的技术难点，适时提出改进工作的合理化建议。

（5）负责雷达站安全员的培训工作。

（6）参加雷达装备事故的调查和处理。

雷达站装备安全防护小组的主要工作如下。

（1）经常检查本单位安全防护情况，发现问题立即解决，对不能解决的问题要及时报告。

（2）督促、检查本单位有关人员落实安全防护规章制度和措施，对违反者进行批评教育，并视情况处理。

（3）熟悉安全防护工作的方案、预案、措施和规章制度，掌握安全防护知识、工作方法和本单位安全防护设备、设施、器材的数量、质量、配备标准、使用方法。

（4）及时收听、收看天气预报，经常与气象部门保持联系，合理安排安全防护工作。

（5）有计划地组织全站人员进行安全防护教育和训练，针对季节特点和特殊情况，进行安全防护演练。

（6）经常分析本单位安全防护工作形势，填写装备安全检查及反馈表，适时提出改进安全防护工作的合理化建议。

6.4.5.2 安全防护

雷达装备的安全防护工作主要包括防火、防雷、防潮、防高温、防冰冻、防风沙、防震动、防触电八个方面。

必须根据不同地区、季节、气候和雷达工作等特点，适时采取相应的防护措施，预防事故发生，保证雷达装备正常工作，延长其使用期限。雷达站应按规定配齐安全防护设施，制定安全防护预案，并经常组织演练，做到人人熟知安全防护措施和程序，人人熟练操作使用安全防护设备。

（1）防火。严禁用汽（柴）油擦拭或清洗雷达工作车（方舱）、电站、天线车；严禁用金属器械敲击盛装汽油或其他易燃、易爆物品的容器；严禁在雷达工作车（方舱）、电站房内和油库附近吸烟、明火照明，或者用汽（柴）油、酒精等易燃物品作为照明材料及引燃物；严禁在汽油机工作过程中加油；严禁在雷达工作车（方舱）、电站房内及其周围堆放易燃、易爆物品，及时清除雷达阵地周边易燃物，雷达工作车（方舱）、电站、天线车及连接电缆周边应该建立防火隔离带；雷达装备专用车辆在非机动状态下应该排放干净油箱内燃油；定期检查雷达装备电源电缆，防止因老化、破损导致绝缘性能降低引起火灾；经常检查雷达装备大电流接点和高电压绝缘体，防止接点发热和绝缘体漏电引起火灾；严禁在雷达工作车（方舱）内私拉乱接用电线路、加改装用电设备、使用大功率电器，防止线路过载引起火灾；雷达装备关机后，人员离开前必须断开所有电源。

（2）防雷。严格按要求安装防雷设备，并经常检查和维护；严格检查雷达装备的接地装置是否完好，并定期检测接地电阻是否符合要求；外接线路须经防雷处理后方可引入雷达、电站；有雷击危险时，对正在开机的雷达装备要迅速请示关机，若情况紧急，则可边实施边报告，或者先实施后报告；雷雨时，严禁人员在避雷塔（针）、天线和接地装置附近停留；防雷时，应结合具体阵地和雷达情况，及时断开雷达装备总电源，断开天线与各工作方舱及工作方舱之间的连接电缆和馈线，隔离电话线和情报线；安装有雷电预警系统的，应按预警等级进行防雷操作。

（3）防潮。雷达装备工作房、器材库（室）应配备空调、除湿机、排风扇等必要的驱潮设备，并经常检查，使之随时处于良好状态；室外的电机、电缆和波导接头等外露部件应加防雨套或进行密封处理，在潮湿环境中维修波导应采取防潮措施；应保持空气干燥机的良好工作状态，防止潮气进入波导、喇叭口和行馈；经常对方舱、天线及外露金属件进行检查，出现锈蚀应及时进行除锈、刷漆、涂油等防腐蚀处理；维修后的结构件、电缆接头和电路板等应做好"三防"（防潮、防盐雾、防霉）处理；储存器材、仪器、仪表的箱（盒）内应装入干燥剂，并定期更换。

（4）防高温。露天放置的工作车和电缆等，应采取防晒措施；适时使用通风、散热设备，使工作车内温度适当；经常检查雷达装备的冷却系统、润滑系统和容易发热的部位，若发现异常，则及时处理；适时换用夏季润滑油；雷达工作房、天线罩应加装通风、散热设备，确保环境温度符合工作要求。

（5）防冰冻。及时采取加温措施，使雷达装备工作房内的温度不低于5℃；严寒地区，按维护规程或使用说明书要求及时更换冬季燃油、润滑油（脂）、液压油和冷却液；停用雷达应放净冷却液，停用电站和车辆应及时放净水箱和缸套内的存水，并启动怠速运转5min左右；及时清除天线及车体上的积雪和冰凌，避免因负荷过重而损坏；严寒季节，视情况增加雷达、电站和车辆的试机次数和加温时间。

（6）防风沙。对露天部件护具进行经常性检查，确保严密覆盖；加强对导轨、链条、齿轮、液压装置检查维护，及时清洁或更换空调、风机滤网和电站空气滤清器；不准在风沙环境下拆洗零部件和更换润滑油（脂），防止沙尘侵入机件；定期检查天线罩、防风拉绳、地桩等防风设备的完好情况；大风时，应适时采取固定、降低或放倒天线等措施，防止雷达装备遭受损坏；强台风时，应放倒天线罩内雷达天线，防止天线罩构件脱落或塌陷损坏雷达天线。通常情况下固定、降低或放倒天线，必须经上级指挥所批准；情况紧急时，可以边行动，边报告。

（7）防震动。经常检查减震弹簧、减震垫是否完好，重要紧固件是否固定可靠；雷达展开后工作车应支撑稳固，保持水平；定期检查、更换驱动电机铰链减震圈和连杆，校正传动机构的同心度；及时检查、更换电站减震装置；行军前，应将贵重器材、大型电子管按防震要求固定可靠；行军时，对于路面较差的公路，要适当降低行车速度，适时检查紧固件是否可靠。

（8）防触电。雷达天线、工作车、电站等设备必须可靠接地，并定期检查；雷达架设必须先接地后送电；经常检查电源开关、插头、插座、保险丝保护罩、电缆等有无破损、裸露，损坏后要及时修理更换；开关跳闸后须先查明原因，确认正常后方可合闸，不得强行送电；雷达、电站等电气设备在开机工作时，不得随意打开保护面板及保护罩等，严禁用手直接触摸机内带电元器件；检查高压元器件必须断开电源，采取合理措施完全放电后，方能进行检查；维修雷达时，至少有两人在场，严禁维修人员赤背、赤脚操作；维修完毕后，通电检查前，应通知周围其他人员；检修供电线路时，应切断电源，并派专人看守配电柜（箱）或挂上"严禁合闸"警告标志。

6.5 爱装管装教育

爱装管装教育是促进装备管理、实现人与装备有效结合、提高部队作战能力的重要思想保证,是提高部队广大官兵自觉爱装、科学管装、正确用装的有效途径。

6.5.1 基本内容

爱装管装教育应坚持理论联系实际的原则,按照正规、经常、有效的要求,有的放矢地进行理论灌输和思想引导,使广大官兵不断增强爱装管装意识,树立"装备是军人第二生命"的观念,不断促进装备管理工作的落实。爱装管装教育在内容安排上,应做到全面系统,主要应围绕八个方面进行,如图 6-4 所示。

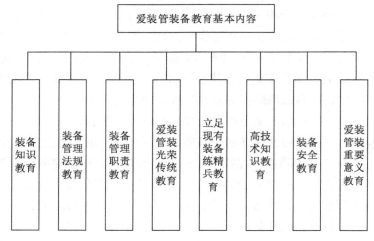

图 6-4 爱装管装教育基本内容

6.5.1.1 装备知识教育

学习雷达装备知识,认识雷达装备功能、技术体制,熟悉装备的构造、战技性能,掌握其管理和使用方法,做到科学管装、正确用装。

6.5.1.2 装备管理法规教育

学习、宣传装备管理的有关条令条例和各项规章制度,以及各单位制定的有关装备管理的规定。使广大官兵明确法规就是尺度、制度就是保证,树立法规意识,增强制度观念,自觉做到依法管装用装。

6.5.1.3 装备管理职责教育

一是要明确各级机关、各类人员在装备管理中的职责和分工,掌握雷达装备管理的标准,切实做到"四熟悉""四会";二是要广泛进行爱装管装责任和义务教育,使广大官兵真正做到像爱护自己的眼睛一样爱护装备,把装备视为军人的第二生命,从而激励其爱装管装的责任感,增强自觉做好装备管理工作的积极性和创造性,积极主动、认真负责地做好装备管理工作。

6.5.1.4 爱装管装光荣传统教育

学习我军以劣胜优、发展壮大的历史,认识我军从诞生之日起就把装备视为第二生命,在装备管理上走过了一条艰苦奋斗之路,并随着军事斗争和装备建设的需要,不断改革创新和发展完善的光荣传统,激发广大官兵管理好装备的光荣感,努力提高新时代装备管理的水平。

6.5.1.5 立足现有装备练精兵教育

通过了解我国国情、军情及装备现状,明确立足现有装备做好应对未来信息化战争准备是由我国国情决定的。认识我军现有装备的重要作用,牢固树立立足现有装备练精兵、打胜仗的信心。使广大官兵充分发挥主观能动性,努力管好用好现有装备,争做爱装管装用装的模范。

6.5.1.6 高技术知识教育

使广大官兵了解当前世界各国的先进雷达技术知识和尖端雷达装备,以及未来雷达装备的发展趋势,增强学习高技术知识的兴趣和打赢未来高技术战争的信心。

6.5.1.7 装备安全教育

安全教育是爱装管装教育必不可少的内容。熟悉各项安全制度和安全操作规程,对于确保雷达装备的安全使用,提高雷达装备使用寿命,增强部队作战能力有着十分重要的意义。

6.5.1.8 爱装管装重要意义教育

学习马克思主义关于人与装备的辩证关系的观点,学习以我党、我军历代领导人关于装备的重要论述,学习关于装备管理重要性的论述,明确管好装备是实现人与装备的结合、生成战斗力的客观要求,是履行我军职能的重要保证,是贯彻军委新时代军事战略方针、加强部队全面建设的迫切需要,是每个军人的基本职责,必须增强爱装意识,努力提高管装用装能力。

6.5.2 形式方法

爱装管装教育是一项经常性和基础性的工作，形式灵活、方法多样。从教育的场所上讲，主要有课堂教育、现场教育（雷达阵地、演习现场、模拟训练中心等）、参观教育（装备管理先进单位、装备厂家等）、开展活动教育（举办爱装月、竞赛、接装、授装等）、利用媒体教育（如黑板报、小广播、网站、公众号等）。从教育的方式上讲，既可进行普遍教育，又可进行专题教育；既可进行日常教育，又可进行随机教育；既可采取"走出去"受教育，又可采取"请进来"受教育；既可进行正面典型教育，又可进行反面案例教育。部队进行爱装管装教育，尤其要突出经常性的普遍教育与专题教育、随机教育、配合教育相结合，使爱装管装教育真正做到生动活泼、不拘一格、成效显著。

6.5.2.1 专题教育

对教育的内容，应编写出教育提纲，集中组织专题辅导，并进行系统灌输。教育前要搞好思想调查，召开教育准备会，编写详细的教案；教育中要搞好课堂辅导，组织好讨论消化，开展好配合活动；教育后要及时进行检查考核和总结讲评。

6.5.2.2 随机教育

针对形势变化、任务转换、训练展开、季节更替、装备下发、新兵补入、老兵退伍等环节和执行各项任务过程中官兵的思想反映，及时进行宣传鼓动，灌输装备管理使用知识，提醒注意事项。还可采取小动员、小讲评、一事一议等灵活多样的形式，因势利导地进行教育。

6.5.2.3 配合教育

通过板报、广播、读书演讲、知识竞赛、标语口号等多种形式广泛宣传装备管理的意义、知识、成果、典型等，形成爱装管装的良好氛围，强化教育效果。

6.5.3 教育时机

部队爱装管装教育，应当列入年度思想政治教育计划。爱装管装教育的时机一般有以下三种情况。

6.5.3.1 按计划组织

部队应将爱装管装教育列入年度教育计划，并按计划组织实施。《中国人民解放军装备管理条例》规定，部队应当结合训练、执勤等进行经常性的爱装教育。在新兵入伍、部队执行重大任务、年度装备普查时，必须进行爱装管装教育。

6.5.3.2 新兵到来、新装备补充时

新兵到来、新装备补充时，部（分）队一般应当组织专题爱装管装教育。《中国人民解放军装备管理条例》规定，新兵到来、新装备补充时应当举行授装、接装仪式。

6.5.3.3 随时开展爱装管装教育

部（分）队应当根据任务转换、人员和装备管理工作的具体情况，随时对部队开展爱装管装教育。

6.5.4 组织实施

爱装管装教育应根据装备管理的实际情况，有针对性地制订教育计划。在教育内容与时间的安排上要结合季节变化、装备特点及广大官兵的思想状况，以保证教育效果。

6.5.4.1 按级负责、密切配合

爱装管装教育是各级领导和机关的共同责任，应由装备部门协助政治部门组织实施。装备部门可以根据部队装备管理工作的实际，提出爱装管装教育意见，由政治部门具体组织实施，对教育进行重点指导和抽考检查。各级领导应负责做好教育安排，组织备课试讲，召开教育准备会，抓好部队的集中教育，指导基层抓好教育的落实，检查考核教育情况，安排缺课人员补课。分队应负责按照上级的安排组织好本单位教育的落实，并搞好思想调查，编写授课教案，组织好辅导和讨论消化等。

6.5.4.2 区分层次、分类指导

爱装管装教育是一项全员性的工作，在教育中应有针对性，要做到有的放矢。既要考虑教育的辐射面、广度和深度，又要有所侧重、突出层次。不搞上下一般粗、不分对象、千篇一律地实施一个内容。要根据直接管理和使用人员、基层军官和部队首长机关人员的不同情况，采取有分有合的办法，在普遍教育的基础上进行分类指导。

1. 雷达操作使用、技术保障装备人员的教育

应围绕规定的内容，有计划、有步骤地进行专题教育和随机教育，并突出本职业务、技术指标、使用维护和维修技能的学习教育，使他们明确本专业的职责，牢固树立"干一行、爱一行、专一行"的观念，不断提高装备管理水平，达到业务娴

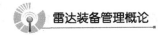

熟，专业技能精湛、熟练掌握配发或分管装备的技术性能，会操作使用装备，也会检查、维修、排除一般故障。

2. 雷达站、直属分队管理军官的教育

一是参加各级统一组织的专题教育及有关配合活动，并指导和帮助战士学习、讨论；二是利用规定的干部学习日及装备管理集训等机会学习装备建设的有关重要文件和条例法规，力争比战士学得深一点、好一点；三是突出管理职责、管理制度、奖惩规定、操作规程等内容的教育，强化爱装管装的责任心，牢记职责和规定，掌握管理标准，自觉执行装备管理的各项规章制度，确保装备管理达到规定的标准。

3. 雷达部队首长、机关人员的教育

应着重强化装备数量、质量情况、基本性能、日常管理制度、作战运用的教育学习。对装备管理专业技术人员，还要根据专业特点和需要，利用专业训练及其他机会进行有针对性的重点教育，使他们认清自己的重要责任，在装备管理中发挥骨干作用。

第 7 章

雷达装备维修管理

装备维修是保持和恢复其性能的重要手段,历来受到高度重视。随着高新技术在雷达装备中的大量应用,对其维修提出了更高的要求,丰富了装备维修理论,促进了维修技术的发展。

雷达装备维修管理是指为保持、恢复和改善雷达装备的规定性能所进行的计划、组织、协调、控制和监督等管理活动的总称。装备维修管理是装备管理的重要组成部分,是装备全寿命周期管理的核心内容之一。雷达装备维修管理工作,必须认真贯彻以可靠性为中心的维修思想和全系统、全寿命维修管理的思想,科学确定维修管理任务,综合运用各种维修管理手段,注重提高维修资源管理效能。

7.1 概述

掌握雷达装备维修的定义,界定维修任务,区分维修类别、等级,明确维修的作业体制,弄清装备维修的方式、方法,了解装备维修的发展趋势,是研究和组织管理雷达装备维修的必要基础。

7.1.1 维修的任务与分类

7.1.1.1 维修的任务

雷达装备维修是为使雷达装备保持或恢复到规定状态所进行的全部活动。其目的是保持装备处在规定状态,即查出隐患、预防故障,当其状态受到破坏(发生故障或遭到损坏)后,使其恢复到规定状态。现代维修还扩展到对装备进行改进,以局部改善装备的性能,即改进式维修。

雷达装备维修的基本任务:运用现代科学技术和有效的维修方式、手段,以最低的资源消耗,保持和恢复装备的战技性能,保障部队完成作战、训练任务。

7.1.1.2 维修的分类

从不同的角度出发，维修有不同的分类方法。最常用的是按照维修的目的与时机分类，可以划分为如下四类。

1. 预防性维修

预防性维修是为预防装备故障或故障的严重后果，使其保持在规定状态所进行的全部活动。这些活动包括擦拭、润滑、调整、检查、定期拆修和定期更换等，其目的是发现并消除潜在故障，或者避免故障的严重后果，防患于未然。预防性维修适用于故障后果危及安全和任务完成或导致较大经济损失的情况。根据人们长期积累的经验和技术的发展，预防性维修通常可分为定期维修、视情维修、预先维修、故障检查等方式。

雷达装备维护作为一种预防性维修，是为保持装备规定的战技性能、减少故障、预防事故、延长其使用寿命所进行的技术活动。主要包括清洁、除锈、润滑、紧固、软硬件检测调整，以及故障排除和零部件、润滑油更换等工作。

雷达装备维护分为定期维护和视情维护两种，按照型号装备维护规则（细则）实施。维护规则应分型号编制，明确维护项目、时机、方法、标准、所需资源和注意事项。

定期维护是对装备实施固定周期性的预防维护，对于地面情报雷达装备，定期维护分为日维护、周维护、月维护和年维护四种。

视情维护是根据雷达装备的战技状态和使用需要进行的非固定周期性预防维护，分为基于状态维护和特定时机维护。基于状态维护是指利用监控和测量手段，采集分析雷达装备功能与性能参数，根据参数变化的影响程度，对有关部件进行的维护；特定时机维护是指在保障重要战备任务前，或者遭受暴风、暴雨、沙尘、大雪、冰雹、雷电等自然灾害之后，对雷达装备进行的维护，重点维护影响雷达装备性能和安全的部位。

2. 修复性维修

修复性维修也称为修理。它是装备发生故障或遭到损坏后，为使雷达装备恢复规定性能所进行的技术活动。其主要任务是更换、修复有故障或损伤器件，恢复雷达装备战技性能，保证作战战备和训练使用。其包括下述一个、几个或全部活动：故障定位、故障隔离、分解、更换、再装、调校及检验等。

装备的修理组织实施要加强领导、严密组织；科学安排、迅速及时；注重效益、保证质量；按章操作、确保安全。根据战备需要和具体条件，采取军队修理与地方修理相结合、现场修理和后送修理相结合、换件修理和原件修理相结合等方式，充分运用远程状态监控、远程故障诊断、专家在线支援等手段科学组织实施。

3．改进性维修

改进性维修是指利用完成装备维修任务的时机，对装备进行经过批准的改进和改装，以提高装备的战术性能、可靠性或维修性，或者使之适合某一特殊用途。它是维修工作的扩展，实质是修改装备的设计。结合维修进行改进，一般属于基地级维修的职责范围。改进性维修必须按照有关规定和上级下达的改进项目计划实施。未经上级有关业务部门批准，任何单位或个人不得擅自改变装备的基本结构和主要战技性能。

4．应急性维修

应急性维修是指在作战或紧急情况下，采用应急手段和方法，使损坏的装备迅速恢复必要功能所进行的突击性修理。最主要的是战场抢修，是指在战场上运用应急诊断与修复技术，迅速地对战损装备进行评估并根据需要快速修复损伤部位，使之恢复到当前任务所需的工作状态或自救的一系列活动，核心内容是战场损伤评估和战场损伤修复。它虽然也是修复性的，但环境条件、时机、要求和所采取的技术措施与一般修复性维修不同，必须给予充分的注意和研究（详见 7.5 节）。

7.1.2 装备维修思想

装备维修思想是人们对装备维修活动的根本性理解与认识，是对装备维修实践客观规律的集中反映。维修思想不是一成不变的，它的建立与科技水平、装备的先进性与复杂程度、维修人员的素质、维修手段的完善程度等有关，并随着科学技术的发展和人们对维修实践的不断认识而逐步深化。维修思想经历了由事后维修思想、以预防为主的维修思想向以可靠性为中心的维修思想，全系统、全寿命的维修思想发展和演变的过程。

7.1.2.1 传统装备维修思想

传统装备维修思想的主要代表是事后维修思想和以预防为主的维修思想。

1．事后维修思想

事后维修思想的含义：在装备发生故障后进行维修，通过维修来排除故障，从而恢复装备的技术状态。事后维修是非计划的、被动做出反应的维修。它虽然具有一定的局限性，但在 20 世纪 40 年代以前，因生产力低下、技术水平落后，人们对装备的损坏和故障规律缺乏系统认识的情况下，是一种比较经济实用的维修方式。事后维修基本适应当时装备构造比较简单、维修技术手段比较落后的客观实际，是当时的维修实践在人们头脑中的客观反映。

事后维修思想虽然不再是占主导地位的维修思想，但它在装备维修活动中仍然具有一定的适用性。将这种维修思想赋予新的内涵后，如主张充分利用零部件或系统的寿命，对一些非致命性故障采用事后排除的维修方法等，现在看来，仍具有一定的生命力。

2. 以预防为主的维修思想

以预防为主的维修思想的含义：在装备发生故障前进行维修，通过维修来预防故障，从而保证装备的技术状态完好。以预防为主的维修思想是在人们对故障机理有了深入认识的基础上产生的。经过第二次世界大战和20世纪40、50年代大规模产业设备的发展与使用，人们从设备的使用与维修中，逐渐认识了设备与机件的磨损与故障的一般规律。为了控制企业生产有序地正常进行，以预防为主的维修思想随之产生。以预防为主的维修思想认为，设备与机件在使用过程中由于磨损、疲劳及应力作用，设备的技术状况不断发生变化，而各机件都有一定的使用寿命极限，因此最终导致故障是必然的。为了防止故障发生，维修工作应该在设备出现故障之前进行预防维修工作。通过事前制订计划，采取定期分解检查的方法来防止故障的发生。这是一种防止故障或消灭事故的主动维修思想，以此维修思想为指导制定的定期预防维修制度，改变了事后维修的被动性，在保证部队完成作战、训练和其他任务的过程中发挥了积极作用。

以预防为主的维修思想以设备或机件在使用中出现的故障规律为基础（通常用浴盆曲线来描述）。为此，定时计划维修就成了贯彻以预防为主的维修思想的主要方式。但这种方式存在一定的局限性，表现在维修针对性差，不能预防随机故障。定时、定程频繁地对装备进行离位分解检查，造成了维修工作"一刀切"的盲目现象，使得维修工作量大、耗时长、费用高，有时甚至引入人为故障，导致装备可靠性降低。

7.1.2.2 现代装备维修思想

现代装备维修思想是在20世纪60年代以后逐渐产生的。其主要代表有以可靠性为中心的维修思想和全系统、全寿命的维修思想。

1. 以可靠性为中心的维修思想

以可靠性为中心的维修思想是随着人们对装备故障规律认识的深化，于20世纪60年代以后逐渐产生的。从20世纪50年代开始，随着装备日趋复杂、昂贵，用于维修的人力、财力大幅度上升。然而统计分析表明，在减少故障次数方面，定时-计划预防维修并没有得到相应的效果，有些故障甚至根本不能预防。人们逐渐认识到，对于复杂装备的各个零部件，应视情况采用不同的维修工作类型和维修活动。

以可靠性为中心的维修思想的本质，是对装备重要功能产品可靠性特性进行分析，即以故障模式和故障影响分析为基础，以维修的适应性、有效性和经济性为决断准则，确定是否进行预防性维修工作，并确定工作的内容、维修级别、时机等的逻辑决断方法。

以可靠性为中心的维修思想有以下要点：一是装备的可靠性与安全性是由设计制造赋予的固有特性，有效的维修只能保持而不能提高它们。假如装备的可靠性与安全性水平满足不了使用要求，只有修改装备的设计，提高制造水平或通过改进性维修才能提高它们。因此，维修越多，并不一定越安全、越可靠。二是装备故障有不同的影响或后果，应采取不同的对策。故障后果的严重性是确定要不要做预防性维修工作的出发点。对装备来说，故障是不可避免的，但后果不尽相同。所以，重要的是预防故障的严重后果。一般只有其故障会有安全性、任务性和经济性等严重后果的重要零部件，才需要考虑是否做预防性维修工作。三是装备零部件的故障规律不同，应采取不同方式控制维修工作时机。对于有耗损性故障规律的零部件，适宜定时拆修或更换，以预防功能故障或引起多重故障；对于无耗损性故障规律的零部件，定时拆修或更换常常是徒劳无益的，通过检查、监控，视情况进行维修。四是对装备的零部件采用不同的预防性维修工作类型，其消耗资源、费用和技术难度是不相同的，可进行排序。根据不同零部件的需要选择适用而有效的工作类型，从而在保证可靠性的前提下，节省资源与费用。

2. 全系统、全寿命的维修思想

全系统、全寿命的维修思想的含义是，把装备维修作为一个整体和装备系统的一个子系统，从装备发展和使用的纵（全寿命）横（全系统）两个方面来综合考虑。

全系统维修思想的要点是将装备维修视为由维修对象、维修手段、维修体制、维修制度和标准等要素组成的系统，科学地分析系统内部各要素之间的关系和系统与外部其他系统之间的相互联系；全面地考虑装备的维修性与战技性能、可靠性、测试性、安全性、保障性之间的联系，从而保证装备"先天"就具有良好的维修设计特性；在装备研制的同时规划和筹措维修保障的有关要素（如维修人员、设施、设备、器材和技术资料与相关软件等），力求在装备列装的同时建立相应的保障系统；在横向研究整个装备体系的构成及其维修保障需求的基础上，结合平战时装备维修的需要，统一规划和建立装备维修体制，制定维修制度和标准等。

全寿命维修思想的要点是着眼于装备的全寿命过程，以降低装备的全寿命费用，提高其可靠性、可使用性为目的，在装备由论证到退役的各阶段分别进行相关的维修活动。在装备论证阶段，要提出装备的可靠性和维修性指标要求，并为装备选择相应的维修保障方案；在装备研制阶段，要制定一套能够用于生产维修保障分系统各要素的技术数据和维修保障规划，通过研制确定经过优选的各项维修资源；在装备生产阶段，要同步制造出维修所需要的各种保障资源；在装备使用阶段，要在装备列装部队的同时，建立健全相应的维修保障系统，适时进行装备维修，最大限度地保持和恢复装备的固有可靠性和使用可靠性，也要收集并分析装备可靠性、维修性及维修保障的数据资料，向有关部门提供维修性改进设计的建议，必要时还应对维修保障系统进行调整；在装备退役阶段，则应适时调整、撤并相关维修保障的子系统。

全系统、全寿命的维修思想是人们对装备维修活动的认识不断深化的结果。它把现代科学理论与人们对维修活动已有的认识融为一体，充分考虑装备的可靠性、维修性、保障性和经济性，强调维修的针对性和预见性，提高效率和效益，因而可以更科学地反映装备维修的客观规律，指导维修实践。

总之，现代维修思想是人们对装备维修活动的认识不断深化的结果。它把现代科学理论，如系统工程、管理科学、概率论与数理统计等，与人们对维修活动已有的认识和总结融为一体，充分考虑装备的可靠性、维修性和经济性，注重用科学统计的方法来认识维修规律，强调维修的针对性、灵活性、效率和效益，因而可以更科学地反映维修的客观规律，指导维修实践。现代装备维修思想是对传统装备维修思想的继承和发展，它的产生和应用是雷达装备由经验维修向科学维修转变的重要标志。

7.1.3 装备维修体制

装备维修体制就是维修机构的分级设置和维修任务的分工，应当根据装备编制、维修保障需求等因素及时建立或完善，机构设置和任务分工一般应遵循使装备尽可能在原地修复的原则。

雷达装备种类繁多，不同种类装备的差异很大，其维修体制也不尽相同。按维修场所和修理机构的维修能力，雷达装备维修体制一般如下。

7.1.3.1 分级

根据修理的内容、范围和规模，雷达装备的修理等级分为大、中、小修三级。

大修是按照技术标准对雷达装备进行全面恢复战技性能的修理。雷达大修主要依据雷达装备技术等级鉴定的结果,并综合考虑剩余使用寿命、型号淘汰、作战使用价值等因素进行。工作环境恶劣的雷达装备大修周期应酌情缩短;有大修周期指标要求的新型雷达装备参照规定指标。大修内容包括对雷达装备进行分解检查和彻底翻修;修理或更换不符合技术标准的分机、零部件,将全机调整到规定的性能指标;按规定要求进行加改装和软件维护升级;维修和校正配属仪器、仪表,等等。

中修是对雷达装备主要分系统或部件进行恢复性能的修理,在装备技术状态恶化、发生意外事故、战场损伤等未达到大修程度或需要升级改造时进行。主要内容包括对雷达装备有关的分系统、部件进行修理、更换及升级改造;对整机进行全面检查、排除故障、修理损伤,对相关软件进行维护升级,使主要战技性能达到规定指标;维修和校正配属仪器、仪表,等等。

小修是对雷达装备使用中出现故障和轻度损伤进行的修理,在装备使用中出现故障、故障症候或轻度损伤时进行。主要内容包括对雷达装备故障部件定位、维修和轻度损伤的修复。小修要求迅速、及时。

7.1.3.2 分工

雷达装备建立部队级和基地级两级修理体制,完成雷达装备大、中、小修任务。

部队级修理单位包括雷达站、技术保障室和技术保障队。雷达站负责本站雷达装备的小修;技术保障室负责本站雷达装备的小修及所属雷达站无力完成的雷达装备的小修;技术保障队负责雷达装备部分可修复件修理,电站中修,专用车辆小修和中修,雷达站无力完成的雷达装备的小修。

基地级修理单位包括雷达生产厂(所)、建制雷达修理厂及合同修理商,主要承担雷达装备的大、中修和对部队的支援性修理。

7.1.3.3 组织与实施

1. 雷达站修理的组织与实施

雷达站必须做好随时修理的准备,对雷达装备的常见故障应有检修预案,以便及时排除故障,缩短故障时间。雷达装备发生影响作战战备和军事训练任务故障时,雷达站要立即组织抢修,及时上报故障情况,迅速予以排除;对无力排除的故障,应及时请求支援抢修。故障排除后,认真进行登记,及时总结经验,采取有效措施,预防类似故障发生。

2. 技术保障队修理的组织与实施

技术保障队必须妥善安排队内修制、支援抢修和巡回检修。

队内修制是技术保障队承担的队内日常性修制任务。应认真制订修制计划,加强工艺技术管理,严格进行质量检验,确保修制质量。修制结束后,应及时将修制

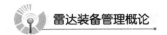

品发往雷达站。对急需的修制任务，要集中力量，迅速完成。

支援抢修是技术保障队承担的队外应急修理任务。应制定支援抢修预案，随时做好人员、设备和物资的准备，以便迅速进行远程或现场技术支援。

巡回检修是技术保障队承担的队外例行性修理任务。应主动了解雷达装备工作状态和修理需求，组织精干的检修小组，制订巡回检修计划，充分做好技术和物资方面的准备。巡回检修应吸收雷达站人员，共同完成修理任务。检修结束后，应帮助雷达站总结经验，提出改进意见。

3．雷达装备进厂修理的组织与实施

（1）制订送修申请计划。装备保障部门制订送修申请计划，填写雷达装备送修计划表和雷达装备技术等级鉴定表，按规定时间逐级上报至战区装备使用、保障部门。战区装备保障部门同使用部门审查汇总，将下年度雷达装备大、中修申请计划报军种装备部批准后执行。战损、事故损坏或因其他特殊原因急需修理的雷达装备，及时申请送修。

（2）送修准备。部队装备保障部门按批复的大、中修计划及时编制运输计划，在规定时间内运送装备到修理单位。

送修的雷达装备及所配属的技术文件、仪器、仪表、专用工具和附属设备必须齐全，并附有清单，严禁拆卸、调换和扣留。对违反送修规定的雷达装备，修理单位有权拒收，并及时报告上级有关业务部门。

（3）押运与交接。选派军政素质好、责任心强、熟悉装备技术状况的人员送修雷达装备。在押运途中，押运人员要认真履行押运职责，注意运输安全。到修理单位后，押运人员与修理单位严格办理交接手续，填写交接清单，并详细介绍雷达装备技术状况。

（4）实施修理。修理单位应严格按照雷达修理规范实施修理，凡经批准应用的加改装项目，应按技术要求组织实施。在关重件更换和整机调试时，修理单位应通知送修单位派技术人员参与。

（5）修复后的接收。雷达装备修复后，应分别进行出厂验收和阵地验收。

出厂验收：修理单位及时通知部队派人验收，部队派出的技术人员应与修理单位、分管军代表共同检查装备功能、结构和测量主要性能参数，看其是否符合修理技术标准；清点随机仪器、仪表、专用工具和技术资料是否齐全完好；技术文件是否正确填写。经检验符合标准后，进行出厂验收签字。不符合修理技术标准的雷达装备不得接收，并及时向上级有关业务部门报告。上级业务部门可适时派人参与验收工作，并对接收装备质量进行抽查和检查。

阵地验收：大、中修后雷达装备首次部署展开，修理单位应协助架设调试，并检验战技性能。检验后符合要求的,进行阵地验收签字;检验后不符合要求的,部队及时向上级有关业务部门报告,修理单位应说明原因、及时整改。

7.1.4 装备维修发展趋势

随着现代信息化作战的体系化需求、以信息技术为代表的高新技术在装备维修领域的广泛应用,现代雷达装备维修面临着新的挑战和发展机遇,呈现出以下发展趋势。

7.1.4.1 装备维修综合化

传统的装备维修主要是依靠个别或少数维修人员技艺的"作坊式"维修作业方式,而现代装备功能多样、结构复杂,往往是多学科、多专业综合的现代工程技术的产物,其维修问题已经不能依靠个别人员的技艺来解决。装备维修需要越来越多方面的综合,主要表现为以下几点。

1. 维修与装备研制、生产、供应、使用及全寿命其他环节的综合

现代装备维修问题必须在装备论证、研制时考虑,提出维修保障要求,进行维修性设计,研究制定维修方案和开发、筹措维修资源,并在生产、使用过程提供这些资源,建立和完善维修保障系统。作为维修管理部门,就是要及早介入并以维修性要求影响装备设计,这还需要探索介入的有关途径和方法,真正实现全系统、全寿命管理。

2. 装备维修与升级改进的综合

除了传统的修复性维修、预防性维修,还应积极发展改进性维修,结合维修改善装备的作战性能,以提高装备的效能。通过雷达软件系统改进,提高装备的性能已日趋常见。

3. 装备维修与其他保障工作的综合

装备维修与采购、验收、培训、储存、供应、运输等其他装备保障工作及后勤保障工作,应当紧密结合、统一安排、形成合力,才能形成、保持和提高部队作战能力。在现代信息化战争节奏快、时效性强,极大地压缩了时间与空间的情况下,这个问题将更加突出。

4. 跨军兵种、跨专业、多装备类型维修的综合

协同作战、联合作战是现代战争的特点,装备维修应当与之相适应。实施跨军兵种、跨专业、多装备类型的维修保障。这首先要求对装备进行系列化、通用化、组合化（模块化）设计；同时要求突破传统的装备维修管理体系和模式，实行维修运作的"集中管理、分散实施"。

5. 软硬件维修的综合

目前，现代雷达装备已进入软件化时代，雷达软件系统的缺陷、故障已成为影响雷达装备使用的重要因素。需要研究软件密集系统维修保障的一系列问题，包括维修方案、人员、设备、设施、技术资料、供应及关键技术，以建立其保障系统，形成软件化雷达装备的保障能力。

7.1.4.2 装备维修精确化

传统维修是一种相对粗放型的维修，存在"维修不足"或"维修过度"等问题，从而造成故障或资源浪费，甚至导致人为故障。维修精确化要求在正确的时间、确切部位实施适当的维修。精确维修突破维修越勤、越宽、越深越好的观念，突破粗放型的维修运作方式，是实现维修优质、高效、低消耗，提高装备可用度或战备完好性的主要途径。

实现精确维修的主要途径：按照以可靠性为中心的维修分析方法科学地制定维修大纲，科学地确立维修内容（工作项目）、时机等；采用装备综合诊断提高故障检测、隔离能力和精确性；积极发展和应用故障预测技术和基于状态的维修技术、利用修理级别分析合理确定维修级别（修理场所）；发展远程支援维修技术和系统，建立健全计算机的维修管理信息系统。

7.1.4.3 装备维修信息化

装备维修信息化又称为 E 维修（Electronic maintenance），它是指在维修工作中积极应用信息技术，开发并充分利用维修保障信息资源，以实现维修保障的各种目标。E 维修是将以电子技术为核心的信息技术手段广泛用于维修作业、管理及其保障各个方面，实现快速和有效的维修。现代雷达装备结构复杂，其维修过程的核心已由传统的以修复技术为主，转变为以信息获取（包括装备状态信息、维修资源信息和维修过程信息的获取）、处理和传输并做出维修技术与管理决策为主。

1. E 维修引起的变化

（1）维修方案的变化：减少维修级别，分级维修趋于模糊。

（2）维修"场地"的变化：发展远程维修包括远程诊断与修复，特别是软件保障和卸载、机载雷达等在轨维修，既不在现场维修，又不是把装备拉到后方去维修。

（3）维修方式的变化：除了传统的修复性维修、预防性维修，还要发展各种主动维修（预计或预测性维修），实现重要装备"近于零的损坏和停机"。

（4）维修主体的变化：实现装备自维修、自服务，节省人力、物力、财力和时间。

（5）维修目标的变化：实现精确维修，达到优质、高效和低耗，并利于保护环境和社会持续发展。

（6）维修资源保障的变化：通过自动识别技术、计算机和通信网络等技术，实现全程可视化，达到全部资源的优化配置和调度。

（7）维修组织的变化：实现网络化管理，维修采取"集中管理与分散动作"模式，适应各种作战样式的需要。

2．E 维修的内容

E 维修有丰富的内容，概括如下。

1）基于 E 特征的维修作业（维修作业信息化）

基于信息化或数字化技术的各种维修作业，如状态监控、故障（损伤）预测、故障诊断、自修复（重构、冗余）、远程维修作业（远程测控、诊断与维修）、维修作业辅助（便携式维修辅助装置、交互式电子手册）。

2）基于 E 特征的维修管理（维修管理信息化）

基于信息化或数字化手段的维修管理活动，如维修规划信息化、维修资源规划、维修组织网络化。

3）基于 E 特征的维修支援（维修支援信息化）

基于信息化或数字化技术的维修支援活动，如在线多媒体维修教育与培训、全程可视化物资供应、远程技术支援等。

7.1.4.4 装备维修绿色化

装备维修绿色化的内涵是"节约资源、保护环境、提高效能、保证安全"。也就是指采用先进的技术和工艺设备，以最小的资源消耗，最少的废弃物产生，获得最大效能的维修，在维修中贯彻执行可持续发展战略。

装备维修绿色化的研究内容主要如下。

1．装备绿色维修性设计

装备绿色维修性设计不仅要赋予装备优良的维修性，还要赋予装备在方便维修的同时，满足绿色维修的要求。装备绿色维修性设计研究内容应包括以下几点。

1）构成产品的材料要求

（1）环境友好性。在材料使用过程中，对生态环境无副作用，与环境有良好的协调性。

（2）废弃后能自然分解并为自然界所吸收。

（3）不加任何涂镀的原材料。

（4）减少所用材料种类。装备绿色维修性设计应尽量避免采用多种不同材料，以便有利于将来回炉再利用。

（5）低能耗、低成本、少污染。

（6）易加工且加工中无污染或污染最小。所选材料应能在制造或维修生产中易于加工，尽量减少加工废弃物，废弃物应能再生利用，并对环境污染最小。

（7）易回收、易处理、可重用、可降级使用。

2）有关回收性设计要求

（1）零部件材料的回收标志。

（2）回收工艺及方法。

3）有关拆卸设计要求

要求在装备设计的初级阶段就将可拆卸性作为结构设计的一个评估准则，使所设计的结构易于拆卸、维护方便，提高装备的军事效益。在装备报废后，可重用部分能充分有效地回收和重用，以达到节约资源和能源、保护环境的目的。

4）有关模块化设计要求

模块化设计可将产品中对环境或人体有害的部分、使用寿命相近的部分集成在同一模块中，便于拆卸回收和维护更换等。

2．装备绿色维修材料的开发与应用研究

绿色材料是指在满足装备功能要求的前提下，具有良好环境兼容性的材料。绿色材料在制备、使用及用后处置等生命周期的各阶段具有最大的资源利用率和最小的环境影响。选择绿色材料是实现装备维修绿色化的前提和关键因素之一。

3．装备绿色维修关键技术研究

绿色维修技术是指为保持和恢复装备良好技术状态，在规定的资源利用率的维修条件下和规定的时间内，按规定无污染的程序和方法，对装备及其零部件所采取的一系列维护、监控、诊断、修复、强化和抢救技术的统称。

装备绿色维修关键技术研究主要包括基于状态的装备健康管理技术、装备延寿与寿命预测技术、以网络为中心的维修技术、先进的表面修复强化技术、装备战场应急维修技术、装备再制造技术等。

4．装备维修绿色度评估体系研究

装备维修绿色度是指在装备维修过程中，各项指标的绿色化程度。评估体系应包括能源消耗、资源消耗、废弃物排放、环境污染、人员安全等多方面指标。这些指标并不是几个简单的数据所能表示的，它需要维修工作人员经过大量的维修实践和不断的积累，并与国家相关的法规政策相一致，最终形成一套完整的评估体系、法规标准体系。

装备维修管理的任务

装备维修管理的最终目的就是科学地利用各种维修资源，以最经济的资源消耗，及时、迅速地保持、恢复和改善装备的战备完好状态，保证装备作战训练等任务的完成。其主要任务包括预计装备维修任务、制订装备维修计划、筹组装备维修力量、组织装备维修实施、监控装备维修质量、优化装备维修体制、加强装备维修科研。

7.2.1 预计装备维修任务

"凡事预则立，不预则废"，预计装备维修任务是装备维修管理的重要职责，也是减少维修工作被动性、盲目性，提高维修管理科学化水平的重要途径。装备维修任务既是制订装备维修计划的重要前提，又是组织装备维修活动的基本前提。以战时装备维修任务为例，维修任务预计通常包括以下步骤：一是预计装备的战伤率和战损率。应当综合分析作战任务、作战样式、作战规模、作战可能持续的时间，参战装备的数量、战技性能、使用强度、敌打击破坏手段及程度、我方的防护能力，作战地区自然地理条件等多种因素，并参照以往类似作战的装备战损数据，预计各类装备的战损率。二是预计装备的战损程度。分析在战伤装备中，轻度、中度、重度损坏及报废装备分别所占的规模和比例。三是计算装备维修任务量。应分别计算各类装备小、中、大修的任务量，并根据各级维修机构担负的维修任务或实际修理能力，进行维修任务区分。无论是平时还是战时，装备维修任务预计都应当综合运用经验推算法、模拟计算法、实验验证法等方法，以便扬长补短、相互验证，努力使做出的维修任务预计比较准确。

7.2.2 制订装备维修计划

装备维修计划是从装备维修保障工作的实际需要出发而制订的，分为中长期计划、年度计划和其他计划。

装备维修中长期计划根据装备维修力量的实际与发展变化，在研究平时、战时装备维（抢）修需求的基础上，制定相应的调整方案，重点是解决装备维修保障建设的总体目标、方向、重点和规模等问题，对装备维修年度计划、其他计划有重要指导作用。装备维修中长期计划主要包括发展战略、十年规划、五年计划和专项计划。

装备维修年度计划是根据装备维修保障建设"五年计划"和当年装备维修保障任务及经费支撑能力而制定的装备维修保障具体安排和实施方案，重点是保证各个具体项目的落实。制订装备维修年度计划的基本依据主要有装备维修保障五年计划；年度战备、作训任务需要；年度装备维修经费支持情况；装备维修保障机构承修能力等。

装备维修其他计划主要包括装备维修保障具体工作计划和战时装备维修保障计划。装备维修保障具体工作计划是组织完成装备维修保障具体任务的工作计划。一般有两种形式：一是按工作性质区分的建设、供应、训练、维护、修理、器材供应等工作计划；二是按职能机构区分的部、处、科、队、室、库等工作计划。战时装备维修计划则要在预计维修保障任务的基础上，根据维修力量的任务和能力，综合考虑作战意图、雷达部署、作战阶段等因素来制订。

制订计划是一个复杂的过程，要统筹方方面面的因素，需要做定性的分析和定量的计算。制订计划的程序是否完善、方法是否科学，对维修计划的质量有很大的影响。因此，制订科学的维修计划，不仅需要端正指导思想，还要有科学的程序和方法。复杂的综合性计划一般要运用预测学、决策学、运筹学和电子计算机等现代科学技术手段，综合采用平衡法、定额法、比较法、分析法和网络法等计划制订方法，确保计划的科学性和可行性。由于维修计划的种类不同，制订计划的程序有所差异，一般程序为领会上级意图，明确维修任务，做好拟订计划的准备工作；分析维修信息，预测未来发展，确定维修计划的目标；统筹安排，综合平衡，拟制计划方案；决策选优，报请审批。

7.2.3　筹组装备维修力量

装备维修力量既包括装备维修人员和维修器材，又包括装备维修设施和维修设备，主要由各级装备维修部门、装备修理机构、装备仓库、装备训练机构等构成。筹组装备维修力量是指根据完成装备维修任务的需要，通过多种渠道和方式，及时筹措所需的各种维修保障力量，并对其进行科学编组。按照平战结合的原则，平时各级装备机关要注重加强各类装备修理力量建设，以满足战时和执行重大任务的需要。

装备维修力量根据来源情况可以分为建制装备维修力量、上级加强的装备维修力量和征召的预备役、地方动员的装备维修力量三种。其中，前两种是基本装备维修力量，最后一种是辅助装备维修力量。筹组装备维修力量，必须基于现有在编装备保障力量，通过组建、扩编、上级加强和动员等形式，按照部队担负的作战任务要求，构建与保障任务相适应的装备维修力量的规模（数量）、结构和质量。做到要素齐全，规模适度；结构合理，系统完备；功能综合，形式多样。

7.2.4 组织装备维修实施

装备维修的组织实施以执行计划、完成任务为目的，以优质、安全、高效、低耗为目标，以质量管理为中心，以计划、标准和规程为依据，以现行维修体制为基础，以信息反馈为纽带，以工具设备为手段，以设施场地为依托，以科学管理为指导，合理安排各项工作，适时组织指挥调度，使人员、装备和保障资源（包括时间信息、工具设备、设施、场地、器材、物资等）达到最佳结合，最终圆满完成战训维修保障任务。

组织装备维修实施保障工作主要包括安排工作、任务分工、关系协调、调配资源、指挥调度、沟通信息、落实规定、掌握标准、现场秩序、质量检验、筹措准备和人员训练十二项。组织装备维修实施保障是一项多因素、多环节的复杂过程，如果抓不住要领，容易顾此失彼，事倍功半，甚至酿成严重后果。因此，组织者必须观照全局，掌握好重要环节，以主要精力抓主要工作，实施过程中需要重点抓好计划准备、下达任务、初始工作、协调关系、临机处置、结束工作六个环节。组织装备维修实施保障工作的基本要求：目标统筹、分段安排、讲求层次、顺序实施、调配科学化、分工专业化、责任制度化、工作标准化、要求严格化等。

7.2.5 监控装备维修质量

通过加强技术管理、监督和控制来确保装备维修质量，是装备维修管理的重要任务和主要职能之一。装备维修质量管理必须运用现代质量管理的理论和方法，对维修的各项技术活动实施全员、全过程和全面的质量管理，主要包括以下内容。

7.2.5.1 维修人员的专业水平

维修人员必须具有雷达装备的专业理论和维修技能，熟悉分管装备的技术要求和维修规则，参与维修的战勤人员应经过技术培训和通过相应的技术考核。

7.2.5.2 维修作业要求

维修使用的技术文件和资料必须完整、准确、清晰；设备、仪表必须符合技术规定和精度要求；维修工具应与待修装备相匹配；备用器材应符合所需规格，并经过质量检验。维修作业通常应在无雨雾、无风沙、无腐蚀气体的环境下进行，对温度、湿度、洁净度和电磁屏蔽有特殊要求的设备，应在符合要求的工作车内进行。维修操作必须符合操作规范，关键设备的维修必须实行"三定"（定人员、定工序、定设备）原则，维修后的设备不得有缺少或多余的零件。

7.2.5.3 防止维修差错

维修前要组织技术人员分析维修作业中可能发生的差错，采取有效的预防措施。对人为因素，要从加强思想教育、技术训练、改善维修管理等方面予以解决。对设备因素，要从加强维修设备、工具的管理和定期校正等方面予以预防。

7.2.5.4 维修质量检验

维修质量检验应贯穿维修工作的全过程。参与维修工作的人员应按照技术标准，对维修质量进行自检；技术人员应对修理人员和战勤人员完成的维修工作质量进行复查；维修工作组织者应对重点项目的维修质量进行检验，并通电检查。部队接收送厂（所）修复的雷达装备、设备和部件，必须经过质量检查，合格后方可接收。

各级雷达业务部门，应对所属单位的维修工作质量进行定期抽查，抽查结果在相应范围内进行评比、通报。

7.2.5.5 维修质量统计分析

及时登记维修工作原始数据，收集雷达装备使用、维修中的可靠性和维修性信息，定期进行统计分析，找出影响维修质量的主要因素，有计划地采取措施加以控制，并进行质量信息反馈。

7.2.6 优化装备维修体制

装备维修体制只有随着装备发展和军队建设的发展不断进行优化，才能保持其活力，发挥其应有的作用。装备维修体制如果不及时进行优化，就会对装备维修实践活动产生阻滞作用。因此，优化装备维修体制成了装备维修管理的一项重要任务。目前，雷达装备实行部队级和基地级两级修理体制，完成雷达装备大、中、小修任务。部队级修理单位包括雷达站、技术保障室和技术保障队。雷达站负责本站雷达装备的小修；技术保障室负责本站雷达装备的小修及所属雷达站无力完成的雷达装备的小修；技术保障队负责雷达装备部分可修复件修理、电站中修、专用车辆小修和中修、雷达站无力完成的雷达装备的小修。基地级修理单位包括雷达生产厂（所）、建制雷达修理厂及合同修理商，主要承担雷达装备的大、中修和对部队的支援性修理。

雷达装备机关和分管有关装备的部门，应当按照装备发展情况和保障任务，统筹规划各级装备维修保障力量建设，不断完善各级装备维修保障机构，根据需要抽组快速维修保障部（分）队。

企业化装备修理工厂，应当适应作战、装备发展的要求和装备维修的实际，坚持平战结合、军民结合，保持适度规模，合理布局，优化结构，推行通用装备划区修理、专用装备综合配套修理，提高装备修理技术水平和综合修理能力。

7.2.7 加强装备维修科研

加强装备维修科研是提高装备维修水平和维修效益的基本途径，其目的是为新型装备维修提供技术支撑，为改进现役装备维修提供实用的技术成果，为提高装备维修效益创造条件。装备维修科研工作应当坚持需求牵引与技术推动相结合，国内研究与国外技术引进相结合，近期与中期、远期相结合，重点项目攻关研究与维修技术领域平衡发展的原则，努力加强新型装备高新技术维修的创新研究。

装备维修管理的对象

装备维修管理的对象是指装备维修管理主体在履行装备维修管理职能过程中所作用的各种客体。主要包括装备维修器材、设备设施、经费、信息、人员及其维修活动等。准确把握不同管理对象的特点，有利于维修管理人员认识各种对象的管理规律，增强管理的针对性，提高管理效益。

7.3.1 装备维修保障人员

装备维修保障人员是最核心、最活跃的维修保障要素，是维修管理的重点。应当按照编制配备，专业对口率和技术水平达到有关规定的要求。装备维修保障人员的培训，应当采取军队教育与军民共育、院校教育与部队训练、学历教育与岗位培训相结合的方式，分层次、分专业地进行。各级、各类装备维修保障人员，应当培训后上岗。为确保培训质量，有关部门应当按照规定给承担装备维修保障人员培训的院校、训练机构，配备相应的教学装备、设备、模拟器材和教材，从物质条件上保证培训任务的圆满完成。各类装备维修保障人员应当具有良好的军政素质和专业技能，精通本职业务，能够胜任所承担的维修工作，任职前应当经过相应层次和业务对口的专门培训。为保持人员和技术的相对稳定，经过新型装备改装培训的人员，要严格调离专业或岗位。

为了加强装备维修保障人员管理，装备机关和分管有关装备的部门，应当经常掌握和分析装备维修保障人员的情况，主动提出有关选配、使用和管理的意见，协同有关部门搞好维修专业队伍的建设。

7.3.2 装备维修器材

装备维修器材是指用于装备维修的一切器件和材料，如备件、附品、装具等，它是装备维修的物质基础。维修器材在物资供应中占重要地位，费用占维修经费的50%以上。维修器材管理包括计划、筹措、储备、供应等工作。改善维修器材管理对提高装备维修工作效益、保持装备完好及降低保障费用有重要意义。

装备维修管理部门应当根据维修器材的周转标准、储备标准、供应标准和储存条件等，及时筹措维修器材。维修器材的筹措实行集中筹措与分散筹措相结合，以集中筹措为主，通过国内订货、军内生产和境外进口等方式组织实施。

装备维修器材的战备储备通常分为战略储备、战役储备和战术储备。装备维修器材的储备应当统一规划，合理布局，平战结合，注重实效，并按照分工组织更新或轮换，随时保持库存维修器材的适用性和可靠性。

装备维修器材供应是装备维修器材管理中的一个重要环节。应当遵循"统筹安排，按级负责，面向部队，保障重点"的原则，采取划区供应与建制供应、经费保障与实物供应、计划分配与临时请领相结合的办法组织实施。

维修器材仓库管理是一项不容忽视的重要工作。装备机关和分管有关装备的部门应当根据装备发展和任务需要，规划和指导装备维修器材仓库的业务建设。装备维修器材仓库应当加强管理，建立健全维修器材的入库与出库、保管与保养、包装与运输、统计与核算、安全与防护制度，应当运用科学方法和先进技术，提高维修器材管理效率与水平，确保及时准确、安全可靠地供应部队。

7.3.3 装备维修保障设施和设备

装备维修保障设施是指用于保障雷达装备维修所需的永久性和半永久性的构筑物及其附属设备，包括维修场地、维修工间、器材仓库、专业训练场所、安全防卫设施及企业化装备修理工厂的修理设施等。按照现行业务分工，装备维修保障设施的建设规划、设计、施工、检修、维护工作由后勤业务部门负责。装备机关和分管有关装备的部门，应当及时向后勤业务部门提出维修设施建设的建议和技术要求，并协助其完成建设任务。装备维修保障设施应当符合战备要求，与装备的研制、生产、使用和引进同步规划，应当做到系统配套，并按照技术标准和安全要求进行建设,以满足装备维修的需要。

装备维修保障设备,主要包括用于装备检测、监控、维护、修理、试验、化验、封存和保管等的机具、仪器、仪表。维修保障设备根据用途可以划分为修理机具设备、计量校准设备、检测监测设备、故障诊断设备、试验化验设备和机动搬运设备等;根据性质可以划分为通用维修保障设备和专用维修保障设备。对于不同种类的维修保障设备,应当针对其特点采取相应的管理措施。有关装备维修管理部门应当在研究、订购装备时提出维修保障设备需求,同步研制,同步订购,确保维修保障设备齐装配套,满足部队维修需要。在部队使用期间,有关装备部门应当根据维修保障实际和维修保障设备状况,对维修保障设备进行技术改造、补充和更新。

7.3.4 装备维修经费

装备维修经费是装备维修活动正常进行的必要条件。装备维修经费管理是装备维修管理工作的重要内容之一。

装备维修经费主要包括维修经费及与装备管理、维修活动有关的经费。装备维修经费实行标准计领、计划分配和专项安排的管理办法。计划分配根据装备维修工作或任务需要和经费可能,制订计划,逐级分配;标准计领根据装备实力和经费标准,向上级计领(部队计领部分);专项安排根据专项任务需要进行安排。装备维修经费的使用管理,必须贯彻执行有关法规、制度,严格管理,合理使用,充分发挥装备维修经费效益;装备维修经费必须遵循"统一领导,按级负责,分工管理"的原则,由各级装备机关和分管装备的部门具体掌管,实行管钱与管事相结合;装备维修经费应当供应及时、足额到位、专款专用,任何单位和个人不得克扣、挪用。

有关装备部门应当按照规定分工,做好主要装备大修、器材订购等项目的审价和计价工作。对于维修价格不明确的装备,通常可以由承修单位根据修理范围、修理工时、材料消耗等情况编制详细预算,经有关装备部门组织核实后,按权限上报审批。装备维修经费的管理使用,应当接受上级装备机关和装备财务部门、审计部门的检查、监督和审计。

7.3.5 装备维修信息

管理离不开信息资源,信息资源在管理中的地位越来越突出和重要,管理人员水平的高低,在很大程度上取决于他是否具有驾驭信息的能力。管理人员要会运用现代信息技术去获取所需信息,维修管理人员也不例外,这样才能及时了解部队器材消耗、器材需求和库存储备,掌握重要器材的筹措、运输、储备、发送、使用、修理等情况，才能对维修过程做出正确的推理和判断，制定科学维修程序和方案，快速准确地实施器材保障。

装备维修信息有基本信息和动态信息两大类。基本信息包括有关装备维修的政策、法规、标准，装备的结构特点、工作原理、战技性能和作战特点等；动态信息包括装备的使用情况数据、技术状况检测数据、故障和维修数据等需要经常统计收集的信息。装备维修信息具体分为生产、使用、储存、故障、维修情况、可靠性、维修性、保障性、备件及其他供应品、费用、维修机构和其他相关信息等。装备维修单位和机关维修管理部门应当加强维修信息系统的建设、使用、维护和管理，注重维修信息的收集分析和使用反馈，为装备维修管理和质量改善提供科学依据。

7.4 装备维修管理的基本原则与主要手段

装备维修管理的最终目标是保持和恢复雷达装备的作战能力，保证部队完成作战、训练各项任务。为了实现这个目标，装备维修管理要坚持既定的原则、运用必要的手段。

7.4.1 基本原则

装备维修管理的原则既是在装备维修活动中必须遵循的法则和标准，又是装备维修管理指导思想的集中体现。装备维修管理的基本原则：统一领导，分级、分部门负责；平时与战时相结合；军队与地方相结合；行政、技术与经济管理相结合。

7.4.1.1 统一领导，分级、分部门负责

装备维修管理是保障部队作战能力的重要因素，它涉及装备科研、生产、使用等方面，装备维修管理必须实行领导负责制和目标管理责任制，必须统一领导，分级、分部门负责。

我军装备维修管理是在国务院和中央军委的统一领导下，由军委装备主管部门负责全军的装备维修工作。各军种、各战区及各级部队负责本系统、本单位的装备维修管理。维修管理是一项指挥职责，强调各级指挥员应对其所属单位维修任务的圆满完成负责，应受到各级指挥员的关注和支持。从而要求直接使用装备的基层指挥员和战斗员应对其使用的装备维护保养质量负责，并能排除简单的常见故障。

装备维修按照分工进行分级管理，做到责任明确、互不推诿。实行统一领导，分级、分部门负责的原则，有利于理顺维修系统的内部关系，使各种维修资源能充分发挥作用，实现装备维修的总目标。

7.4.1.2 平时与战时相结合

雷达装备具有"养兵千日,用兵千日"的特点,装备维修管理必须贯彻平战一体的原则,既要保障装备在平时完成战备、训练、执勤等各项任务,又要能迅速转为战时保障装备完成各种作战任务。在维修管理上,平时和战时既有许多相同之处,又有许多不同的特点和要求。平时与战时相结合涉及维修管理的诸多方面,要认真研究,并结合装备特点,在维修管理体制、规章制度、维修资源准备、人员培训等方面努力贯彻这条原则。

7.4.1.3 军队与地方相结合

一方面,军队要建立必要的、核心的维修机构,保证装备得到良好的维护和及时的修理;另一方面,对特别复杂的、技术要求高的、大型的、数量较少的新型雷达装备,应充分考虑和重视利用民用资源,由装备生产单位实行装备维修保障,提高军事经济效益。此外,对于军队有能力修理的装备,在战时和紧急情况下也需要地方的支援。因此,无论是平时还是战时,都应特别重视军队与地方相结合。要积极探索建立军民一体化装备技术保障力量体系的方法和途径,研究制定战时技术保障力量动员的有关法规。要以军工企业为依托,努力建设一支数量充足、素质较高、动员快速、能力较强的后备维修保障队伍。

7.4.1.4 行政、技术与经济管理相结合

行政、技术与经济管理相结合是确保科学维修、注重效益的重要原则。特别是在平时,容易忽视装备维修管理,造成装备维修时效性差、维修费用居高不下等问题。应实行强有力的行政管理,不仅要由各级指挥员抓装备管理,还要由维修管理部门采取科学的技术管理措施。对于有关重大的维修决策,应当经过充分的技术、经济论证。此外,在维修任务的安排上也要有正确的技术措施,并注重利用经济手段,如实行优质优价、招标制、合同制等有效的方法,以提高装备维修的军事经济效益。

7.4.2 主要手段

装备维修管理的手段,是为了达到装备维修管理的目标而采取的各种具体方法。采用科学合理的维修手段是提高装备维修管理效益的关键。常用的手段主要有行政管理手段、法规管理手段、经济管理手段、责任制管理手段和标准化管理手段。

7.4.2.1 行政管理手段

行政管理手段是管理者运用组织上赋予的行政职权，依靠工作上构成的隶属关系，对管理对象进行指令性管理的一种管理方法。行政管理手段的主要特点表现为具有很高的权威性、强制性、无偿性、时效性；其外在表现通常是管理者向被管理者下达命令、指示、规定、通知、指令性计划等。由于装备维修管理属于一种军事活动性质，因此决定了行政管理手段是占主导地位的、非常重要的维修管理手段，其强调行政指令或命令的权威性、强制性和时效性，通常是不讲条件的、必须执行的，主要适用于具有隶属关系的建制内装备维修机构管理。在战时或其他紧急情况下，行政管理手段的作用更为突出。但是，行政管理手段不能滥用，必须根据具体环境条件，有针对性地做出选择和安排。例如，平时对企业化装备修理工厂的管理，不能一味地运用行政管理手段，必须考虑平时的市场经济特性，善于运用多种手段实施管理，以提高管理的效果。

7.4.2.2 法规管理手段

装备维修法规是装备维修工作的行为规范。装备维修管理基本法规的依据是《中国人民解放军装备维修工作条例》。装备维修管理者应当成为维护维修法规制度的严肃性和落实维修法规制度的带头人，善于运用法规手段管理维修活动，引导维修人员养成遵章守纪的观念，自觉服从维修法规制度的约束，确保维修活动的正常秩序和正规化水平。在战时或紧急情况下，需要动员和征用地方的技术保障力量、维修器材、维修设施设备等，要依法组织实施，保证地方企业和个人的权利。根据《中国人民解放军装备维修工作条例》，对在装备维修工作中表现突出，取得显著成绩的单位和个人，依据国家和军队的有关规定，给予奖励。同样，违反有关装备维修管理法规制度的，依照《中国人民解放军纪律条令》和其他有关规定，给予处分；构成犯罪的，依法追究刑事责任。

7.4.2.3 经济管理手段

物质利益是社会生活的重要条件，物质激励是一种有效的管理手段，应当得到合理的运用和足够的重视。如果运用得恰当，会取得较好的效果。经济管理手段是指通过调整经济利益来实现管理目标的一种管理方法。在装备维修中运用经济管理手段，就是注重精神奖励和物质奖励相结合，对于在维修工作中成绩突出的单位和个人，可以给予一定的物质奖励。特别是在完成经济定额、履行经济合同、调动维修人员积极性等方面，要发挥经济管理手段的作用，合理调节利益双方之间的关系，对装备维修工作实施正面积极的引导。例如，为了减少维修资源的消耗、占用和浪费，对装备维修经费、维修器材、维修设备、维修设施和电力等维修资源，根据有关规定和消耗规律，制定相应的消耗和占用额度。以此为标准，对节余的单位和个人，给予一定的经济奖励；对超过定额的单位和个人，给予相应的经济处罚，起到厉行节约、奖勤罚懒的作用。

7.4.2.4 责任制管理手段

责任制管理手段是以提高装备维修效益为目的，明确区分工作任务及其相应责任，使责、权、利紧密结合的一种管理方法。明确区分雷达装备维修任务及其相应责任是实行责任制管理手段的基本要求和前提条件。"责"是核心、前提，"权"是确保尽职尽责的必要条件，"利"是促使责任者努力实现责任目标的动力。它们之间互为因果，相互制约，缺一不可。

责任制管理手段有三个突出特点：第一，与经济组织的经济责任制相比，责任制管理手段带有某些指令性因素，具有"硬管理"的特点；第二，与我军传统的行政管理手段相比，责任制管理手段蕴含一定的"自组织"成分，具有"软管理"的特点；第三，与其他现代管理手段和传统管理手段相比，责任制管理手段是综合运用各种管理手段的典型模式，具有"综合管理"的特点。

责任制管理手段的基本形式通常有岗位责任制、包干责任制、承包责任制、目标责任制、计价挂账责任制等。其中，包干责任制又可分为标准定额包干、按消耗定额包干、按任务包干、按定量包干等形式。各维修单位要结合自身特点选择和确定责任制管理手段的形式，以促进维修任务的完成和维修目标的实现。

7.4.2.5 标准化管理手段

标准化管理手段是指为制定、贯彻和修订装备维修的有关标准而进行的一系列管理活动过程。标准化管理手段通常分为制定维修标准、贯彻维修标准、完善维修标准等内容。具体可分为维修管理标准、维修技术标准、维修器材供应标准。标准化管理手段应当把握以下基本原则：第一，一切活动都要依据标准。不仅要建立健全装备维修标准体系，而且管理者和被管理者必须按照有关标准进行活动。第二，一切标准都要科学量化。不仅维修技术标准和维修器材供应标准要科学量化，而且维修管理标准也应当尽可能量化。第三，一切标准都要落实到人。在维修管理过程中，既不能出现没有标准约束的人，又不能出现无人去贯彻的标准。

装备战场抢修管理

装备战场抢修是战时装备技术保障工作中十分重要的内容。我军在长期实践中积累了丰富的装备战场抢修方面的经验。本节主要介绍装备战场抢修的基本内涵和组织实施。

7.5.1 基本内涵

7.5.1.1 定义

装备战场抢修是指在战场上运用应急诊断与修复措施，迅速对战场损伤雷达装备进行评估并根据需要快速修复损伤部位，使之恢复到当前任务所需的工作状态或自救（如恢复雷达的机动性等）的一系列活动，核心内容是战场损伤评估和战场损伤修复。

外军称战场抢修为战场损伤评估与修复（Battlefield Damage Assessment and Repair，BDAR），是指在战场上运用应急诊断和修复措施，将损伤装备迅速恢复到当前任务所需的工作状态或自救的一系列活动。

上述阐述透露出战场抢修具有以下特征。

实施地点：战场；

抢修对象：战场损伤；

抢修方法：应急诊断和修复措施；

实施步骤：先评估再修复；

抢修目的：装备能够完成当前任务或实施自救。

7.5.1.2 战场抢修理论研究及应用研究

装备战场抢修涉及面广，问题很多，需要系统地研究。战场抢修研究包括理论研究和应用研究，如图 7-1 所示。

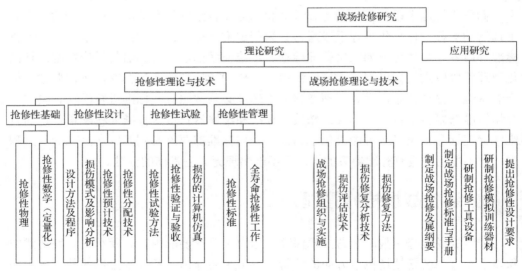

图 7-1 战场抢修研究

1. 理论研究

装备战场抢修理论包括抢修性理论与技术和战场抢修理论与技术。

1）抢修性理论与技术

抢修性基础：包括抢修性物理与抢修性数学，主要研究抢修性基本概念、装备的典型损伤模式及易损性、抢修性的定量化技术（参数、指标）等。

抢修性设计：包括设计方法及程序、损伤模式及影响分析、抢修性预计技术、抢修性分配技术。

抢修性试验：包括抢修性试验方法、抢修性验证与验收、损伤的计算机仿真。

抢修性管理：包括抢修性标准、全寿命抢修性工作。

2）战场抢修理论与技术

战场抢修组织与实施。

损伤评估技术。

损伤修复分析技术，特别是高新技术装备损伤修复的手段与方法和将高新技术（含新工艺、新材料）应用于损伤修复。

损伤修复方法。

2. 应用研究

制定战场抢修发展纲要（规划），全面、系统地规划 BDAR 工作。

制定战场抢修标准与手册。

研制抢修工具设备，特别是轻便实用的"手术包"式的战场抢修工具箱。

研制抢修模拟训练器材。

提出抢修性设计要求。

7.5.1.3 战场抢修的特点

平时维修与战场抢修的目标和工作重点各不相同。二者的主要区别如下。

1. 目标不同

平时维修的目标是使装备保持和恢复到规定状态，以最低的费用满足战备要求；战场抢修的目标是使战损装备恢复其基本功能，以最短的时间满足当前作战要求。

2. 引起修理的原因不同

平时维修主要是由装备系统的自然故障或器材耗损引起的，故障原因、故障机理、故障模式通常是可以预见的，其他一些因素往往也有其规律性；战场抢修主要是由战场上的战斗损伤（如射弹损伤，炸弹碎片穿透，能量冲击，核、生、化学污染等）、人员操作差错引起的。另外，战时装备使用强度高也会引起一些平时不会产生或很少产生的故障。

3．修理的标准和要求不同

平时维修是根据其技术标准和修理手册，由规定的人员进行的一种标准修理，是为了恢复装备的固有特性而进行的活动，维修所需的设施、工具、设备、器材、人力等都有规定要求；战场抢修则不同，并不要求恢复装备的本来面目，而是要求它能在尽可能短的时间内恢复一定程度的作战能力，甚至只要能自救就可以了。其恢复后的技术标准随战术要求而异，使用的修理方法也不确定。但是，这并不是说在战时可以随便对雷达进行任何形式的修理，一般应在指挥员授权后进行。

4．维修条件不同

平时维修是按规定在部队级或基地级实施，通常有确定的设施和设备，有规定技能的维修人员及器材等；战场抢修则是在战地装备损伤现场或靠近现场的地域实施，一般没有大型复杂的维修设施和设备，环境条件恶劣。由于损伤、供应、储存方面的原因，战场抢修可用的器材品种规格与平时有较大差别。此外，战场抢修人员的水平和数量与平时也有显著区别。战场抢修人员可能是操作人员或损伤现场的任何维修人员。

由此可见，装备战场抢修具有以下主要特点。

1．抢修时间的紧迫性

一般来说，战损装备如果不能在 24h 内修复，就不能被投入本次战斗。国外研究报告指出，轻度损伤，抢修时间应小于 3h；中度损伤，抢修时间应小于 12h；重度损伤，抢修时间应小于 48h。

2．损伤模式的随机性

装备的战场损伤既可能是战斗损伤，又可能是非战斗损伤。由于战斗损伤模式随机性大，加上战斗损伤在平时的训练与使用中难以出现，因此战场抢修的预计分析与处理、维修保障资源的准备等较平时维修更加困难。

3．修理方法的灵活性

战场抢修大多采用临时性的应急修理方法。由于战场环境复杂多变，时间紧迫，难以采用平时的技术标准和方法恢复战损装备的所有功能，因此，许多抢修采用应急性的临时措施。但在时间允许、条件具备时，应按照规定的技术标准使装备恢复到规定状态。

4．恢复状态的多样性

对于战损装备，由于条件限制，进行战场抢修不一定能使战损装备恢复到原有的规定状态，有时采用某些应急性的临时措施，虽然可恢复部分所需功能，但可能缩短部件及装备的使用寿命。在紧急情况下，可能使战损装备恢复到下列状态之一。

（1）能够担负全部作战任务，即达到或接近平时维修后的规定状态。
（2）能进行战斗。虽然性能水平有所降低，但仍能满足大多数的任务要求。
（3）能作战应急。能执行某项当前急需的战斗任务。
（4）能够自救。使装备能够恢复适当的机动性，撤离战场。

7.5.2　组织实施

装备战场抢修的实施程序一般包括战前准备、战场损伤评估、战场损伤修复、后续工作。

7.5.2.1　战前准备

装备战场抢修战前准备工作主要包括制定装备战场抢修预案、落实组织、明确分工；配齐抢修工具、设备及抢修技术资料；筹措抢修备件、器材；协同有关抢修单位相关事宜；检查、保养用于抢修的交通工具、通信设备等。

1．装备保障机关的战前准备工作

（1）制定装备战场抢修预案。装备保障机关应当在本级首长的指导下，根据本级作战任务和上级抢修保障指示、装备部署、抢修人员、抢修物资和地理条件及周边环境等情况，制定与作战方案相配套的装备战场抢修预案。

装备战场抢修预案主要内容包括战时抢修力量的编组、配置、集结方法及任务分配，通信联络的组织及与有关单位的协同、抢修器材的筹措、抢修人员的应急培训等。

装备战场抢修预案制定后，应当按照有关规定报批和备案，并结合战役、战术训练，适时组织演练，不断修改和完善。

（2）组建抢修组。根据可利用的抢修力量及战场环境实际情况，组建伴随抢修分队（列装到装备使用站点，是基层抢修组的组成部分）和支援抢修组，并明确其分工。

（3）筹措抢修工具、设备、备件、器材、技术资料等抢修物资。

（4）组织抢修人员的应急培训与战前演练。

（5）协同有关抢修单位相关事宜。

2. 支援抢修组的战前准备工作

（1）明确组内人员的具体分工。

（2）配齐抢修工具、设备及战场损伤装备相关抢修技术资料。

（3）预计抢修器材消耗量，并对携行的器材进行检查，制定运输方案。

（4）勘察行军道路、航线，制定行军路线。

（5）检查、保养用于抢修的交通工具和通信设备，使之保持良好的工作状态。

（6）应急培训与演练。

3. 基层抢修组的战前准备工作

（1）制定装备阵地级抢修预案。

（2）明确组内人员的具体分工。

（3）全面检查所属装备的战技性能，使之保持良好的工作状态。

（4）检查、保养站属通信设备，保持通信联络畅通。

（5）对各种抢修工具、仪表的性能进行检查，使之处于良好的状态。

（6）检查备份分机、备件和器材，及时排除故障，使之性能良好，随时可用。

7.5.2.2 战场损伤评估

雷达装备遭到战场损伤时，应迅速判定其损伤部位与程度、是否需要立即修复、能否在现场修复、修复时间和修复后的作战能力；确定修理场所、方法、步骤及应急修理所需的抢修资源等。

1. 战场损伤评估一般程序

装备战场损伤评估的一般程序如图 7-2 所示，评估时应参照具体型号装备战场抢修手册提供的评估程序。

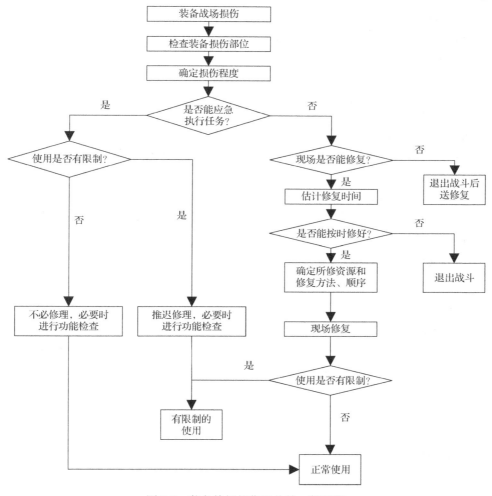

图 7-2 装备战场损伤评估的一般程序

装备战场损伤评估一般由两部分组成：系统损伤评估和分系统（包括重要部件或基本功能单元）损伤评估。系统损伤评估是一个复杂的逻辑决断过程，其具体形式取决于装备的结构及其功能的复杂程度；分系统损伤评估要根据当前任务所需的必要功能进行。

2．战场损伤评估的基本内容

装备战场损伤评估的基本内容应包括以下几个方面。
（1）损伤的部位、程度及对装备性能的影响。
（2）该损伤是否需要立即修复。

(3）该损伤修复场所要求及修复方法。
(4）确定损伤项目修复的先后顺序。
(5）确定损伤修复所需的抢修资源。
(6）确定修复后装备的作战能力和使用限制。

3．损伤评估主要方法

损伤评估采用的方法应简单、有效，主要如下。

(1）外观检查。检查装备的外观损伤情况，可初步推断装备的损伤程度。

(2）通电检查。当外观检查不能确定损伤程度时，可进行必要的通电检查，判断是否具备完成当前任务所需的必要功能。

(3）性能测试。必要时对某些性能参数进行测试，所需的测试工具应便于携带和使用。

4．战场损伤评估报告

战场损伤评估报告是装备战场损伤评估的重要技术文件，应认真填写，并迅速上报，以便上级指挥机构迅速做出决策。

雷达装备战场损伤评估报告包括受损雷达装备的型号、编号；雷达站的位置；损伤对该雷达装备完成当前任务的影响；损伤的雷达分系统；雷达分系统中损伤的部件或零件；该损伤是否需要立即修复；该损伤能否在现场修复；修复后雷达装备的作战能力及使用限制；所需的修复时间、抢修人员要求（工种、数量）、器材物资；超出基层抢修组修理能力，建议抢修支援组携带必要的器材、工具等；战场损伤情况报告人员的姓名和职务。

战场损伤评估报告示例。

XX 指挥所。

XX 站报告：我站于 XX 日 XX 时 XX 分遭敌机轰炸，XX 雷达受中度损伤。具体情况如下。

(1）天线反射网 25 处穿孔，其中大于 10mm 的 20 处，最大为 30mm×30mm，10 处需要修理。

(2）天线辐射器穿孔（报废）。

(3）天线辐射器撑杆被击断 1 根（更换），击穿 1 根（修理）。

(4）天线反射体骨架 12 处被击断，穿孔 26 处（可应急使用，战后修理）。

(5）软同轴线被击断 3 处，击穿 5 处，3 根全部损坏（更换 2 根，修理 1 根）。

(6）发射系统通风机风压开关损坏（应急短路通风开关）。

(7）接收系统无输出。

该雷达不能担负战备，请求支援修理（我站正在组织抢修），并携带天线辐射器 2 个，软同轴线 8m。

报告完毕。

报告人：XX 雷达站站长 XX。

7.5.2.3 战场损伤修复

1．损伤应急处理方法

雷达装备损伤后，首先应进行损伤评估，确定损伤部位，确定是否进行抢修。损伤评估结果并不是所有的战场损伤都要进行抢修。在战场上或紧急情况下，根据指挥员的决策，对于一些不影响装备完成当前任务和安全或影响比较小时，只需要进行必要处理，使装备迅速投入战斗，而不必立即修理。常用处理方法有以下几种。

1）带伤使用

装备的损伤若不直接影响当前战斗所需的功能，且对当时安全无大的影响，可以暂不做抢修，继续使用。例如，雷达车辆车厢破损，若情况紧急可推迟修理，继续使用。

2）降额使用

装备受到损伤后战斗性能往往会降低，只要不危及安全，在战场上或紧急情况下，可根据指挥员的决策继续使用。例如，雷达装备在天线部分受损后，虽然探测威力下降了，但仍可起到一定的作用。

3）改变操作方式

当装备受到损伤后，某些功能丧失，如果能改变使用方法找到替代功能的措施，使装备继续战斗，就不必立即修理。例如，自动操作模式失灵，可用人工操作代替。

4）冒险使用

对于装备某些部分的损坏，继续使用有一定危险，在平时是必须停止使用的。抢修时经采取必要的安全措施（如人员暂时疏散等）后可以不做其他处理继续使用。

2．战场损伤装备常用的修复方法

1）更换

用相同型号的元器件替换损伤的元器件，以恢复装备的基本功能。

对雷达装备天馈分系统的照射器、有源振子、馈线等要求比较高，且难以原件修复的器材，在器材储备允许的情况下可进行更换。更换通常用于小型、轻便、损伤严重无法修复或比原件修复速度快的零部件，如损伤严重的电缆等。

2）切换

通过对装备的电、液、气路转换或改接通道，接通冗余部分或改自动操作为人工操作，以隔离损伤部分，或者将原来担负非基本功能的完好部分转换到损伤基本功能的电、液、气路中。

3）切除

去掉损伤部分，使其不影响装备安全使用和基本功能的发挥。

如雷达天线俯仰控制器，它在平时起到俯仰限制作用，一旦受损，天线的俯仰功能将丧失，而且可能引起电气短路，在抢修时可把它切除，直接把三相交流电源接到俯仰电机上，恢复其俯仰功能。

4）拆换

拆换也称为拆拼修理，指拆卸同型装备或异型装备上的相同单元替换损伤的单元。

5）替代

用性能相似或相近的单元或原材料、油液、仪器、仪表等替代损伤或缺少的资源，以恢复装备的基本功能或自救。

替代可能会使装备的某些性能降低，但其基本功能得以恢复，能够完成当前的战斗任务。例如，用同类不同功率的电机替代战损的驱动电机；用 90°度弯头替代波束开关；用普通的铜（铁）管截成合适长度替代引（反）向振子等。

6）重构

系统损伤后，重构能完成其基本功能的系统。在实施雷达天线系统战场抢修工作中，重构是一种十分有效的方法。

7）制配

自制元器件、零部件以替换损伤件，包括按图制配、按样（品）制配、无样（品）制配等。

8）原件修复

利用现场有效措施恢复损伤单元的功能或部分功能，以保证装备完成当前作战任务。

雷达天线反射体（网）的修补；天线骨架、撑杆、支架及搭扣、插销孔的焊、铆、连接；馈线、波导、照射器及同轴电缆的修理均可采用原件修复方法。

这里提供的战场损伤修复准则与方法是为战场环境设计的，只限于在战场条件下或其他紧急情况下使用。在条件允许的情况下，应首先选择标准修理方法。

3．选择战场损伤修复方法的一般原则

选择战场损伤修复方法，不但要考虑其技术可行性，而且要评估其资源需求的可行性。针对装备战场抢修的目的及特点，选择战场损伤修复方法的一般原则如下。

（1）修复方法应能恢复装备的基本功能，使装备完成当前的作战任务。

（2）修复时间短，保证装备能够应急使用。
（3）抢修资源应是现场可得到的。
（4）抢修后的负面影响小（主要包括对人员及装备安全的潜在威胁、增加装备损耗或供应品消耗、战后按标准恢复到规定状态的难度等）。

7.5.2.4 后续工作

战场损伤装备修复后，由装备使用单位组织验收，填写验收记录，做出验收结论。

抢修任务完成后，抢修组应迅速按要求整理、上报抢修报告单、战场损伤部件修理单，填写抢修卡片；清查消耗，统计抢修人员伤亡及抢修物资的消耗情况，并迅速上报；请领补充抢修物资，调整、补充抢修人员；及时讲评，总结经验教训，注意整理、积累技术资料。

战斗结束后（或战斗间隙），对采用应急方法修复的装备，应立即按标准修理方法恢复装备的技术状态，对无力现场修复的，应请示是否后送修理。

第 8 章 雷达装备器材管理

雷达装备器材是指雷达装备在维护、修理过程中所需的一切器件和材料，一般包括如下内容。

（1）备件：指为保证装备使用和维修而备用的各种元器件、零部件。
（2）附件：指装备的附属品，主要用于装备的使用操作与日常维护等。
（3）工具：指装备维修所需的电动工具和手工工具。
（4）仪表（器）：指装备维修时用于测量、校准的各种仪表（器）。
（5）油液：指装备维修所需的各种油料和特种液体，主要有各种防护油、防护脂、润滑油脂、除锈剂、驻退液等。
（6）材料：包括原材料和擦拭材料等。

雷达装备器材管理是指对雷达装备器材计划、筹措、供应、储备等工作所进行的一系列管理活动。其基本任务是贯彻执行有关器材管理的条例、规定、制度和标准，建立和完善器材保障体系，采用科学的方法和先进的手段，实施全过程、全要素管理，满足雷达电子装备维修保障需要。雷达装备器材管理应以作战需要为牵引，坚持统一领导、分级负责，平战结合、科学谋划，面向部队、突出重点，改革创新、信息主导，质量第一、注重效益的原则。

8.1 器材保障计划管理

器材保障计划是指从明确器材需求和可获得器材资源开始，经过供需之间的综合平衡、器材分配，直至供应到使用单位的整个流转过程所编制的各种计划的统称，包含器材订购、请领、分配、供应、调拨、回收、储备、运输等计划。器材保障计划管理是器材保障部门依据器材需求规律，器材筹措和供应的特点，制订器材保障计划，并以计划为依据，对器材保障系统进行组织指导、监督检查、调节控制和考核总结等活动。

8.1.1 基本任务

器材保障计划管理的基本任务，就是掌握器材供需规律，解决器材供应和需求之间的矛盾，合理分配器材资源，在满足雷达作战和训练任务需求的前提下，不断提高经济效益。

8.1.1.1 明确器材的可获得资源和需求，搞好供需综合平衡

资源是计划期内可供分配使用的各种器材的来源；需求是计划期内雷达需用器材的数量、质量要求。器材供需平衡是指利用掌握的计划期内器材资源和需求的准确信息，经过计算、对比、分析、调节，求得器材在供需之间实现数量、品种、时间、构成上的相对平衡，使资源与需求很好地相互衔接，最大限度地满足装备维修对器材的需要。明确器材的需求，是发现和解决器材的供需矛盾、求得供需相对平衡、制订器材保障计划的基础。搞好器材供需平衡，是器材保障计划的中心环节。

8.1.1.2 实现器材的合理分配和供应，充分发挥现有器材的经济效益

在搞好器材供需平衡的基础上，本着统筹兼顾、适当安排、保障重点的原则，确定合理的分配比例关系，科学地进行器材分配。及时掌握货源的供货情况，根据需求做到及时、准确、齐全、配套地供应。为此，要随时监督和调节器材的使用、周转和积压情况。对于周转慢、积压多、浪费大的单位，应采取调出库存、调换品种、减少供应等措施进行控制；对于周转快、消耗多、库存少的单位，则应适时、合理地供应所需的装备维修器材。总之，要通过各种计划管理的形式和调节手段，提高器材的利用率，充分发挥器材的经济效益。

8.1.1.3 深入调查研究，做好计划的执行和控制

器材保障计划管理包括计划的制订、执行、检查和处理。计划的制订只是器材保障计划管理的开始，更重要的是通过计划的执行、检查和处理，保证计划的落实。器材保障计划确定后，必须认真组织实施，做到及时、准确、齐全、配套地供应。在执行过程中，通过统计等手段，对计划执行情况进行定期检查和科学控制，及时发现和解决计划执行过程中出现的问题，适时对计划进行补充和调整。

8.1.2 基本分类

常用的器材保障计划主要包括申请计划、订（采）购计划、分配计划和供应计划。

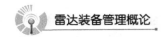

8.1.2.1 申请计划

申请计划是器材使用单位、各级器材保障部门，根据装备维修任务的需要、供应标准和库存量，向器材主管部门要求分配供应的器材保障计划。器材的需要主要包括用于计划期内装备维修需要的器材和储备器材两个方面。申请计划是上级器材主管部门查明器材需要的一种手段，也是进行器材供需平衡的依据。申请计划分年度计划和临时计划两种。

8.1.2.2 订（采）购计划

订（采）购计划是根据器材资源的供货渠道，编制一定时期内向供货企业订（采）购器材的计划，或者直接向市场采购的计划。订购是根据筹措供应标准、年度经费情况和部队需要，以合同的形式向工业部门、企业或军内有关企业购买装备器材；采购是对非计划分配的装备器材在市场上直接购买。申请计划与订（采）购计划均为筹措计划，只是实现的方式和渠道不同。

8.1.2.3 分配计划

分配计划是各级器材保障部门根据器材资源、部队需要情况和保障原则进行综合平衡后，对器材资源进行分配的计划，是制订供应计划的主要依据。在编制分配计划之前，器材保障部门应根据资源与需要，制订平衡计划或"平衡表"，以确定可供分配的器材的数量和使用方向。

8.1.2.4 供应计划

供应计划是分配计划的具体化。各级器材保障部门根据分配计划和需用单位的具体要求，按照器材的型号、品种、规格、供货时间、供货地点和供货方式等，对使用单位进行具体供货活动的计划。

除了上述几种计划，还有器材回收、器材调度调剂、器材运输等计划。器材部门制订哪几种计划，主要根据本部门具体任务和上级要求确定。

8.1.3 常用指标

器材保障计划常用指标如下。

8.1.3.1 器材需要量

器材需要量是指计划期内为完成装备维修任务所需的器材数量，是器材保障计划最基础、最重要的指标。确定器材需要量是器材保障计划的开端，器材保障计划的其他指标都是直接或间接根据器材需要量这一指标计算得出的。器材需要量的确定是否科学、合理，对器材保障计划的质量有着举足轻重的影响。

确定器材需要量不仅要有可靠的依据，还要有正确的计算方法。各种装备的器材需要量，需要根据相应的装备维修任务的性质、器材在维修任务中的作用和地位，采取不同的确定方法。即使同一维修任务所需的同一种器材，在不同的维修级别、使用条件、维修技术水平下，所需的数量也不尽相同。因此，一种装备的器材需要量的确定，需要结合器材质量、装备故障规律、实际维修工作等多种因素具体分析，采取科学适用的方法。

8.1.3.2 器材资源量

器材资源量是指计划期内可供分配、供应和使用的器材数量。在器材保障计划中，器材资源量是为进行器材供需平衡而设置的一项指标，与器材需要量对应，用于分析计划期内供需是否相互适应。在不同的器材保障计划中，器材资源量的含义也不同。在申请计划中，器材资源量是指计划期内需用单位及各级器材申请单位内部能自行解决的器材数量；在分配计划中，器材资源量是指计划期内可供分配的器材数量。

准确的器材资源量是编制分配计划和供应计划的主要依据之一，要求总的资源量、大类品种资源量和明细品种的资源量都应准确无误。这样才能满足各级器材主管部门的要求，保证各种器材保障计划的精度。

8.1.3.3 器材库存量

器材库存量是指需用器材单位已经取得而尚未投入使用，或者器材保障机构已经取得而尚未投入供应的在库器材的实际数量，包括实际库存量和名义库存量，实际库存量即现有库存量，名义库存量包括现有库存量和在运输途中的库存量。库存量应与实际需求相适应，若库存量过大，将造成器材的积压，影响经济效益；若库存量过小，将导致器材脱供，无法满足突发情况下的保障，造成严重后果。

准确、可靠的器材库存量对器材资源量、申请量和分配量的确定有着重要的影响，因此，在拟制器材保障计划前，应认真核准现有库存量。根据库存器材的质量状况，器材库存量分为合用量和不合用量。其中不合用量是指品种、规格不对或待报废的器材数量；依据库存量控制标准判断，器材库存量分为计划期内合理库存量和超储库存量。

8.1.3.4 器材申请量

器材申请量是指为完成本单位所承担的任务，要求上级分配和供应的数量。它是本单位的需要与自有资源平衡以后得出的不足数量。器材申请量是申请计划的最终结果，是确定器材分配量的重要依据。

8.1.3.5 器材分配量

器材分配量是指器材主管部门经过对器材申请量和可供资源量进行平衡安排后,确定分配给下级器材保障机构和各需用单位的器材数量。它反映了器材主管部门对需用单位和下级器材保障机构申请量的保障程度。在一般情况下,器材分配量不大于器材申请量。

8.1.3.6 器材供应量

器材供应量是指器材保障机构根据分配指标和需用单位的实际需要情况,具体确定或实际供给需用单位和下级器材保障机构的器材数量。它反映了器材分配指标的落实程度。在一般情况下,器材供应量不大于器材分配量。当供应量等于申请量时,称为足量供应;当供应量小于申请量时,称为限量供应。

8.1.3.7 器材消耗定额

器材消耗定额是指在规定的维修条件下,完成单位装备维修所规定的器材消耗数量标准。它是核算器材申请量和分配量的重要依据。

8.1.3.8 器材储备定额

器材储备定额是指在一定条件下,为保证装备维修得以正常进行而必须储备的器材数量标准。它是衡量器材库存量合理与否的重要指标,也是进行器材申请和分配的依据之一。

除了上述主要指标,器材保障计划指标还有利用库存指标、节约指标、回收指标、修复件和专用自制件指标等。器材保障计划指标是依据器材保障计划管理的需求而建立的,具有相对稳定性。但它不是一成不变的,随着器材保障计划管理工作的进一步发展,器材保障计划指标体系也将不断得到改进和完善。

8.1.4 器材需要量的预计

器材需要量与一定的使用时间(计划期)相对应,从平均意义上讲,使用时间长需要量就大,反之需要量小。在实际统计与预计中,器材需要量一般对应一个批量供应周期。在雷达装备器材中,最重要的是对备件配置的预计,还包括各类附品、材料的预计。

8.1.4.1 备件配置需要量预计

备件配置需要量的确定方法有很多,这里着重介绍经验法、分析法和模型法。

1. 经验法

经验法的原理是根据试验数据或类似雷达的实际统计数据，确定新型雷达备件的品种与数量，即参照同类（或类似）装备的维修器材消耗情况来计算维修器材需要量的方法。其计算方法为

$$Q = M \cdot D \cdot K \tag{8-1}$$

式中，Q——某种器材需要量；

M——该种装备的实力数；

D——类似装备的维修器材筹措供应标准；

K——调整系数。

这种方法一般用于新型装备的器材需要量计算，或者为完成某项任务，在既无筹措供应标准又无历史资料的情况下采用。能快速进行器材需要量的预计，但结果准确度较差，可用于初步估计。

2. 分析法

分析法的原理是通过对雷达装备的故障、维修工作进行详细分析，得到较准确的备件配置要求。在没有某型装备或相似型号装备的大量保障数据以供统计的情况下，这种方法是比较适用的。可以按 GJB/Z 1391—2006《故障模式、影响及危害性分析指南》进行故障模式、影响及危害性分析，按 GJB 2961—1997《修理级别分析》进行修理级别分析和维修任务分析，确定备件的品种与数量。要想最终得到雷达装备器材需要量，还需要了解器材需求率和器材筹供比例的相关概念。

1）器材需求率

器材需求率指在规定条件下，装备在单位时间内对维修器材需求的平均数量，记为 α，则

$$\alpha = \frac{N}{t} \tag{8-2}$$

式中，t——某时间段；

N——该时间段内的器材需要量。

器材需求率反映了装备需要备件的程度，不仅取决于零部件的故障率，还取决于维修策略、装备使用管理、装备使用环境等方面因素。具体来说，影响器材需求率的主要因素包括零部件的故障率、工作应力、零部件对损坏的敏感性、气候条件和地理条件、装备的使用强度和装备管理水平。

可以通过故障模式与影响分析及修复分析方法（FMEA 及 RA）来分析装备的器材需求率。FMEA 是一种常用的分析方法，从中可得到装备可更换单元的可靠性特征（故障模式原因及影响）及有关数据（故障模式发生的频率）；在 FMEA 的基础上

进行修复分析（RA），即可得到可更换单元修复方面的信息和数据。FMEA 及 RA 基本表如表 8-1 所示。

表 8-1 FMEA 及 RA 基本表

分系统	重要件		故障模式		故障原因		修理方法			修复级别		备注
	名称	故障率	代码	比率	代码	比率	调整	修复	更换	部队级	基地级	

表中需要填入可更换单元的故障率和故障模式、故障原因的比率，由此计算出器材需求率。若缺少可更换单元的故障数据，则可根据相似装备的经验数据填入。这些比率的关系如图 8-1 所示。

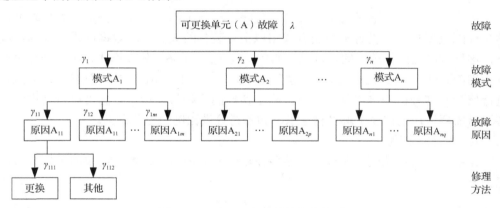

图 8-1 FMEA 及 RA 中的比率关系

图中，λ 为某类可更换单元的故障率；γ_j 为该可更换单元第 j 类故障模式的比率，有 $\sum_j \gamma_j = 1$；γ_{jk} 为第 j 类故障模式中第 k 种故障原因所占比率，有 $\sum_k \gamma_{jk} = 1$；γ_{jk1} 为第 j 类故障模式的第 k 种故障原因需要更换修改的比率；γ_{jk2} 为第 j 类故障模式的第 k 种故障原因采用其他方法（调整、原件修复等）修理的比率，有 $\gamma_{jk1} + \gamma_{jk2} = 1$。该类可更换单元的器材需求率为

$$\alpha = \sum_j \sum_k (\lambda \gamma_j \gamma_{jk} \gamma_{jk1}) \tag{8-3}$$

例 8-1：以某型雷达发射机为例，对上述方法进行说明。该系统磁力启动的 FMEA

及 RA 如表 8-2 所示。

表 8-2 磁力启动的 FMEA 及 RA[$\lambda = 0.001\text{h}^{-1}$]

重要件		故障模式		故障原因		修理方法	修理级别	修理时间(min)	备注
名称	故障率	名称	比率	名称	比率				
磁力启动器	10.5%	触点接不通	100%	触点锈蚀	30%	更换			
				触点烧蚀	20%	更换			
				触点松动	40%	修复	部队级	15	
				触点间有异物	10%	修复	部队级	10	

由表可知，$\gamma_1=100\%$，$\gamma_{11}=30\%$，$\gamma_{12}=20\%$，$\gamma_{13}=40\%$，$\gamma_{14}=10\%$，$\gamma_{111}=\gamma_{121}=100\%$，$\gamma_{131}=\gamma_{141}=0$；磁力启动器故障率 $\lambda_i = \lambda \times 10.5\% = 0.001 \times 0.105 = 1.05 \times 10^{-4}$。

由式（8-3）可得

$$\alpha_i = \lambda_i(\gamma_1\gamma_{11}\gamma_{111} + \gamma_1\gamma_{12}\gamma_{121}) = 1.05 \times 10^{-4} \times (0.3 + 0.2) = 5.25 \times 10^{-5}\,\text{h}^{-1}$$

2）器材筹供比例

器材筹供比例是指在规定条件下，每单位（或一个基数量）装备所需的年维修器材数量，通常用"件/（年·单位装备）"或百分比表示。当考虑具体工作时，可分为筹措比例和供应比例，其中包括单台器材用数比例，因此在编制计划时，只需将百分比乘以装备实力。

在确定了器材需求率的基础上，可以用式（8-4）计算出维修器材的筹供比例为

$$e = L \cdot \alpha \cdot T \tag{8-4}$$

式中，e——器材筹供比例，单位是件/（年·单位装备）；

L——装备含某种维修器材的个数；

α——器材需求率；

T——供应保障的时间，通常为一年。

得到该装备的某类器材筹供比例后，可将其作为该器材的筹供标准。

3）器材需要量的计算

通过上述方法，得到某型装备可更换单元的器材需求率和筹供比例后，可根据装备实力数和筹供标准直接计算该器材的年度需要量。其计算方法为

$$Q = M \cdot e \tag{8-5}$$

例 8-2：现有某型号雷达 30 部。已知该雷达某零件 i 的筹供比例为 20，求本年度该雷达零件 i 的需要量。

解：由式（8-5）可知，该雷达第 i 种零件的需要量为

$$Q = M \cdot e = 30 \times 20\% = 6 \text{ 件}$$

使用分析法为各类器材生成筹供标准，可以方便装备使用单位、各级器材保障

部门快速得到器材需要量，简化各类器材保障计划的制订工作，同时得到的结果比较科学、精确；但是，科学的制定筹供标准是一项较复杂的工作，需要装备研制单位提供的可靠性、维修性、保障性分析等多方面的信息数据，并与维修保障诸要素权衡后，才能合理地确定，分析工作量比较大。

3. 模型法

模型法的原理是按战备完好性要求确定备件保障度，根据备件的分类、寿命分布类型及其适用范围，确定该器材的计算模型，从而确定器材需要量。

1）备件保障度估算

备件保障度是指在规定的条件下，需要时得到备件的概率；与其相对的概念是备件风险率，指在规定的条件下，需要时得不到备件的概率。因此，备件保障度+备件风险率=1。用于描述战备完好的常用参数包括战备完好率、使用可用度等，因此，可以根据这些现有的装备参数指标求得备件保障度。备件保障度可用下述工程近似计算公式确定。

若规定的维修人员、维修设备、维修资料等均已到位，且只考虑备件的影响，则使用可用度与备件风险率的关系式为

$$A_o = A_{op} \frac{\overline{T}_{bf}}{\overline{T}_{bf} + \overline{M}_{ct} + \beta \overline{T}_{dt}} \quad (8\text{-}6)$$

可得

$$\beta = \frac{A_{op} \overline{T}_{bf}}{A_o \overline{T}_{dt}} - \frac{\overline{T}_{bf} + \overline{M}_{ct}}{\overline{T}_{dt}}$$

则备件保障度为

$$P = 1 - \beta = 1 + \frac{\overline{T}_{bf} + \overline{M}_{ct}}{\overline{T}_{dt}} - \frac{A_{op} \overline{T}_{bf}}{A_o \overline{T}_{dt}} \quad (8\text{-}7)$$

式中，A_o——使用可用度，以概率表示；

A_{op}——预防维修使用可用度，以概率表示；

$\overline{T}_{bf}$——平均故障间隔时间；

$\overline{M}_{ct}$——平均故障修复时间；

β——备件风险率；

$\overline{T}_{dt}$——备件保障平均延误时间。

其中，预防维修使用可用度可以表述为

$$A_{op} = \frac{T_m - T_p}{T_m} \quad (8\text{-}8)$$

式中，T_m——在备件供应周期内，雷达的任务日历时间；

T_p——在备件供应周期内，雷达总的预防维修时间。

例 8-3：某雷达要求使用可用度 A_o=0.9，在备件供应周期内规定的雷达任务日历时间 T_m=8760h，在备件供应周期内雷达总的预防维修时间 T_p=140h，平均故障间隔时间 $\overline{T}_{bf}$=100h，平均故障修复时间 $\overline{M}_{ct}$=0.5h，备件平均保障延误时间 $\overline{T}_{dt}$=72h，估算备件保障度。

解：由式（8-8）可得

$$A_{op} = \frac{T_m - T_p}{T_m} = \frac{8760 - 140}{8760} \approx 0.984$$

根据式（8-7）可得

$$P = 1 + \frac{100 + 0.5}{72} - \frac{0.984 \times 100}{0.9 \times 72} \approx 0.877$$

2）不同寿命分布类型的备件计算模型

雷达装备器材按寿命分布可分为指数备件、正态备件、威布尔备件等几种典型形式。例如，雷达的电子、电气类备件，寿命分布一般服从指数分布；机械件备件，寿命分布一般可按正态分布处理，属限寿件；其他如橡塑件、木材件、布料等器材一般不假定寿命分布，其寿命按经验数据给出。备件寿命分布类型及其适用范围如表 8-3 所示。

表 8-3 备件寿命分布类型及其适用范围

分 布 类 型	适 用 范 围
指数分布	具有恒定故障率的备件：半导体器件、硅晶体管、插件板、印刷电路板、电子管等
正态分布	轮胎磨损、变压器、灯泡、电动绕组绝缘、金属疲劳等
威布尔分布	滚动轴承、继电器、开关、断路器、某些电容器、磁控管、电位计、陀螺、电动机、蓄电池、机械液压恒速传动装置、压泵、空气涡轮发动机、齿轮、活门、材料疲劳等

根据备件的寿命分布类型，可以确定备件的计算模型，以确定该类型备件的需要数量。下面就雷达装备备件常用的指数分布、正态分布、威布尔分布，分别讨论其备件模型。

（1）指数分布备件计算模型。

当假定储备状态中的雷达装备备件无寿命损耗（存放期内无失效）时，雷达装备中的元器件与其储存的备件之间，构成了一个冷储备系统。已知该类型备件寿命服从指数分布，所需备件的数量可使用冷储备系统可靠度公式确定，即

$$P = \sum_{j=0}^{S} \frac{(N\lambda t)^j}{j!} e^{(-N\lambda t)} \tag{8-9}$$

式中，P——雷达中某备件的保障度；
S——雷达中某备件所需备件数；
N——雷达中某备件的机用件数；
λ——雷达中某备件的故障率；
t——周转时间。

对于不可修复件，t 用保障期内的累积工作时间计算；对于可修复件，按修理周转期计算。若需要部队级修理，则为 $\overline{M}_{ct}$；若需要后送基地级修理，则 t 按周转期内累积工作时间计算。

例 8-4：某雷达有信号处理印制板插件 20 块，每块失效率 $\lambda = 10^{-5}$ 次/h，印制板送基地级修理周转时间为 6 个月，按每月 30 天，每天工作 24h。求在保障度大于或等于 95% 的条件下，需要储备多少块该插件？

解：因印制板插件是可修复件，采用后送修理方案，因此 t 应按周转期内累积工作小时计算，则有

$$t = 6 \times 30 \times 24 = 4320 \text{h}；N\lambda t = 20 \times 10^{-5} \times 4320 = 0.864 \text{ 次/h}；P \geqslant 95\%$$

代入式（8-9），迭代运算后得 $S=3$，即需要储备 3 块印制板插件。

（2）正态分布备件计算模型。

在已知正态分布备件平均寿命为 E，标准差为 σ，更换周期为 t（若是磨损寿命，则 t 用工作时数；若是腐蚀、老化寿命，则 t 可以用日历时数近似）和备件保障度的条件下，单项件（单个可更换单元）备件需求量为

$$S = \frac{t}{E} + u_P \sqrt{\frac{\sigma^2 t}{E^3}} \qquad (8-10)$$

式中，u_P——标准正态分布分位数，可从正态分布表中查出，与保障度 P 对应的 u_P 如表 8-4 所示。

表 8-4 保障度与标准正态分布分位数关系表

P	0.9	0.95	0.99	0.995
u_P	1.28	1.65	2.3	3.09

例 8-5：已知某正态分布备件的平均寿命 $E = 10^3$ h，标准差 $\sigma = 200$h，更换周期 $t = 2 \times 10^4$ h，求对应 $P = 95\%$ 时的备件数 S。

解：由式（8-10）可得

$$S = \frac{t}{E} + u_P \sqrt{\frac{\sigma^2 t}{E^3}} = \frac{2 \times 10^4}{10^3} + 1.65 \sqrt{\frac{200^2 \times 2 \times 10^4}{10^9}} \approx 21.5 \approx 22$$

即需要 22 个备件。

（3）威布尔分布备件计算模型。

已知：

① 当某备件的寿命分布为威布尔分布时，根据该分布基本函数式，有

$$F(t) = 1 - \exp\left[-(\frac{t-\gamma}{\eta})^m\right]$$

② 一部雷达中需要用 N 个该备件。
③ 该备件保障度为 P，并设此事件（备件故障时能得到满足）服从正态分布。
④ 单部雷达累积工作时间为 T。
⑤ 共有 M 部雷达。
⑥ 该备件可修复，修复率为 μ。

当单部雷达累积工作时间小于或等于 T，备件保障度为 P 时，需要为 M 部雷达提供的该备件数为

$$S = L(1-\mu)\frac{T}{\theta} + u_P\sqrt{L\frac{T}{\theta}(1-\mu)\left[\mu + (1-\mu)\frac{\sigma^2}{\theta^2}\right]} \quad (8\text{-}11)$$

式中，L——M 部雷达中的该备件的机用总数，$L = M \cdot N$；

θ、σ^2——$F(t)$ 的均值和标准差。

根据威布尔分布的寿命特征函数，可得到

$$\theta = \gamma + \eta\Gamma(1+\frac{1}{m})$$

式中，$\Gamma(1+\frac{1}{m})$ 为伽马函数

$$\sigma^2 = \eta^2\left[\Gamma(1+\frac{2}{m}) - \Gamma^2(1+\frac{1}{m})\right]$$

u_P 为与保障度 P 对应的标准正态分布分位数，从正态分布表中查出（见表 9-4）。

例 8-6：已知某雷达 $M = 5$ 部，某威布尔分布备件的机用数为 $N = 3$ 个，其参数分别为 $m = 2$，$\eta = 1000$ h，$\gamma = 0$，单部雷达的累积工作时间 $T = 5000$ h，备件的修复率 $\mu = 0.9$，备件的保障度 $P = 95\%$，并设此事件（备件失效时能得到满足）服从正态分布，求备件数 S 为多少？

解：查 Γ 函数表，当 $m = 2$ 时，有

$$\Gamma(1+\frac{1}{m}) = \Gamma(1.5) = 0.8862$$

$$L = M \cdot N = 15$$

$$\theta = \gamma + \eta\Gamma(1+\frac{1}{m}) = 1000 \times 0.8862 = 886.2$$

$$\sigma^2 = \eta^2\left[\Gamma(1+\frac{2}{m}) - \Gamma^2(1+\frac{1}{m})\right] = 1000^2 \times (1-0.8862^2) \approx 2.146 \times 10^5$$

由式（8-11）可得

$$S = 15(1-0.9)\frac{5000}{886.2} + 1.65\sqrt{15\frac{5000}{886.2}(1-0.9)\left[0.9 + (1-0.9)\frac{(2.146\times 10^5)^2}{886.2^2}\right]} \approx 14$$

即需要备件数 14 个。

8.1.4.2 主要材料消耗量的预计

对雷达装备主要备件以外的各类材料消耗量的预计，一般有以下三种基本方法。

1. 技术计算法

技术计算法是根据产品图纸和工艺资料，计算材料消耗量的方法。这种方法确定的消耗量比较准确，但它要求具备完整的技术资料，计算工作量大。

2. 实际测定法

实际测定法是通过现场称重、计算等方式，对实际消耗材料进行测定，经过分析研究，制定材料消耗量的方法。使用这种方法时，应选择定额合理的典型材料作为测定的对象。它的优点是切实可行，能消除某些不合理的因素，但它受一定生产技术水平和测定人员水平的限制，不能完全消除各种不合理因素。

3. 统计分析法和经验估算法

统计分析法是根据实际材料消耗的历史统计资料，进行简单的计算和分析，借以确定材料消耗量的方法；经验估算法是以相关人员的经验和资料为依据，制定材料消耗量的方法。这两种方法简单可行，容易掌握，但估算值的质量往往在很大程度上受统计资料准确性和制定人员经验局限性的影响，难以保证估算值的准确。

8.1.4.3 器材需要量的确定

在实际确定器材需要量时，在除预计备件和其他材料消耗量之外，通常还需要考虑器材损失量和机动量，一般是三者之和。预计器材消耗量是预计器材需要量的核心。

消耗量是指在达成任务目的的行动过程中，直接消耗和间接消耗的数量。在进行器材预计时，一定要注意掌握器材的消耗规律，充分考虑各种因素，尽可能做准确的预计，从而将器材的保障建立在科学可靠的基础上。通过上述备件配置数量的预计，以及其他材料消耗量的确定过程，可以得到雷达装备各类器材的消耗量。

实际预计器材消耗量时，常以器材基数标准为计算单位进行预计，即预计器材消耗多少个基数标准。器材基数标准是器材配备和供应的配套标准。雷达装备器材基数标准大多分为小修基数标准和中修基数标准。每种装备的小修基数标准和中修基数标准所配备器材的品种、数量，是以保证小修或中修一定数量（如 10 台）的该种装备为标准进行计算、确定的，或者以一定数量的该种装备在一定时间（中修期、半年或一年）内正常维修和作战损坏修理的器材需要量综合确定的。小修基数标准主要配备小型零配件，保障装备轻度损坏修理或小修所需的器材。中修基数标准主要配备一些大、中型零配件，保障装备中度损坏修理或中修所需的器材。

损失量是指在器材保障过程中损失的数量，通常包括自然损耗量和战损量。自然损耗量是指器材在储运过程中的自然损耗数量；战损量是指器材在储运过程中因敌袭击破坏而损失的数量。损失量的预计通常应根据储运条件和可能遭敌破坏的程度，在作战损失和消耗量的基础上取适当比例。

机动量是指为应付意外情况和满足计划外补充所需要的数量。信息化作战任务多变，意外情况随时可能发生。为增强器材保障的弹性，应在预计器材消耗量、损失量的基础上，增加一定的机动量。

8.2 器材筹措管理

器材筹措是指器材保障部门通过各种形式和渠道，有组织、有计划、有选择地进行申请、采购、订货、生产等一系列筹集活动的统称。器材筹措应以器材供应标准、储备限额和经费指标为依据，遵循统一计划、分级负责、按需筹措、突出重点、择优订货、注重效益的原则。

8.2.1 筹措要求

器材筹措总的要求是，依据国家政策法规，经济合理、适时可靠地获得数量、质量满足装备维修要求的器材。具体有以下几点。

8.2.1.1 严格遵守国家、军队的有关政策规定

国家颁布的一系列经济法令明确规定了器材物资流通和市场购销活动的基本原则，以及处理各种经济关系的正确方法；军队的有关规定是正确处理军地、军政关系，保护军队合法权益的行为准则。器材筹措必须遵守这些法律、政策和规定，保持和谐、密切的供需关系，稳定地获得优质的器材。

8.2.1.2 科学、合理地制订器材筹措计划

要从系统的整体效益出发，根据器材消耗规律和合理储备的需要，科学、合理

地制订器材筹措计划，全面、认真地论证和科学地确定筹措量等各项指标，正确选择筹措方式、供货单位、购货批量、购货时机和运输方式，以提高器材供应的准确性和有效性。

8.2.1.3 努力提高器材保障的军事经济效益

树立军事经济效益的观念要在保证满足军事需求的同时，将经济效益作为平时器材筹措和管理水平的重要衡量标准，搞好经济核算，以较低费用消耗获得所需的器材。例如，采取合理措施，减少运营费用、管理费用、资金占用利息支出；严格计划、加强市场调查、尽可能就地就近筹措。要采用可行策略和技术作为指导：一是集约筹措，争取批量购买的价格优惠；二是价比"三家"，择廉购买；三是测定合理进货原价等。

8.2.1.4 强化信息管理

及时、全面、准确地获取器材筹措各方面的有关信息，是正确进行器材筹措决策的科学依据，是正确开展各项器材业务工作的依据，也是器材管理的一项基础性工作。因此，必须强化信息管理，建立快速、准确的器材管理信息系统，以便及时掌握市场信息，为器材筹措决策提供科学可靠的依据。

8.2.1.5 确保器材筹措质量

器材筹措的质量是保证器材使用可靠性和供应有效性的基础。因此，器材筹措一定要把好质量关，做好器材采购和接收的检验工作。器材保障工作人员要保证购进质量优良的器材，对于超过规定标准的不合格器材，要及时妥善解决。要树立质量观念，深刻认识器材质量的好坏直接关系到装备的性能质量、军队建设的质量。要掌握装备的性能，提高针对性，善于择优购买质量优良的装备保障器材。从目前雷达器材管理部门的实际情况来看，建立、完善、运行质保体系还有一个过程，器材的质量主要靠生产单位保证。

8.2.2 筹措程序

筹措程序是指由器材使用单位即装备维修部门提出需求，到生产企业或物流企业运送器材到使用单位或器材保障机构，办理完财务结算手续为止的工作过程。不同部队、不同类型的筹措程序不尽相同，但一般包括三个阶段：筹措决策阶段、采购订货阶段、进货作业阶段。

筹措决策阶段的主要工作：收集并分析装备实力及技术状况，计划期内训练小时数，计划期内经费指标和有关标准，各有关单位的申请计划，现有库存情况，各供货单位生产的品种、规格及生产情况和市场行情等；在分析收集的资料信息的基础上，预计任务量、器材需要量和供应量，并确定器材筹措的品种、规格与数量；按一定评估准则对筹措方式、供货单位、购货时机、购货批次和每批进货数量、运输方式等选择合理对策；根据统一筹措、分级管理的原则，分别制订相应的筹措计划。

采购订货阶段的主要工作：与供应方进行协商，就采购器材的品种、数量、质量、价格、时间、交货地点、运输方式、货款支付、售后服务、信息反馈等方面达成协议，签订合同，确定供需双方的权利和义务，并严格遵守和执行。

进货作业阶段的主要工作：器材保障机构进行订货合同的审查登记，及时了解合同执行情况，根据合同条款编制运输计划，组织接运或提货，验收入库，付款结算，等等。

雷达装备器材的筹措程序基本上也是围绕这三个阶段展开，根据雷达装备器材保障的特点和相关管理规定，具体分为计划编制、计划实施、质量监控、验收上报四个步骤。

8.2.2.1 计划编制

器材筹措计划分年度筹措计划和临时筹措计划两种。雷达部队根据本单位装备实力、库存情况、年度训练和战备任务需要，在规定的供应指标内，制订本级年度采购预算和年度器材申请计划，并在规定的时间内上报；战区保障部门在汇总部队申请的基础上，编制本区年度采购计划和申请计划；各军种在汇总各战区申请计划的基础上，根据军委下达的储备指标，拟制本年度筹措计划。

临时筹措计划，各级应根据临时任务和特殊需要，随时编报。各级筹措计划均需主管领导批准后，方可组织实施，不得随意更改。

8.2.2.2 计划实施

各级业务部门要对供应方的产品质量保证体系进行调查研究，选择信誉良好的生产厂家或经销商，确定合格供应方名录。军种和战区两级的年度采购和订货，引入竞争机制，择优订货。生产厂家和供应方有两（含）个以上，原则上采用招标方式。独家生产的器材，尽量结合当年装备订货一起实施。器材订货采取合同订货方式，合同要符合合同法要求。军种年度器材订货，根据各战区保障部门的申请计划，由供应方对各战区实行直达供货。

8.2.2.3 质量监控

合同供应方应加强生产过程的质量控制，确保器材质量。有驻厂（所）军代表的，军事代表应负责订货器材质量监控和出厂军事检验工作，出具军品检验合格证。

8.2.2.4 验收上报

器材到货后,接收单位应当根据器材订货合同或上级调拨文电,及时组织验收入库,入库情况在规定时间内上报。

此外,抓好装备和器材的同步订货。订购新型装备时,应在装备购置费用中订购不少于购置费用总数10%的维修器材。订购受限、供货周期长等筹措难度较大的器材应加大采购数量。对即将停产而仍在服役的装备器材订货,要根据装备数量和可能继续服役的年限,科学预测,提前进行采购和储备。

8.2.3 筹措方式

结合雷达装备器材保障的特点,在筹措方式上,平时实行集中筹措与分散筹措相结合,以集中筹措为主。具体通过订购(含国外)、采购、代购、自制、外协加工、修复、利废(含报废、战损装备拆件利用)等方式组织实施。战时雷达装备器材的筹措,应根据上级作战意图、作战方案和本级作战保障预案,制订器材保障的应急筹措计划,并立即组织实施。要依据国家战时保障体制,选择具有优势的生产和供货单位,督促其快速组织生产,以保证作战急需。在应急保障时,还可以在部队间互相调剂、支援。

8.2.3.1 计划订购

计划订购是指器材主管部门在明确任务、经费限额、消耗定额、库存量、周转量等基础上,按规定向国家物资主管部门编报器材请领计划,经国家平衡分配后,通过参加全国集中订货、分散订货和直接调拨等形式衔接供需关系,落实分配指标,订购国家计划分配物资。计划订购是目前获取所需器材的主要方式。按照统一计划、分级筹措和以实物供应为主的原则,雷达装备器材的计划订购由各使用军种负责筹措,一般一年订购一次。

8.2.3.2 国外订购

国外订购是指从国外订购进口装备的关键零部件和国内紧缺的重要原材料,通过军队物资主管部门或国家有关部门,进口所需物品,以保证部队建设需要的一种衔接方式。国外订购的原则是"以自力更生为主,区分轻重缓急,保证重点,兼顾一般"。军队进口器材订货,一般分为年度订货和专项订货。大部分订货业务由国家外贸部门办理,少部分业务涉及军队器材部门。

8.2.3.3 市场采购

市场采购是指器材主管部门根据需要直接从市场上购买维修器材的活动。随着国家生产的发展和国家计划分配物资的品种、数量、范围的缩小，市场采购在器材筹措中的地位越来越重要。一般按照审核请购单、编制采购计划、选定供货单位、协商成交的程序进行。

8.2.3.4 外协加工

外协加工是指对除国家工业部门产品目录以外、军内企业不生产或生产不足的产品，委托地方器材保障部门提供原材料和半成品，委托地方企业生产。其主要工作为编制计划（包括申请计划和实施计划两种）、选择承制企业、筹措原材料、签订经济合同、产品检验和财务结算。

8.2.3.5 部队自制

部队自制是指通过工厂或修理分队利用自己的修理能力，对可修复件进行修复，生产部分短缺零件的活动。部队自制的范围包括制造简易零件、配件、应急非制式器材。部队自制器材是弥补器材供应不足和勤俭节约的重要措施，也是不可缺少的维修器材来源之一。它能提高器材的自我生存和适应能力，以及维修人员的技术水平。

8.2.3.6 修复与利废

修复与利废是指通过组织雷达部队所属的技术力量，对可修复件进行修复；检修故障部、附件，拆件拼修，修复废旧器材以资利用等活动。组织修复和修旧利废，应当根据雷达部队专业修理、专工制配力量的技术水平和所需器材的技术要求，确定其相应的任务，并统筹兼顾其他任务的完成；要加强技术管理，保证质量，降低成本；组织好回收故障部、附件和战损、报废装备及废旧器材，广辟器材来源。拆卸利用废旧装备的零部件是维修器材的又一不可忽视的来源。

8.2.3.7 部队间器材的相互支援

部队间相互调剂筹措器材是应急筹措的有效措施，应当本着就近就便、抽多补缺、不严重影响各自任务完成的原则进行。通常由各雷达部队的上级组织协调，在紧急情况下部队间可直接协调取得支援。

部队间器材的相互支援是取得器材的一个重要渠道。各战役方向装备保障机构平时分别位于不同地区，都有一定的战役装备器材储备。由于各地区情况不同，各战役方向所处的地位和担负的作战任务、部署装备类型不同，各方向的保障机构所担负的器材保障任务也就不同。现阶段实行的是以区域性保障和建制性保障相结合，以区域性保障为主的器材保障体制，在未来战争中，各战役方向保障任务、器材消耗情况可能会有较大区别。因此，有必要也有可能在不同战役方向保障力量之间组织装备器材的调剂和支援，以保障部队作战和训练需要。

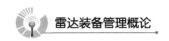
雷达装备管理概论

8.3 器材供应管理

器材供应是指器材保障部门根据装备实力、供应标准、消耗限额和任务的需要而向部队实施的器材发放、补给活动的统称。器材供应与补充是器材保障的重要环节，只有实施及时、不间断地供应，才能保障任务消耗，保持部队持续执行任务的能力。

8.3.1 器材供应要求

雷达装备器材供应遵循统筹兼顾、确保重点、面向部队、按级负责的原则，做到供应及时、准确无误、质量良好、确保安全。

及时、适量、准确是器材供应的基本要求。及时是指补充的时机不能过早，也不能过迟。过早可能增加部队器材储存、管理工作量，造成器材积压、浪费；过迟则可能中断保障、影响雷达维修、使用，影响作战、训练，贻误战机。适量是指补充器材的数量适当。适量的器材是保持部队持续作战能力的重要保证。器材补充过多则可能成为部队的负担。器材补充应根据雷达维修、使用过程中器材的消耗量和现存器材的数量，统一衡量，既保障需要不断档，又不致积压造成浪费，要避免供不应求或供过于求情况的发生。准确是指器材品种规格及质量要与需求相一致。现代雷达装备所需器材品种多、规格型号复杂、品种规格不对路、配套不齐全、质量不合格，运到部队也不能发挥作用，影响雷达装备的维修、使用，贻误战机，甚至造成全局上的被动。

及时、适量、准确地供应是一个整体，三者均不能偏废，只有同时做到及时、适量、准确，才能充分发挥器材的效能，满足部队作战的需要。为了达到上述要求，在器材供应上应做好以下几点。

一是要密切与各方面的联系，及时掌握雷达装备器材信息。器材信息主要包括器材消耗、库存和周转情况。充分掌握器材信息是及时采取补给措施，保障雷达装备维修、使用需要的重要前提。要及时与雷达站保持密切的联系，随时了解雷达装备器材的消耗情况，预计为保障部队作训需要补充的器材种类、数量和地点；要密切与上级装备保障机构的联系，及时、主动地将雷达装备器材的储备、消耗情况向上级装备保障机构做出报告，并根据实际需要提出需求申请，积极取得上级装备保障机构的支持。

二是要严密组织器材供应，灵活指挥供应行动。现代信息化战争，雷达装备的使用首当其冲、贯穿始终、机动频繁、使用强度大、战损概率高，为及时、适量、准确地供应器材，以保障作战需要，必须对器材供应进行严密组织和灵活指挥。在组织计划器材供应时，应充分预见到可能发生的各种情况，拟制多种方案，从器材储备存取，到运输补给力量安排上一一加以落实，并应留有相应的预备力量。在组织实施器材补给过程中，要正确选择最佳运输补给线，选择最佳运输工具，要组织好各部队之间的相互支援。

三是要采用高效率的补给手段。高效率的补给手段主要是指平面补给和立体补给相结合，充分使用铁路、公路、水上运输和航空快速运输工具等实施补给。雷达装备器材供应范围广，补给时要根据运输补给任务的性质及其紧急程度、补给运量大小等，正确选择和确定运输补给手段，近距离以公路运输补给为主、中远距离以铁路、航空运输相结合的运输形式，在特殊情况下可采取无人机运输的方式，充分发挥各种交通工具在紧急补给中的快捷、高效的作用。

8.3.2 器材供应的时机和方法

由于雷达部队承担任务不同，供应手段也不同，因而器材供应的时机、方法都不应是一个固定的模式，供应的时机应根据实际情况灵活确定。应利用临战准备、战斗间隙等有利时机实施，以减少补给中的损失，提高补给效率。

器材供应的方法，通常是以上级计划供应为主，与下级临时申请补给相结合；实物供应与经费保障相结合；以上级前送为主，与下级领取相结合；以逐级补给为主，与越级补给相结合；必要时，可组织相邻部队之间调剂补给。由于现代作战节奏快、机动范围广、器材补给量大，为了争取时间及时供应部队，要减少中间环节，保障作战需要。在条件可能的情况下，应尽可能对部队实施直接供应，采取直达供应的方式，将器材从工厂直达供应到使用单位。

8.3.2.1 平时雷达装备器材供应组织方法

（1）依据雷达装备实力，凡属供应范围内的单位，实行实物供应与经费供应相结合，以实物供应为主。实物供应采取指标控制，计价核算；经费供应采取标准计领，包干使用。对供应范围以外的单位，一律实行价拨。

（2）严格按指标实施供应，超出供应指标的，原则上停止供应；在特殊情况下，需要经上级业务部门批准，调整供应指标后实施供应。超出部分在下年度供应指标中扣除，节余指标可转下年度使用。

（3）部队急需器材，应及时解决。若无库存或库存不足，则经批准可由部队自购，凭发票和入库单由批准单位核销。

（4）器材年度供应指标，各战区器材保障部门及相关直属单位应按器材筹措分工将指标节超情况上报军种装备保障部门，并向各实物供应单位通报。

（5）根据器材的余缺情况，各级业务部门应适时组织调剂。

（6）跨区演习、轮训的随机器材由原战区保障部门配齐，执行任务中的器材保障由执行任务所在地战区负责。

（7）装备改装所需器材，由下达任务的部门负责。技术革新所需少量零星器材，视情价拨或供应实物。

8.3.2.2 战时雷达装备器材供应的组织方法

（1）战前，根据作战任务、战场环境、兵力部署、作战强度、持续时间的预计及作战预案的要求，各级业务部门应制定器材供应保障预案，对重点方向的作战部队，应预置和加大器材储备，形成梯次配备。

（2）战中，采取就近补给、直达供应、友邻调剂或将战损装备拆件利用等方式，满足作战急需。具体承办中，要简化手续，减少层次，提高补给的效率。采用各种运输手段和最佳运输路线，迅速、准确、安全地将器材运抵指定地点。

（3）战后，组织清理、收拢器材，按周转和战备储备标准补充作战消耗，按规定处理战损和多余器材，并总结上报。

（4）跨区作战部队的器材供应，随机器材由原战区负责配齐，战中补给由所在战区保障。

8.4 器材储备管理

器材储备是指为了满足部队装备维修保障需要而进行的预先有计划的储存，是装备器材保障的基础环节，是保证装备器材保障连续、及时、可靠的重要条件。器材储备应当遵循统一计划、分级管理、平战结合、规模适度、结构优化、布局合理、配套齐全、确保质量的原则。器材储备布局以作战需求为牵引，按照方便供应、利于管理和保障重点的要求，纵深梯次配置，分散隐蔽部署，形成上下衔接、左右互补、前后贯通的供应保障网。

8.4.1 器材储备分类

根据器材储备的不同目的和用途，可分为战备储备和周转储备两种。

8.4.1.1 战备储备

战备储备是保证完成战时装备维修需要而设置的储备,一般时间较长。为了保持器材的使用价值不变,应根据器材的理化特性、储备要求、储备的环境条件、器材的质量状况及储备的经济合理性等因素,适时地更新。为便于在战时实施装备器材的及时供应,雷达装备器材的战备储备通常按统一规划、分级储备的原则,根据使用范围和目的,分为战略储备、战役储备和战术储备。

战备储备器材由各军种负责组织订购,指定部队负责管理,要求统一保管,专人负责,单独建账,装箱存放,标识明显,定期检查维护;按照用旧储新的原则,及时组织轮换更新,确保数量准、质量好。战备储备器材平时严禁动用,确需动用时,必须经相关部门批准。

8.4.1.2 周转储备

周转储备是为保证平时雷达装备维修需要而建立的储备,包括经常储备和保险储备两部分。经常储备是指在两次进货的间隔期内,为保证正常供应的需要而设置的器材储备;保险储备是预防出现意外情况时,能实施不间断供应而设置的器材储备。最高储备量是这两种储备的数量之和。对于确切知道未来需求量的确定型库存,可以不设置保险储备,但对于需求量是以概率分布确定的随机型库存,一般要设置保险储备。

8.4.2 器材储备要求

为了满足部队在平时和战时的雷达器材需求,保证及时、连续、可靠地为部队提供保障,器材储备管理主要在储备规模、结构和布局等方面进行优化。

8.4.2.1 储备规模要适当

为满足雷达装备维修保障的需要,器材储备应当具有一定的数量规模。受雷达装备器材消耗规律和特点影响,这一规模既不能过大,又不能过小。规模过大,周转、使用和更新的周期长,容易造成过期失效和积压浪费,增加储存保管成本等,导致保障效益降低;规模过小,难以及时、连续地满足部队需要,造成保障中断,从而影响雷达装备作战、训练任务的完成。

雷达装备器材的储备规模,首先,要充分考虑部队的雷达装备器材消耗需求,一方面要根据部队装备数量、故障率等因素,预计雷达装备器材的基本需要;另一方面要根据未来作战的可能规模、强度,雷达装备战损概率等,预计雷达装备器材的损失消耗、战中筹措和补充的难易等对器材保障提出的特殊需求,力求使装备维修器材的储备规模既能满足平时的基本需要，又能适应战时可能的最大需要。其次，应充分考虑现实的储备能力，要根据国家可能提供的财力、器材生产能力、储备设施的条件及器材的储存保质周期等实际情况，确定符合现实能力的储备规模。通常，需求数量大的器材应多储，需求数量小的应少储；技术先进，生产工艺复杂、周期长，战时不易突击生产的和主要依靠进口、战时不易筹措的装备器材应多储，反之则应少储；雷达装备专用器材应多储，通用器材应少储；便于储存、不易过期失效的维修器材可适当多储，不便储存、易于过期失效的应尽量少储。

8.4.2.2 储备结构要综合配套、比例合理

储备结构是指所储备的装备器材的品种、规格、性能之间的构成关系。雷达装备型号多、系列化程度高，雷达装备维修对器材的依赖性不断增强，任何一种维修器材的缺少，都会影响雷达装备维修活动的有效进行。因此，装备器材应当形成综合配套、比例合理的储备结构。建立合理的储备结构应做到以下几点。首先，应注重综合配套。应当根据雷达装备的体系构成和编制实力对器材提出的相应要求，储备相应的维修器材。不仅要做到种类齐全、品种配套，还要根据各级装备维修保障的不同需要形成相应的系列。其次，应形成恰当比例。各型雷达装备维修器材应当根据实际需要和相互配套关系，形成合理的数量比例关系，从而形成与维修工作分工关系相适应、符合供需关系的储备结构。最后，应讲求动态平衡。雷达装备器材储备一方面应保持充足的数量，以保证不间断地实施供应；另一方面要把握和遵循在储器材的变化特点和规律，避免器材因储存时间过长而导致性能下降甚至失效的情况发生，防止损失和浪费。因此，应合理安排雷达装备器材储备的时间和顺序，善于通过合理地组织储备的周转使用和补充更新来达到"用旧补新"的良性动态循环，实现器材储备的动态结构最优化。

8.4.2.3 储备布局要合理

储备布局是指器材储备的空间分布、层次分布。为了在部队要求的任何地区都能提供所需的装备器材，器材储备应当形成合理的布局。通常应结合部队的平时部署、战时可能的作战任务及兵力配置、自然地理条件等情况，根据储备的层次分工和军种分工，建立以战略储备基地为依托，各战区的分区储备与随行部队的携运行储备相衔接，全纵深、多层次、全方位的装备维修器材储备布局。

雷达装备器材的储备布局，是以作战需求为牵引，按照方便供应、利于管理和保障重点的要求，纵深梯次配置，分散隐蔽部署，形成上下衔接、左右互补、前后贯通的供应保障网。

为适应作战的需要，雷达装备器材的储备应综合考虑作战任务、战场环境、储存条件等因素，本着便于调运、供应和管理、减少中转环节、利于安全等原则，合

理区分和配置，使各级都有与保障任务相适应的器材储备，以增强器材供应的时效性、弹性。由于雷达装备部署具有点多面广、地域分散、交通条件差等特点，因此，器材储备应尽量靠前配置，以避免战中前方器材奇缺，后方器材积压的情况发生。此外，器材的区分配置还应做到：主要方向和运输困难的地方多储，次要方向和一般地区少储。

8.4.3 器材库存管理

器材库存管理主要内容与环节包括库存量的控制，库存器材的日常管理，器材的收发，报废、多余积压器材的处理等。器材库存管理应严格执行规章制度，建立岗位责任制，加强数量、质量监控，实施全程管理，采取有效措施，确保库存器材始终处于良好状态。

8.4.3.1 库存量控制

为保证装备正常运行及装备维修保障工作的顺利开展，必须有足够的装备器材储备量。但器材储备量受经费、库容量等因素制约。因此，器材的库存量必须控制在合理的水平上。

对库存量的大小进行控制（确定何时订货及订货量）的技术叫作库存控制技术。从库存控制的角度来看，能影响库存量大小的只有订货、进货和供应过程。订货、进货过程使库存量增加，供应过程使库存量减少。要进行库存量控制，就要对这两种过程进行控制。器材的供应与器材的消耗直接相关，对器材供应过程的控制，会影响对器材使用单位的保障程度，是被动的；而对器材订货、进货过程的控制是主动的。因此，库存量控制的关键是制定一个合适的订货策略。订货策略的内容主要包括三个方面：一是什么时候订货，即订货时机；二是订多少货，即订货数量；三是订货方法。

库存量控制的常用方法主要如下。

1. 观察法

观察法依据维修器材管理人员的经验，决定订货时间、数量、应有的储存等，个人因素影响较大。

2. ABC 分类法

维修器材种类繁多，价值、重要性不一。因此，在库存量控制中，必须区别对待，才能有效。ABC 分类法将库存的器材按其所占金额大小划分为 A、B、C 三大类，依其重要顺序加以控制。A 类器材数量约占器材总数的 15%，但其价值却约占总金额的 80%；B 类器材数量约占器材总数的 25%，但其价值却只有不到 15%；而 C 类器材数量约占 60%，其价值占不到 5%。

按上述方法分类，对 A 类器材应进行重点控制，在订购时应选择最佳订购批量，在储存保管中，采取措施，加强控制。对 C 类器材只进行一般控制。而 B 类器材根据实际情况，可实行重点控制也可实行一般控制。在实际应用中应根据具体情况，对各类器材分别应用 ABC 分类法，也可使分类数为两类或大于三类，但基本原理相同。ABC 分类法既可按器材金额分类对库存量进行控制，又可按器材使用的频率或器材对完成任务的重要程度分类对库存量进行控制。

3．定量法

定量法的订购点和订购批量都是固定的，前置时间和库存量下降的速率（需求率）是可变的。库存量每下降到订购点 R 时，就立即发出订单，订购已算好的批量 Q_0。因此，它的订购时间是不定的，由器材的需求率确定。定量法控制的库存量变化情况如图 8-2 所示。

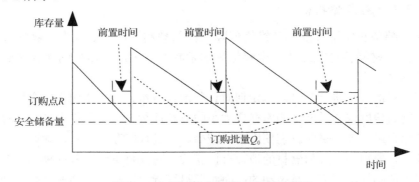

图 8-2　定量法控制的库存量变化情况

与定量法控制有关的主要问题如下。

1）最高库存量

在前置时间可以忽略不计的库存模型中，最高库存量指每次到货后所达到的库存量；当存在前置时间时，最高库存量是指发出订购要求后，应该保存的数量。由于此时并未实际到货，所以最高库存量又称为名义库存量，受实际库房大小和占用经费限制。其计算方法为

$$最高库存量 = 最低库存量 + 经济批量 \qquad (8\text{-}12)$$

2）最低库存量（或保险储备量）

由于器材需要量和前置时间都可能是变化的，因此，前置时间内的需要量也是变化的，其波动幅度可能大大超过其平均值，为了预防和减少这部分变化需求造成的缺货，同时为了保证发生意外情况时，能不间断供应，必须准备一部分库存，这

部分库存称为最低库存量,一般库存量在正常情况不应低于此值。其与安全储备量系数、前置时间和器材需求率均方差等有关:

$$最低库存量 = 需求量 \times 前置时间 + 安全储备量系数 \times 需求率均方差 \times \sqrt{前置时间 + 订购时间} \qquad (8-13)$$

3)订购点

订购点的库存量和前置时间是相对应的,当库存量下降到这一点时,必须立即订购。当所订的器材尚未到达并入库之前,库存量应能按既定的保障度满足提前订购时间的需求。订购点的确定与前置时间、器材消耗率均值、安全储备量系数和器材需求率均方差等有关:

$$订购点 = 前置时间 \times 器材消耗率均值 + 最低库存量 \qquad (8-14)$$

4)订购批量

库存系统根据需求,为补充某种器材的库存而向供应方一次订(采)购的数量。它与器材的需要量、订购成本、订购单价和储存成本等有关:

$$订购批量 = \sqrt{\frac{2 \times 器材需要量 \times 单位器材订货费用}{单位器材储存费用}} \qquad (8-15)$$

定量法主要用于那些价廉且数量多的器材的库存量控制,也就是说主要用于 ABC 分类法中的 C 类器材,也可用于 B 类器材。

4. 定期法

定期法是以固定的订购间隔期为基础的控制方法,按照规定的订购间隔时间(如一周、一月、一季或一年)进行库存检查并开始订购,以补充库存量。订购批量随着两次订购间的需要量变化而不同。订购批量的大小通常是经核定的一个最高库存量与检查期盘点的库存量(包括已订货而未到货的器材)的差额。图 8-3 所示为定期法控制的库存量变化情况。

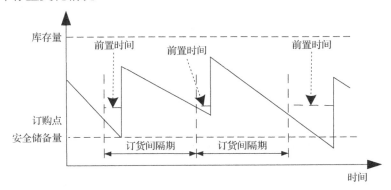

图 8-3 定期法控制的库存量变化情况

与定期法控制有关的主要问题如下。

（1）订购间隔期，指两次订购的时间间隔，或者订购合同中规定的两次进货之间的时间间隔，它应考虑前置时间及费用因素：

$$订购间隔期 = \frac{全年器材需要量}{经济订购批量} \quad (8\text{-}16)$$

（2）最高库存量和安全储备量：

$$最高库存量 = (前置时间 + 订购周期) \times 平均需求率 + 安全储备量 \quad (8\text{-}17)$$

$$安全储备量 = 安全储备系数 \times 需求率均方差 \times \sqrt{前置时间 + 订购时间} \quad (8\text{-}18)$$

（3）订购批量：

$$订购批量 = 最高库存量 - 已定未交量 - 现有库存量 \quad (8\text{-}19)$$

8.4.3.2 库存器材的日常管理

各级器材管理部门应加强对库存器材的日常管理，各类雷达装备库存器材应分清等级，科学管理，定期检查维护。应分类建立账册，按新品、堪用品、待修品、废品四个质量等级分级储存。存放要定量包装，分类存放，堆垛稳固，摆放整齐，标识明显，符合技术标准和战备、安全要求。保密器材要单独建账，专柜存放，专人管理，专册逐号登记；危险品要单独设置库房存放。

库存器材应做到"六清"（品种清、批次清、数量清、质量清、文件手续清、配套清）、"四无"（无丢失、无损坏、无锈蚀、无霉烂变质）、"两要"（收发准确率要达到100%、料帐准确率要达到100%）。对温湿度要求高的器材，应储存在达到"三七"线（温度在30℃以下，相对湿度在70%以下）要求的库房内。对储存环境有特殊要求的器材，应满足存放条件。

定期检查数量、质量情况。库存器材每年至少清点、核查一次，每季抽检不少于一次，项、件抽检率不低于5%，做到账物卡相符；按规定时间和要求对器材进行检查、测试，掌握器材质量变化情况，采取措施延长器材使用寿命。器材数量、质量有变化时，应查明原因，及时更正，并报上级主管部门。大型贵重和保密器材应逐号进行跟踪质量管理。

加强器材的维护保养。按规定项目、内容和期限对器材进行通电、清洁、晾晒和保养。油、蜡封到期的器材应重新包装。

8.4.3.3 器材收发

器材收发应依照上级的订货合同或调拨文电进行，做到及时、准确，手续完备。在收发过程中，发现问题应及时报告，查明原因，妥善处理。

器材调拨时，主管部门应根据所调拨器材的具体情况，确定器材调拨单有效期限。器材调拨单开出后，接收单位应尽快组织请领。发付单位应按调拨单规定时限完成发付，零星器材调拨发付应做到随到随发。

器材接收由接收单位组织实施。接收时，收发双方认真核对，共同检查验收，及时办理接收手续，并将接收情况向上级业务主管部门报告。接收入库后，及时登记入账。

器材发付应贯彻发陈存新，发零存整的原则。严禁将损坏、变质的器材发往部队。具有放射性的器材、贵重器材、保密器材和分机，以及要求回收的其他物品实行交旧领新。

8.4.3.4 报废、多余积压器材处理范围与要求

各级器材业务部门负责本部门下属雷达装备器材的报废、多余积压器材的回收、管理、利用与处理工作，做到物尽其用。

器材回收范围主要包括大型特种电子管、继电器、变压器、电机、电缆、仪器仪表、分机、波导、同轴线、腔体等贵重专用件和各种保密器材等。

回收器材处理应遵循谁筹措谁审批的原则，由部队及时登记，分类鉴定，提出处理意见，填写报废、多余积压器材回收处理报告表，逐级报批。其中有使用价值的器材，由上级器材业务部门组织有关单位鉴定、筛选，进行利用或价拨给相关修理厂。处理涉密的报废器材必须毁形，严防泄密；危险品处理应注意安全，防止污染环境。处理回收器材的收入纳入装备预算外经费管理。

第 9 章 雷达装备信息管理

雷达装备信息管理是在装备全系统、全寿命管理过程中进行装备信息采集、信息加工、信息传输、信息存储、信息使用、信息反馈和信息销毁的过程，并运用计算机及网络技术，实现装备信息的集成共享，辅助装备管理决策，有效提高装备建设水平。它是装备管理工作的出发点和落脚点，是装备管理工作的具体表现形式。确定装备管理目标，进行装备管理决策，制订装备建设计划，实施装备工作的协调控制，都离不开各类装备信息。加强雷达装备信息管理，对于提高装备管理水平具有重要意义。

9.1 概述

加强雷达装备信息管理，必须熟悉装备信息源，确定信息管理基本任务，明确基本要求，重点把握信息管理的基本环节，这是做好雷达装备信息管理工作的前提与基础。

9.1.1 雷达装备信息

9.1.1.1 基本概念

雷达装备信息是指一切与装备发展、使用、保障直至退役报废过程中产生的信息，包括装备的基本信息、使用信息、储存信息、故障信息、维修信息、保障性信息、备件和其他供应品信息、人员信息、费用信息等。

在装备寿命周期的各阶段，不同部门对于雷达装备信息管理的不同要求对信息需求的侧重点各不相同。每个阶段的管理目标和要求，应该随着装备的全寿命发展，向总的管理目标和要求不断深化和逐步逼近。装备系统全寿命管理的信息流图如图 9-1 所示。

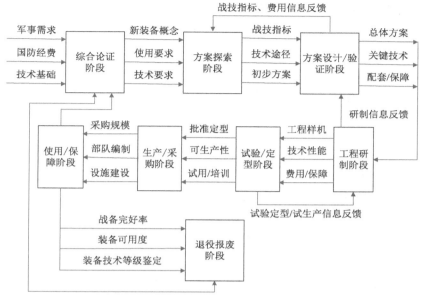

图 9-1 装备系统全寿命管理的信息流图

9.1.1.2 主要分类

针对雷达装备信息管理工作的特点,通常把装备信息按不同的方式进行分类。

1. 按照信息的稳定性分类

静态信息。关于装备和装备工作一些比较稳定的信息,如装备工作的政策、法规、标准,装备和装备工作机构的编制体制,雷达装备的性能、作战使用、结构特点,装备研究院所、修理厂、基地及有关院校、培训机构的数量、编制、基本任务、规模和地点等。

动态信息。雷达装备的实际数量、质量状况、使用状况、储存状况、维修状况,装备的损伤、故障和修复状况,有关装备工作人员及其训练的状况等。

2. 按照信息的性质分类

原始信息。直接从现场收集来的未经加工的信息,如现场收集的装备状况包括完好、故障或损伤状况信息、修复状况、试验状况等。

加工处理的信息。将原始信息经过分析、统计、归类等处理得到的信息,如各种统计计算出的参数、指标。现场收集的雷达装备多次故障发生时间和修复时间是原始信息,经过统计计算得到的装备平均故障间隔时间(MTBF)和装备平均修复时间(MTTR)就是加工处理的信息。

3. 按信息反映的内容方面分类

装备基本信息。反映装备基本情况的一些信息，如装备名称、型号、类型、生产厂家、生产年份、批次等。

使用信息。反映装备使用情况的信息，如使用单位、使用时间（寿命单位数）、使用强度、役龄、使用环境等。

储存信息。反映装备储存基本情况的信息，如装备储存条件、储存时间、质量变化等。

故障信息。反映装备在使用、储存中的故障的信息，如故障时间、故障部位、故障原因、故障现象等。

维修信息。反映装备故障修复或预防性维修的有关信息，如各项预防性维修工作的级别、维修工作类型、维修时间及消耗的资源等。

可靠性信息。反映装备、零部件可靠性的数据，如故障状态、寿命分布类型、参数等。

维修性信息。反映装备、零部件维修性的数据，如维修时间的分布类型、参数等。

备件和其他供应品信息。反映备件和其他供应品的品种、需求、储存与消耗的数量等。

人员信息。反映与装备相关人员的信息情况，如使用人员情况、维修人员情况等。

费用信息。反映装备维修和使用中费用的预算和实际收支的信息，如维修费用、使用费用等。

维修机构信息。反映装备各级维修机构、设备、设施等方面的信息。

相关信息。反映有关政策、法规、标准、制度、设施等方面的信息。

9.1.1.3 雷达装备使用保障信息

各级雷达业务部门应根据本级业务工作范围，建立雷达装备使用保障、技术人员和各项技术勤务工作的信息档案和数据库。装备信息的表现形式有多种，在实际工作中，主要以表格的形式进行统计。

1. 雷达站技术勤务信息

（1）雷达装备履历。用于登记雷达装备从出厂至报废的主要经历情况。除工厂（研究所）和上级机关有关业务部门填写的内容以外，其余由分管该装备或该项技术保障工作的技术人员填写，雷达站站长检查并签字。

（2）雷达、电站工作登记。用于登记每次开机（含试机、调机等）的时间、任务及累计工作时间，由值班战勤人员登记。对询问机等相对独立的附属设备及多套配置的设备，应单独进行登记。

（3）雷达装备维护登记。用于登记雷达装备实施周、月、年维护和视情维护的情况。由具体实施维护的技术人员填写，雷达站站长检查并签字。

（4）雷达装备故障登记。用于登记雷达装备故障情况，包括故障的时间、部位、现象、原因、类别、处理结果等，由实施检修的技术人员填写。

（5）雷达装备参数检测登记。用于登记检测的雷达整机、分机、测试灵敏点和附属设备的技术参数，实时掌握雷达装备状态，由实施检测的技术人员填写。

（6）雷达装备阵地优化登记。用于登记雷达装备阵地优化情况，包括优化时机、方法及优化后装备探测效能。由实施优化的技术人员填写，雷达站站长检查并签字。

（7）重要部（组）件和大型电子管使用登记。用于登记重要部（组）件和大型电子管的使用情况，内容包括型号、出厂编号、使用时间、性能参数等。由兼管器材保管员填写，分管该装备的技术人员检查并签字。

2. 雷达旅技术勤务信息

（1）雷达装备档案。每部雷达装备都建立一套档案资料，用于登记雷达、附属设备和特种设备情况，以及雷达装备从接收至退役报废的简要经历，包括雷达装备动用使用、技术等级、大（中）修、加改装、重大故障、事故和参加大项活动等事件。

（2）雷达技术人员档案。每名技术人员都建立一套档案，用于登记人员履历经历、学习培训、鉴定考核等情况。

（3）雷达装备年维护档案。每部雷达装备都建立年维护档案，用于登记雷达装备年维护时间、维护项目和内容、技术等级、维护前后性能、遗留问题及处置建议等。

（4）雷达装备技术等级鉴定档案。每部雷达装备都建立技术等级鉴定档案，用于记录雷达装备主要性能参数、质量等级、使用建议等。

（5）雷达装备管理检查评比档案。雷达旅对所属雷达站建立装备管理检查评比档案，用于记录雷达站历年来的装备管理检查评比情况。

（6）科学研究档案。雷达旅相关业务部门建立科学研究档案，归档科学研究项目立项论证报告、研制总结报告、鉴定意见和获奖情况等。

（7）雷达装备阵地优化工作档案。每部雷达装备都建立一套阵地优化档案，用于登记雷达装备优化类型、优化项目、优化效果等情况。

9.1.2 雷达装备信息管理任务与要求

在雷达装备的科研、生产、训练、使用、保障、维修等活动过程中，不断产生各种信息，通过对这些信息的收集、处理、传递、存储、使用和反馈，指导和推动各级装备业务部门的管理活动，沟通和协调各方面的关系，从而保证整个装备管理系统正常、高效地运行。装备管理工作是否有效，在很大程度上取决于装备管理的各个层次和部门是否能及时获得或输出必要的信息，并及时、高效地处理和传递信息。

9.1.2.1 基本任务

雷达装备信息管理的基本任务是：制定并贯彻执行装备信息管理规章制度，建立高效的装备信息管理系统，实施有效的管理和控制；科学组织雷达装备在科研、生产、使用与保障过程中的信息采集、处理、传输、存储、挖掘分析、评估等工作，及时、定量地反映雷达装备使用保障的基本情况和规律；掌握信息使用流动情况，做好信息的使用跟踪和信息反馈工作，及时传递管理决策信息，为雷达装备管理工作的规划、决策和组织实施提供信息支持。

9.1.2.2 基本要求

雷达装备信息管理工作的基本要求如下。

1. 专人负责，责任落实

每项统计工作和每个统计工作人员都要科学地分工，实行严格的责任制，做到事事有人负责，人人明确自己的职责，并相互配合协作。

2. 数据准确，及时处理

一切统计资料必须及时汇集整理，按照上级规定准确计算，正确填写报表，按时上报；保证统计数据的连续性和全面性，做到数据收集内容统一，加工方法统一，传输时间统一，编码方法统一，不缺项，不漏项，不错报。

3. 认真负责，实事求是

所有统计工作人员必须以高度的责任心，严肃认真、踏实细致地开展本职工作，对统计资料的可靠性负责。要坚持实事求是，如实地反映情况，坚决反对弄虚作假，瞒报谎报，自觉维护统计工作的严肃性。

4. 完善信息网络，加强信息共享

建立完善、高效的雷达装备管理信息网络和开发研制雷达装备信息管理系统，不断提高信息的传输能力和处理能力，促进雷达装备信息共享。

5. 加强管理，防止失密、泄密

必须加强对统计工作和统计资料的管理，严格遵守有关规章制度和保密规定，妥善保管和传送统计资料，严防失密、泄密。

9.1.3 雷达装备信息管理基本环节

雷达装备信息管理是对装备信息流动全过程的管理，具体来说就是对装备信息进行收集、处理、传输、存储、使用和反馈的过程。因此，雷达装备信息管理基本环节一般包括信息采集、分类和编码、传输、加工、使用、存储、维护、反馈、销毁。

9.1.3.1 信息采集

信息采集是信息管理的第一步，也是重要的基础工作。信息的质量在很大程度上取决于原始信息的质量，因此，必须把好信息采集这一关。信息采集工作质量的好坏，直接影响整个信息工作的质量。为了提高信息采集工作的质量，做到准确、及时、全面，应坚持信息采集的目的性、时效性、准确性、系统性、连续性，为决策者提供可靠的信息来源。

为了实现这些要求，雷达装备信息管理者应当根据行业或部门任务确定信息需求，包括所需信息的种类、具体内容及何时需要这些信息；将这些信息需求排列出来，经过分析、筛选、协调、综合，确定信息收集或提供的要求，包括信息的种类、内容、收集或提供的时限、任务分工等。在此基础上，各级信息组织制订自己的信息收集、提交的具体要求和计划，其中包括信息收集和提交的范围和内容；信息的来源；信息收集和提交方法、流程；信息提交的时限要求。

9.1.3.2 信息分类和编码

信息分类和编码是整个信息工作流程的基础。建立系统、完整的装备信息分类和代码体系，是及时、准确、完整收集和提交装备信息的基准，也是分析处理和交换信息的前提。如果没有科学、统一的分类，信息单元和信息项划分不一致，那么各个信息组织之间就没有共同语言；如果没有科学、统一的代码体系，那么以计算机为核心的信息管理系统就无法接收、处理和传输装备信息。所以，在整个信息工作流程进行之前必须进行信息分类和编码，建立标准化的装备信息分类和代码体系，应当在主管部门统一领导下，按照有关标准，统筹规划、全面协调地进行。

9.1.3.3 信息传输

信息只有及时、有效地传送给使用者，才能起到应有的作用。在信息传输过程中，必须高度重视传输效果。信息传输的效果主要表现在传输的速度和质量上。传输速度决定了信息传输的时效性，传输质量决定了信息传输的保真性，二者是密不可分的，高效的信息传输必须是时效性和保真性的统一，提高信息传输效果，应做好以下三个方面的工作：第一，确定合理的信息流程。由于不同部门、不同层次的工作任务不同，决策范围不同，对信息的需要和要求也不同，因而哪些信息应传输到哪一级，应有明文规定，以免把信息传到不相干的部门，造成不必要的损失。信息的流程应消除迂回环节和"兜圈子"现象，尽量减少信息传输环节。第二，建立具有一定信息容量的通信通道来传输这些信息。如果信息通道容量过小，即单位时间内允许通过的信息量过少，就会使接收者不能在要求的时间内得到必要的信息，并且常常会由于忙乱造成信息失真。当然，信息通道容量过大也是一种浪费。所以，要合理安排人员和配备通信工具，以达到人员、设备、任务的最佳匹配。第三，选择恰当的信息传输方式，应尽可能缩小时间差，按使用时间要求及时传到。另外，在信息传输的过程中，对有些信息要注意保密，特别是现代先进的电子通信技术被广泛应用与信息传输，信息传输过程中的保密措施更应加强。

9.1.3.4 信息加工

信息加工是信息管理的关键环节，运用科学的方法，对获取的大量原始信息进行筛选、分类、排序、比较、计算、分析和整理，聚同分异，去粗取精，去伪存真，使之系统化、条理化，以便保存、传输和使用。信息加工的关键在于对信息进行分类归纳和综合分析。即通过统计分析、工程分析、综合分析，"去粗取精，由此及彼，由表及里"，从中找出规律性的东西，为装备研制、生产、使用（含维修、储存）甚至退役提供信息支持和决策依据。

统计分析：深入理解雷达完好率、失修率、任务无用度、等器材无用度、平均故障间隔时间、平均故障修复时间、雷达齐套率、器材项目配齐率和件数配齐率等常用雷达装备管理指标参数物理意义及作用；围绕分析目标，正确选取统计维度。以可靠性数据统计为例，既可以按照单个装备进行平均故障间隔时间、平均故障修复时间等数据统计，又可以按照单个型号进行数据统计，还可以按照单位、生产厂家、阵地环境、不同分系统、不同时间段等开展数据统计，进而对雷达装备及其某方面性能或工作的状态、水平、发展趋势等做出估计。

工程分析：工程分析是更为广泛的分析，以统计分析结果为基础，着重从工程技术上对这些数据和结果分析其产生原因、后果或影响，研究可能或应当采取的措施和对策。例如，在统计分析掌握装备或产品可靠性、维修性状况后，分析原因、找出薄弱环节、确定纠正（改进）措施就是工程分析的任务。不同的工程分析有其特殊的分析方法，如可靠性、维修性、工程中的故障模式、影响和危害性分析、故障树分析、安全性工作中的事件树分析等。

综合分析：在上述两类分析的基础上，适时进行信息综合分析，更加完整、系统地掌握雷达装备研制、生产、使用的状况和发展趋势，做出更为全面的评估，发现趋势性或倾向性的问题，提出权威、可行的意见和建议。这种意见和建议往往不是针对一个单位或具体事项就事论事，而可能是具有全局性或长远性的。其分析过程要由此及彼、由表及里，包括查阅有关历史数据或资料、分析综合做出判断。

9.1.3.5 信息使用

信息使用首先要得到所需的有关信息。信息管理人员要根据信息使用者的需求，及时、准确地把有关信息提供给使用者。提供的信息既要简明扼要，又要完整全面。其次使用者必须在正确把握和理解信息的基础上应用信息。同样的信息，不同的人会有不同的理解，对信息价值的认识有深有浅、有多有少。因此，对信息的正确把握和理解是使用信息的前提。正确合理地使用信息，不仅是使用者的事情，信息提供者也应有跟踪监督责任，一方面要协助使用者正确把握和理解所供信息；另一方面要对信息的使用进行跟踪监督，保证信息的正确使用。正确、合理地使用信息，不是一朝一夕能够做到的事情，需要在工作实践中不断掌握和提高。

9.1.3.6 信息存储

各种装备信息应当按照需要存储，并能方便地查询和检索，以保证信息的可追溯性，为装备研制、生产、使用、报废决策提供依据。例如，装备在实际作战中的具体性能、故障和操作数据，是研制（论证）新型装备、改造现役装备最重要的一类依据。关于装备生存性、战场修复性方面的研究，最大的困难就是缺乏数据，因此，信息存储至关重要。

9.1.3.7 信息维护

信息维护是指保持信息处于可用状态。狭义上说，信息维护包括存储器中数据的经常性更新，以使数据保持可用状态；广义上说，信息维护包括系统建成后的全部数据管理工作。装备信息维护的主要目的在于保证装备信息的准确、及时、安全和保密。保证装备信息的准确性，首先要保证数据是最新的状态；其次数据要在合理的误差范畴内，保证信息的及时性，信息维护应考虑能及时地提供信息，常用的信息放在易取的地方，各种设备状态完好，各种操作规程健全，操作人员技术熟练，信息目录清楚；保证信息的安全性，要防止装备信息由于各种原因而受到破坏，同时采取一些安全措施，在信息被破坏后，能较容易地恢复数据；随着装备信息越来越成为一种重要的军事资源，装备信息的泄密将导致战斗力的重大损失。

9.1.3.8 信息反馈

管理工作是否有效,关键在于是否有正确、灵敏和有力的反馈。管理信息有输出通道,也有反馈回路,是一个输入、输出、反馈、再输出的往复循环过程,这个过程循环往复地螺旋式上升,最终实现管理目标。信息反馈是否灵敏、正确、有力,是装备信息管理生命力强弱的重要标志。信息反馈实际包括接收、分析、决断三个过程,接收要灵敏,分析要准确,决断要有力。

建立高效的装备信息反馈系统,疏通各种信息反馈渠道,实施灵敏、准确的信息反馈,使决策者能够及时、完整、真实地获取反馈信息。应用反馈时,不能指望一次反馈就一劳永逸地解决问题,反馈调节应该贯穿整个管理过程。反馈速度必须大于客体变化的速度,反应要快,修正要及时。不仅要求反馈速度快,还要力争做到超前反馈,要对客体的发展变化有预见性,在反馈调节中加进前置量。

9.1.3.9 信息销毁

大量的过程信息和中间结果,在一段时期后,没有再继续保存的价值,可以加以销毁。对于雷达装备,必须制定严格的政策,对没有保留或保存必要的信息进行销毁;对于重要的信息、原始数据,或者还有利用价值的中间结果,必须加以妥善保存。被销毁的装备信息将从信息管理系统中清除。建立科学、明确的信息销毁规则和制度是至关重要的。

9.2 雷达装备信息安全管理

雷达装备信息绝大部分是涉密敏感性信息,由于管理的复杂性、网络的开放性和脆弱性,信息安全始终是一个难以回避又必须重视的问题。为适应我军信息化建设的需要,要努力构筑一个技术先进、管理高效、安全可靠、建立在自主研究开发基础之上的装备信息安全体系。

雷达装备信息安全管理的含义分为两方面:一方面,当需要的时候能及时得到正确、完整的信息,以帮助做出正确的决策,而被毁坏、被篡改的信息可能使决策造成重大失误;另一方面,在任何时候都不能让信息传播到规定的范围以外,特别是敌对势力或竞争对手手中,而对某些需要公开的信息,应尽可能扩大其传播范围。

9.2.1 威胁信息安全的类型

这里的威胁是指对信息系统安全的潜在侵害,从威胁源来看可分为两大类:一类是非人为因素造成的威胁,另一类是人为因素造成的威胁。

9.2.1.1 非人为因素造成的威胁

非人为因素造成的威胁，一是指各种自然灾害对系统造成的物理破坏和永久或短期的故障；二是指突然断电、空调故障、暖气故障、温度、湿度的变化、空气的污染、化学物质的腐蚀等环境因素影响系统的正常运行。

9.2.1.2 人为因素造成的威胁

人为因素造成的威胁，按其性质可分为偶发性威胁和故意性威胁两种。偶发性威胁是指那些非预谋的、无意造成的威胁，如电源故障、系统故障、软件差错、操作失误等可能会危及安全的危害，或者由设计、实施、维护和管理等方面人员或用户造成的操作错误或疏忽，可能直接危及系统的安全；故意性威胁是指那些有预谋的、蓄意造成的威胁，包括从使用简易的监视设备工具进行检测、截收，到使用特别的系统知识进行精心的攻击等。

从形态上来看，人为因素造成的威胁又可分为被动威胁和主动威胁两类。

被动威胁是从不改变信息和系统操作状态而导致信息被窃取。例如，使用搭线窃听和获取通信线路上传送的信息；收集和观测系统的电磁辐射；在人们键入通行字时进行窥视，以便了解标准的操作过程等。被动威胁一旦成功，它所造成的信息泄漏往往难以觉察。因此，被动威胁具有隐蔽性。

主动威胁包括假冒其他实体、篡改系统中所含的信息、状态或操作等，其类型多，涉及面广，手段和技术高超，往往令人防不胜防。主动威胁的类型主要有以下四种。一是重放，指消息或其中一部分被重复使用以便产生未授权效果，如假冒方可通过重放别人的鉴别信息骗过对其身份的验证等。二是服务拒绝，指一个实体不执行它的正当功能，或者它的行为使别的实体不能执行其正当功能。阻止对正常的操作进行审计跟踪就是其中之一，它可以利用无关的数据使审计机制过载，以阻止对恶意行为进行正常的跟踪记录；也可以用耗尽审计过程所需的资源的方法阻止审计信息的生成和保管，从而使审计过程无法进行。三是特洛伊木马，指对软件的一种修改，它使得程序在表面上做一件事，同时隐蔽地做另一件事。当特洛伊木马侵入系统时，其不仅具有授权功能，还具有取消授权的功能。四是计算机病毒，指将自身纳入另外程序中的一段小程序，它可以自我隐蔽，自我生成，利用其他合法程序不断传播，进行破坏。它具有潜伏性、触发性和持久性。计算机病毒在计算机网络上传播、扩散，专门攻击网络薄弱环节，破坏网络资源。病毒的迅速传播、扩散，其危害轻则使工作效率下降，重则使资源遭到严重破坏，甚至造成网络系统的瘫痪。

9.2.2 信息安全体系的构建

信息安全是一项复杂的系统工程，信息安全体系包括人员安全、法规法纪、安全管理、物理安全和技术安全五个方面的内容。因此，要建立完整的信息安全体系，必须做好以下五个方面的工作。

9.2.2.1 形成精良的信息技术队伍

为保证信息安全，无论是采取法律的、管理的还是技术的措施，靠的都是人，都要由人来实现。在此意义上讲，信息安全的核心问题是人的管理和技术，靠的是人的职业道德。为此，在考虑信息安全的综合治理时，首先要考虑人的因素。国内外大量危害信息安全的事件，多数都是由内部人员做的，因而必须在思想品质、职业道德、经营管理、规章制度和教育培训等方面下功夫，做细致的工作，加强对人员的培养和教育，严格、有效地防止非法访问、非法入侵。总而言之，必须形成一支高度自觉、遵纪守法、精通本职业务的装备信息技术保障和使用队伍，这是信息安全体系极为重要的一环。

9.2.2.2 制定严明的装备信息安全管理法规

法规的权威性、公正性、规范性、强制性和震慑性对于人们的思想行为，具有难以替代的规范和制约作用，能加强对装备管理信息安全的宏观控制。制定必要的、具有可操作性的法规和条令是十分必要的。这样使得信息安全的实施有章可循，信息安全工作依章管理，对侵犯行为的处理有法可依。

9.2.2.3 建立完善的安全管理机制

有了严明的信息安全法规条令，要真正落实这些法规还必须制定切实可行的规章制度和实施细则，建立完善的安全管理机制。采取多种预防措施、检测和恢复手段，防止内部威胁和外部干扰。加强在职人员的安全教育，确定管理目标和责任，坚持职责分工原则，切实执行各项有关的安全管理制度、法规、条款。规章制度的制定确实不易，而形成有效的贯彻落实机制，有组织、有计划、有步骤地使信息的安全落到实处更为重要。为了保证信息安全管理的实施，必须在各个层次建立相应的具有权威的安全工作机制，做到有章可循，事有人管，落到实处。

9.2.2.4 营造安全的物理保护环境

安全的物理保护环境是保证信息安全最基本的条件，是信息系统正常运行的基本要求。应考虑住处系统设施所处的位置是否有利于预防各种自然灾害，如水灾、暴风、火灾等。设施应具有足够的调节能力，保证空气适当的温度、湿度，保证空气中的污物（如尘埃等）不超过控制的限度。影响系统正常运转的电压瞬变、断电、电压不足等电源，应采用相应的设备和措施（如采取稳压变压器、不间断电源或备用电机等）。防止被盗、被破坏等问题均应考虑在列，系统中心设施外应设立多层安全防护圈，采取周密的戒备措施，以防非法的暴力入侵。通过特殊标识符、口令、指纹等的实现，验证出入人员及来访用户的身份，以防止各种来自外部的偷窃与破坏性行为的发生。另外，还应备有在不得已情况下的补救措施和应急计划等。

9.2.2.5　开发各种信息安全技术

要确保信息的完整性、可用性和保密性，光靠政策法令和行政措施是不够的，还要使用各种强有力的技术手段。技术是实现信息安全的最重要和最有力的武器，只有通过行政对策、法律手段和技术措施三者有机结合，才能实现信息安全。信息安全新理论、新技术支撑着网络信息系统的安全应用。这些新技术包括密码技术、鉴别技术、访问控制技术、口令控制技术、防火墙技术、病毒防治技术、信息泄漏防护技术、计算机系统安全薄弱环节检测技术等。从技术体系来看，这些技术可划分为密码技术、安全控制技术和安全防护技术三类。

雷达装备管理信息系统

雷达装备管理由事后管理逐步走向实时管理，做到实时控制和预测，必须依赖高效的雷达装备管理手段。这个手段就是雷达装备管理信息系统。现代雷达装备管理信息系统是运用信息技术的方法、手段，来实现对装备工作的有效管理。

9.3.1　系统目标

雷达装备管理信息系统是为整个装备管理系统服务的子系统，其功能贯穿其他子系统的业务活动，保障各子系统的正常运转。它通过对装备信息进行采集、传输、使用和反馈，通过对装备全系统、全寿命信息流的控制，把装备管理的各个环节紧密地联系起来，形成一个有机的整体，互相协调一致，以提高装备管理的整体效益。

当前，随着我军战略转型和信息技术的蓬勃发展，雷达装备信息管理系统开发逐步由以往单个软件系统的开发，演变为合理运用顶层设计理论，科学组合云计算、物联网、大数据、移动互联、无线通信等技术，从整体、全局角度服务雷达装备管理业务，全面覆盖各级、各类装备管理对象，实现各级人员、各类装备、业务处理、先进技术等要素的充分融合，打造全面感知、广泛互联、深度融合、智能应用、安全保密和制度机制为一体的雷达装备管理业务信息体系。其最终目标是达到系统建设一体化、业务管理精细化、装备保障精确化、决策分析科学化、信息利用综合化。

9.3.2 系统构成

雷达装备管理信息系统一般由制度系统、人员及组织机构、软件和设备构成，还有支持信息传递的系统依托部分。

9.3.2.1 制度系统

制度系统是用来明确各部门职能，协调各部门之间关系，规定有关开发、使用、维护和管理工作细节的具体规定。其中"顶层制度"是一个总的制度，它对系统的管理机构及任务分工、软件开发与管理、硬件管理、数据管理、运行管理、登记统计等方面做了全系统、全寿命、全方位的规定。根据"顶层制度"所确定的原则、权限和规定，还要制定一批更具体的标准、制度和规定。

9.3.2.2 人员及组织机构

雷达装备管理信息系统人员包括管理人员、软件开发维护人员、硬件维护人员及系统操作人员四类。对各类人员都有相应的素质要求，上岗前都需要经过相应的培训。各类人员都有专职和兼职之分，随着雷达装备管理信息系统规模的扩大，专职人员的比例不断增加。

9.3.2.3 软件

雷达装备管理信息系统的软件一般分为三类：一是计算机的系统软件；二是通用的应用软件；三是专用的业务软件。系统软件有操作系统、专用设备驱动程序等；应用软件主要指直接面对用户的通用性软件及解决某些具体技术问题的小程序；业务软件是指直接用于装备业务工作的特有软件，如装备计划管理系统、装备器材管理系统、装备仓库图形系统等。

9.3.2.4 设备

雷达装备管理信息系统的设备主要有计算机及其终端设备、网络及通信设备、附属设备三类。计算机及其终端设备主要指输入设备、处理设备、输出设备和存储设备；网络及通信设备分为两部分，一是系统内部的局域网设备，二是系统所依托的广域网设备及传统的通信设备；附属设备主要有保密设备、防护设备、电源设备、机房基本设备和机房环境监控设备等。

9.3.2.5　系统依托部分

雷达装备管理信息系统不是完全独立的系统，一方面，它只有在更高层次的环境中才能充分发挥作用；另一方面，它依赖环境。其依赖性突出表现在各层次之间的通信联系上。目前，雷达装备管理信息系统的通信依赖全军指挥自动化网、全军分组信息交换网、军用电话系统及传真电报等。此外，各类信息的传递更依赖保密系统。

9.3.3　系统实现

9.3.3.1　业务架构设计

雷达装备管理信息系统业务架构设计应遵循如下原则。

1. 以装备管理对象为主线

根据《中国人民解放军装备管理条例》和军队信息化建设要求，采用系统理论和工程方法，对雷达装备管理业务体系进行全局分析，以装备、器材、设备工具、文件资料等核心管理对象为主线，完整梳理全系统、全寿命的雷达装备业务脉络。

2. 突出装备管理主体

装备管理活动的装备管理主体分布于各级装备职能机构，处于不同管理岗位角色的业务人员，业务架构除了应当厘清各级装备机构职能分工及交互关系，还应精确划分各类装备管理岗位职责权利范围，从装备管理主体的视角对装备管理活动进行分析，以厘清业务分工协作关系，促进系统建设的实施。

3. 立足现有体制，厘清业务流程

业务架构应当依据装备工作条例明确的各项业务职能，立足雷达装备系统现行编制体制，全面梳理雷达装备业务过程各类活动，综合分析装备经费流向、装备物资流转、管理活动和业务信息传递链条，厘清雷达装备全系统、全寿命管理主要业务流程，为业务系统的设计实现构建清晰的业务模型。

遵循上述原则，雷达装备业务体系纵向呈条，横向呈块，立体交织，融汇一体，一般可分为三个维度：一是组织机构，包含业务机构和岗位角色。业务机构分布广泛，覆盖军种、战区、部队和科研院所；岗位角色类别繁多，既包括各级首长、机关参谋/助理，又包括部队官兵、装备技术专家等。二是管理对象，涉及装备、器材、保障装（设）备、保障机构、人员、经费、法规资料等要素。三是业务职能，包含业务构成和业务流程，覆盖发展建设和管理保障两大领域，覆盖装备科研、订货、使用直至退役报废的全系统、全寿命管理活动。雷达装备管理业务体系结构如图 9-2 所示。

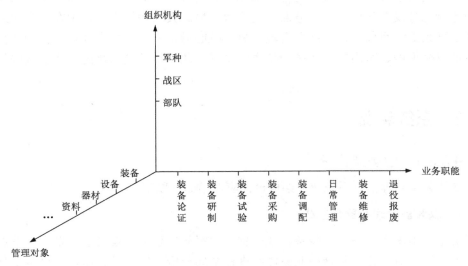

图 9-2　雷达装备管理业务体系结构

以上述业务体系结构为基础，人力、财力、物力是雷达装备管理活动的三大要素，进一步由人员活动、经费流向、装备流转构成的雷达装备管理业务网络图如图 9-3 所示。

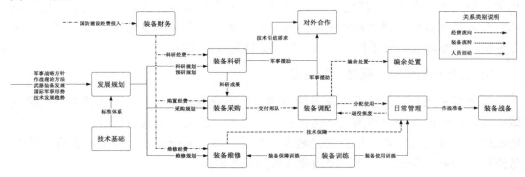

图 9-3　雷达装备管理业务网络图

9.3.3.2　数据架构设计

雷达装备管理信息系统数据架构设计应遵循以下原则。

1. 统一基础代码

依据国家、军队、行业等数据标准，采用信息资源建设成果，对基础信息的编码、格式进行统一，建立数据与装备全系统、全寿命各个管理环节的映射关系，提高数据的整体质量和兼容性，便于数据资源共享，提升数据交换的可靠性与准确性。

2．合理划分数据类别

根据业务数据生命周期过程，结合岗位角色所需的事务性及决策性需求，按照数据的组织运用模式，将数据进行合理分类，按照重要程度划分层次，减少不同业务领域间的数据耦合性，提高数据利用效率和数据安全。

3．优化数据存储

根据每类数据所需的存储及访问特性，按照业务领域关联的数据特点、处理要求及安全标准，提供符合业务逻辑需要的数据存储结构，确保数据高效存储及快速访问，在保证数据安全的基础上提高业务数据处理效率。

4．建立数据交换体系

采用主流服务总线技术和安全可靠的军用数据传输工具，进行数据内部流转和外部交换。通过使用服务总线技术，实现不同业务部门、不同层级部队之间数据的安全可靠流转。

遵循上述原则，根据雷达装备业务数据分类，一般可将雷达装备数据逻辑存储划分为基础数据库、业务数据库、综合数据库和交换数据库四大类。其组成如图9-4所示。

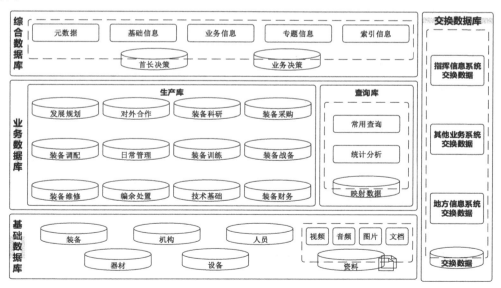

图9-4 数据组成结构

9.3.3.3 应用架构设计

雷达装备管理信息系统应用架构设计应遵循以下原则。

1. 统筹规划功能体系

应用架构以雷达装备业务为基础，以数据为核心，围绕全系统、全寿命装备管理，构建全面、完整的与业务直接或间接相关的应用系统，为系统用户和开发人员全面展示系统功能蓝图，为后期应用系统的技术实现提供指导。

2. 合理划分组件，提高功能复用性

根据雷达装备业务需求分解，将业务功能拆解映射为颗粒度适中的应用组件，确保每个应用组件职责明确，组件内部高内聚、组件之间松耦合，对功能相近的组件应当进行合并，减少功能冗余、提高组件集成度和可复用性。

3. 实现功能柔性重组和按需编配

通过应用组件的合理颗粒度划分及通用性设计，以松耦合集成方式将组件进行柔性组合，满足各类共性及个性需求。结合明确、灵活的部署编配规划，使应用架构适应功能需求的变化，在一定范围内"随需而变"，保证系统具有可移植性、可伸缩性、持续可用性。

4. 简化系统内外交互关系

通过体系划分应用组件构成，确保各应用组件职责功能明确，简化系统内部各应用组件间接口关系及系统对外信息交互关系，降低建设及维护成本。

9.3.3.4 安全架构设计

雷达装备管理信息系统安全架构设计应遵循以下原则。

1. 全维覆盖原则

在空间上，全面覆盖雷达装备管理信息网络的全系统、全要素；在时间上，贯穿雷达装备业务系统的全生命周期，能够持续有效地为各项装备业务提供网络安全防护支援；在纵深上，区分多个层次，不仅包括传统上的网络、主机、数据防护，还能够延伸到与装备业务密切相关（如网页防篡改系统等）的应用防护。

2. 体系防护、合理布防原则

通过统一的安全管理体系执行配置管理、策略下发、设备管控，做到实时感知安全态势，适时采取安全措施，及时应对安全威胁的体系防护能力。利用身份认证、访问控制、网络监控和安全审计等成熟的安全防护技术，通过统筹设计与合理布防，一体化解决安全防护和密码保密问题，在减少密码设备的情况下，达到同等安全防护效果。

3．主动防御、技管并重原则

主动防御是指具备监测雷达能力，能够实施全时、全网的网络安全监视，并能将在任意位置发现的网络攻击实时地向网管和监控中心发布；能够针对各类网络资源对基础网络的随时入网和即插即用进行实时监视和管控，确保各类要素安全入网用网。"三分技术、七分管理"，技防是基础，但实际效果取决于人防水平，应加强对人员的教育与培训。

4．节约高效原则

依托军事业务信息系统提供的安全基础服务，在安全设备选型上，尽量选择与军事业务信息系统同型的安全设备；在安全设备的部署上，既要达到安全体系的全面覆盖，又要减少安全保密设备对系统性能的拖累，用尽量少的设备达到最大面积的安全覆盖，实现安全效能的最大化。

9.3.3.5 技术架构设计

雷达装备管理信息系统技术架构设计可遵循以下原则。

1．充分运用成熟信息技术，整体提高系统能力

系统设计实现要充分运用成熟信息技术成果，通过引入云计算、大数据、物联网、移动通信等技术手段，实现信息服务实战化、末端采集精确化、信息价值最大化、资源效率最优化。

2．采用云计算架构模式，构建全方位支撑技术体系

采用云计算主流架构模式，自底向上按照基础设施即服务（IaaS）、数据库即服务（DaaS）、平台即服务（PaaS）、软件即服务（SaaS）四个层面规划技术体系结构，充分运用和发挥云计算技术的优势，构建全方位技术支撑能力。

3．采用数据挖掘、聚类分析等技术，构建雷达装备大数据平台

利用海量信息的快速定位、检索、存取、交换，采用聚类分析等技术，构建雷达装备大数据平台，挖掘高价值数据，对雷达装备领域海量不同类型的数据进行整合利用，形成立体、动态、可视化的装备保障态势。

4．采用物联网成熟技术，赋予装备唯一身份

采用二维码、射频识别、传感器等物联网技术，对不同装备、器材、工具，按照价值度进行颗粒度划分，赋予装备代码标识，通过数据关联实现装备个体从生产

源头到退役报废整个过程的身份唯一识别。一种典型的雷达装备管理信息系统技术体系如图 9-5 所示。

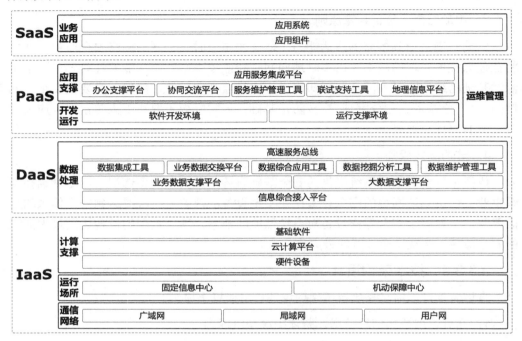

图 9-5　一种典型的雷达装备管理信息系统技术体系

9.3.3.6　标准制度体系设计

在雷达装备管理信息系统建设过程中，还应同步考虑相关标准制度体系的建设，主要包括以下内容。

1. 规章制度体系

规章制度体系主要涵盖保证各项管理工作顺利开展的规章制度体系框架及该体系的内容组成要求，用于指导信息化管理工作中的各种行政规章制度文件的具体制定和完善。规章制度体系一般包括总则、角色和职责、具体规范和操作流程、考核办法和奖惩、沟通和报告机制等。

2. 管理组织体系

规章制度体系需要基于完整的信息化管理组织体系才能发挥其重要作用。参照国家或军队推进信息化战略的模式，在雷达装备管理信息系统建设过程中，在管理组织体系架构上应设立战略层面的信息化领导小组，在执行层面上设立信息中心，同时设立使用总体单位、技术总体单位、联合专家组、第三方测评机构等。

3. 标准规范体系

标准规范体系主要涵盖雷达装备管理信息系统开发、运行应当贯彻执行的各种业务、技术标准、建设规范框架及标准规范的内容组成要求，用于指导雷达装备管理信息系统、基础设施和综合集成的设计和建设，所需的详细标准和规范需要具体制定或完善。标准规范体系主要包括业务功能规范、系统划分规范、数据模型规范、技术规范、集成规范、接口规范、基础设施规范和安全架构规范等，其中安全架构规范一般不单独存在，通常附属于网络、技术等规范中。

第 10 章

特殊环境下的雷达装备管理

特殊环境是指对军事活动能产生特殊影响、制约或利用价值的环境因素,包括特殊自然环境和特殊人工环境。特殊环境下的雷达装备管理,就是研究特殊环境因素对雷达装备本身、各项装备工作的影响,采取适当措施,对特殊环境的可能影响趋利避害,保证雷达装备效能的正常发挥。

近年来,非战争军事行动作为国家军事力量运用的一种重要方式,比重日益增大。与平时、战时相比,在非战争军事行动中雷达装备的作战运用、保障工作有其自身特点,对装备管理也有特殊要求。

10.1 特殊自然环境下的雷达装备管理

特殊自然环境可分为复杂地形环境和恶劣气候环境两类。我国幅员辽阔,南北纵跨热带、亚热带、暖温带、中温带、寒温带;东西海拔落差超过 6km,加之其间江河纵横,山川广布,形成我国特有的、复杂多变的地理气候自然环境。特殊自然环境对雷达装备自身的影响表现为战技性能的发挥、可靠性、寿命降低,故障率增加,还可能失效,甚至发生安全事故;对雷达装备作战运用的影响主要表现为各类杂波对目标探测的影响、对装备机动作战、伴随保障的影响等。因此,在雷达装备研制设计、作战运用、使用保障时,必须考虑自然环境因素的影响,由此带来的一系列雷达装备管理的特殊问题也要给予高度重视。

10.1.1 特殊自然环境对雷达装备的影响

雷达装备是机电一体化的大型复杂装备,其电子部件和机械部件对环境条件均有相应的要求。在雷达装备的实际使用中,出于军事行动的实际需要,要求雷达装备能够在各种恶劣的自然环境下稳定工作。这就要求装备技术保障人员必须深入了解各种恶劣的自然环境因素对雷达装备的影响及危害，制定针对性防护方法，不断提高雷达装备在恶劣的自然环境下的工作稳定性和可靠性，延长装备使用寿命，提升装备作战效能。

在 GJB 9159－2017《对空情报雷达退役和报废要求》中，给出我国各自然区域对雷达装备使用寿命产生影响的主要不利气候因素，如表 10-1 所示。下面着重对严寒、风沙、低气压、高温、潮湿、盐雾和台风对雷达装备的不利影响进行分析，为采取针对性措施打下基础。

表 10-1 我国各自然区域划分及主要不利气候因素

序 号	区 域	主要不利气候因素	备 注
1	秦岭、淮河以北，内蒙古、辽宁以南地区	干燥度、年降雨量、气温等适中	
2	秦岭、淮河以南，广东、广西中部以北，非沿海地区	潮湿	
3	东北地区、内蒙古东部地区	严寒	
4	新疆、宁夏、甘肃、内蒙古西部地区	干燥、风沙	
5	青海、西藏地区	高原缺氧、低气压	
6	沿海和海岛地区	盐雾、潮湿	沿海地区为沿海洋线向内陆延伸 50km 的带状区域

10.1.1.1 严寒

严寒是我国东北地区、内蒙古东部地区，新疆、宁夏、甘肃、内蒙古西部地区和青海、西藏地区冬季典型的气候特征。严寒对雷达装备的影响及危害主要有以下几个方面。

1．对电气设备、电子元器件、仪器仪表的影响

雷达电气设备的电子元器件都有一定的工作温度范围，当周围环境温度过低时，模块（插件）上的电子元器件的电参数会发生漂移，可能导致电子元器件无法正常工作或工作寿命缩短（如非固态雷达发射机的闸流管无法启动）。直接影响分机甚至分系统的电气性能及其稳定度。

2．对金属部件的影响

雷达装备的各种机械部件主要由金属构成，而金属材料的机械性能随温度变化明显。当温度降低到某数值时，金属的韧性将迅速降低，脆性增强，容易出现断裂的危险。另外，低温会使机械活动部件的配合精度变差。机械部件制作材料各不相

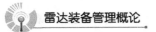

同，遇冷后收缩率不同，造成部件的配合间隙变化、精度变差，导致齿轮咬合不紧，甚至出现部件磨损严重和机件卡死等问题。

3．对塑料、橡胶等绝缘材料性能的影响

雷达装备大量使用由橡胶、塑料等化工材料制成的绝缘垫、密封元件和器件保护罩。受低温影响，橡胶、塑料会出现变硬、变脆、断裂、绝缘性能下降等问题；在装备使用过程中，容易发生电缆折断、破裂，引发设备漏电、短路等问题；另外，由橡胶、塑料做成的密封元件的管路容易发生漏油、漏气问题。这些都会严重影响雷达装备正常工作，并给雷达装备的安全性带来威胁。

4．对润滑、液压油的影响

低温对于润滑、液压油等存在的现有的低凝液压油的黏度指数偏低，虽然其凝点在-40℃以下，但作为液压系统传递扭矩的介质，在凝点以上十几度已无良好的流动性，不能适应严寒、低温地区工作的要求。黏度增加，会使机械各部件运动不畅，易发生雷达天线转动、起动迟钝，油机发动、起动困难，新型雷达液压自举自锁装置失灵的现象。

5．造成天线积雪裹冰

天线上形成的雾凇和雨凇，统称裹冰。裹冰会造成抛物面天线孔洞堵死，增大风阻系数，易出现天线转动困难、损坏机件等情况（以某引导雷达的反射面天线为例，正常情况下的风阻系数为0.8，但孔洞堵成实面时，风阻系数为1.5）。严重裹冰不仅会使天线的风阻系数增大，天线防风性能降低，还会因负载过重而压坏天线（天线严重裹冰时的重量是其自身重量的2～3倍），甚至导致天线垮塌。

10.1.1.2 风沙

我国西北、华北地区，冬、春两季，风沙天气频繁，沙尘暴偶有发生。雷达阵地大多处在露天环境，风沙对雷达的影响必须引起高度重视。

风沙使得机械部件表面之间的摩擦力加大，表面产生磨蚀和磨损，部分材料还可能发生起裂缝或削薄等现象。器件密封的部分被风沙渗漏，导致器件的性能和使用寿命降低甚至损坏；装备内部电路性能降级；开口和过滤装置堵塞。风沙对配合件也会产生较大的物理影响，使得活动部件卡死，部分材料的热传导性降低。风沙还会导致一些通风口或散热部位堵塞，使得通风和冷却受限，引起过热和着火的危害；风沙的侵蚀可能导致润滑剂中有沙尘，不但起不到润滑的效果，还会加快装备损坏的进度，一些掺杂其他物质的风沙还可能会对装备产生腐蚀性，污染绝缘材料，电晕通路。还有部分粉尘具有荷电性，飘浮在空中时，容易使粉尘在电气设备的周

围凝集沉降，从而减小电气距离，破坏电气设备的绝缘强度，在线路过电压或电气操作过程中极易造成电气击穿短路事故。若粉尘堆集存于电气开关的触头之间、电磁铁芯之间，则会造成电气开关接触不良故障，尤其是在继电器控制电路中影响最大，会导致电气控制系统工作不稳定，时好时坏，从而引起的单相运行触头粘连等现象时常造成设备故障。

10.1.1.3 低气压

青海、西藏地区高原空气稀薄，含氧量低，气压低，空气电抗强度低，对雷达装备造成的危害具体如下。

1. 气压低，容易因内外压力差过大而造成雷达主馈线破裂

高原环境气压低，当用空气干燥机为主馈线充气时，主馈线容易因内外压力差过大而破裂，使潮气、雨水易侵入主馈线内部，致使发射机输出功率下降，雷达探测距离缩短。

2. 空气密度小，容易因风冷散热效果变差而造成发射分系统故障

高原环境气压低，空气密度小，发射机风冷系统单位时间内鼓进的空气量降低，容易导致发射机风冷系统误报警，引发系统保护（对非固态雷达发射机而言则表现为"跳高压"），造成发射机停机故障；此外，由于发射机风冷系统的进风量降低，冷却性能下降，容易导致发射机内的大功率电子管过热而烧坏。

3. 空气含氧量低，容易因燃料雾化效果降低而造成柴油发电机性能下降

燃料雾化后可以和空气充分混合，从而提高燃烧效率。然而，在低氧环境下，柴油发电机的燃料雾化效果降低，易造成燃烧不充分，排气管积炭增多，导致柴油发电机怠速不稳，供电功率下降，频率、电压和功率因素等参数不稳定、抖动过大（通常频率波动率超过5%，电压波动率超过10%）；严重的还会造成雷达发射机、接收机、信号处理、终端处理、监控等系统工作不稳定，甚至造成系统故障。

4. 空气电抗强度降低，高压元器件容易产生电弧现象

空气电抗强度是表征空气绝缘强度的指标，通常用空气发生放电时的击穿电场强度或放电电压来衡量。高原环境气压低，空气电抗强度下降，非固态雷达发射机的高压元器件易产生电弧（尖端放电和电晕现象）、火花现象，易造成高压元器件击穿，雷达装备的可靠性降低。

5. 空气介电常数小，雷达装备技术参数不易调整到最佳状态

空气介电常数小，雷达装备上的电子元器件的电参数易发生变化，各分机的技术参数变化大，整机的技术参数难以调整到最佳状态，导致雷达整机战技性能下降。例如，空气介电系数小，雷达装备上的高频传输线缆的耐受功率下降，对于非固态雷达发射机，其高压不能加到额定值，从而导致雷达的探测威力下降。据资料统计，特殊的大气环境制约雷达探测效能的发挥，与平原地区相比，架设于高原地区的雷达装备，其探测威力将下降20%～30%。

10.1.1.4 高温

高温是秦岭、淮河以南地区和沿海、海岛地区夏季的典型气候特征。高温对雷达装备的影响主要有以下几个方面。

1. 高温会使装备电子元器件的参数发生漂移

高温会导致雷达装备上的电阻、电容、晶体管、集成电路等电子元器件的参数发生漂移，电阻值会因环境温度的升高而增大，电容值会因环境温度的升高而增大，介质损耗加大，绝缘下降，严重时甚至产生漏电、击穿或爆裂现象；高温还会导致雷达发射机射频功放组件（T/R组件）自我保护。在雷达装备的实际使用中，由高温带来的上述问题会直接影响装备正常工作，甚至直接导致雷达装备发生停机故障。

2. 高温会使装备金属部件的特性发生改变

1）高温引起金属部件膨胀

由于雷达装备中各机械部件的温度膨胀系数存在差异，高温引起的金属膨胀会使某些配合零件的几何尺寸发生变化，影响产品原有性能，造成装置扭曲、焊点断裂、精密度降低甚至损坏。由于环境温度过高引起的金属膨胀弯曲，容易导致触点裂开或闭合，影响装备的安全和使用寿命。

2）高温使金属部件的机械强度降低

高温可使金属部件的机械强度降低、结构强度减弱，雷达机械部件容易发生松动、接触不良、表面摩擦力增大、卡住等现象。

3）高温会加剧暴露/裸露金属部件的老化

高温会使雷达装备的外表涂层和电镀处理的零部件产生剥落或起泡现象，致使零部件抗蚀性能降低，加剧雷达馈线、天线等暴露/裸露金属部件的锈蚀速度，缩短装备使用寿命。

3. 高温会使装备上的塑料、橡胶材料性能变差

1）高温会使绝缘材料的绝缘性能变差

高温可加速电缆、密封圈等部件的老化，导致雷达装备上的绝缘漆熔化，造成绝缘材料的绝缘性能变差，引发变压器线圈因绝缘层击穿而烧毁等故障。

2）高温会造成橡胶、塑料制品老化

高温会造成轮胎、燃油管路、机油管路、刹车皮碗、液压系统的密封件等橡胶、塑料制品老化、变脆或黏结，使得机械性和尺寸稳定性变差，造成轮胎突然爆裂、管路漏油、液压失效等故障。

4. 高温会影响装备上的液体材料性能

高温会影响油料的润滑性能和黏性，使机油、刹车油、液压油及润滑油脂变质、变稀，或者因流失、蒸发和外溢等消耗加快，加速轴承磨损，甚至烧坏轴承，大大缩短更换周期和使用寿命。另外，高温会使电瓶电解液蒸发过快，极板与电解液间的化学反应加剧，加速电瓶老化。

此外，我国的西北、青藏高原等地区，夏季昼间气温高，经常达到 40℃以上，地表温度最高可达 60℃以上，昼夜温差大，温差可达近 40℃。这种温度冲击通常对装备部件可能因受瞬时过应力而破裂及发生机械故障；电子元器件发生龟裂、剥离、焊接断裂等现象；快速冷凝水或结霜引起电子或机械故障。

10.1.1.5 潮湿

潮湿是秦岭、淮河以南地区和沿海、海岛地区的主要气候特征。潮湿的空气容易导致金属锈蚀、木器变形、物品发霉变质腐烂，会使物质的物理和化学性质发生改变，进而产生很多危害。就雷达装备而言，潮湿的影响及危害主要有以下几个方面。

1. 绝缘材料的绝缘性能下降，容易引发装备停机故障

雷达装备上的许多有机绝缘材料，吸湿后其绝缘性能和热性能降低，易使设备内部出现冷凝现象造成电气短路。这是由于当湿度过大时，元器件表面会覆盖一层水膜，水分子的直径比绝缘材料的气孔直径小得多，因而水分子能浸入绝缘材料内部，使绝缘材料的性质发生变化，绝缘电阻和击穿电压大大下降，从而造成绝缘击穿，容易发生短路、漏电、烧坏元器件、波导管"打火"、馈线的介质损耗增大等故障。特别是采用固态发射机的雷达，其大多使用空调制冷，在湿热季节，发射机组件模块的表面非常容易发生结露现象，导致雷达不能正常开机。

2. 装备发生锈蚀和霉烂，造成车辆或装备事故

潮湿容易导致雷达装备上的金属部件锈蚀，致使其强度降低，容易造成开关、继电器触点等接触不良，使导线腐蚀加剧。特别是在沿海一带，由于潮湿空气中酸和盐类的含量较高，暴露在室外的天线、馈线、地线及其他金属部分更容易发生锈蚀。装备发生锈蚀后，一方面金属表面的有机涂层会被破坏，装备上零部件的防腐物质由于锈蚀而减少，装备构件的结构、弹性等物理性能会发生变化，导致精准度降低、寿命缩短；此外，锈蚀会破坏装备零部件接触点的连接，使细小的导线断开；特别是天线和电路板的锈蚀会造成装备性能下降，甚至故障，严重影响雷达装备的可靠性和使用寿命。另一方面锈蚀会使裸露在外的零部件体积减小，表面变得粗糙不平，引起零部件间的间隙或摩擦增大，导致零部件运转不良。若锈蚀严重甚至会造成某些零部件不能正常工作。例如，装备车辆驾驶室、装载平台、底盘、方舱转锁、紧固件、操作机构连接件、进气延伸管、排气管等金属部件锈蚀、氧化后，造成刚性和强度降低，可能危及车辆行驶安全，造成车辆事故。

另外，潮湿可引起纱包线、帆布、木制品霉烂变质，可使纤维、橡胶制品发霉。

3．润滑剂变质，容易造成机械故障

各种润滑剂在天气潮湿时，会吸附水分和杂质，由于各种油脂的含水量都有一定限度，当含水量过大超过限度时，就会使润滑剂变质而失去润滑作用。雷达天线的传动机构都含有各种润滑剂，当润滑剂失效后，传动部件摩擦增大，容易导致机械磨损，从而出现机械故障。

4．改变雷达装备部件的材料性质，导致装备性能下降

雷达装备上的许多材料吸湿后，由于膨胀而变形，其物理强度和弹性降低，机械性能发生变化。潮湿和腐蚀还会导致雷达装备内元器件的参数改变、灵敏度降低，所有这些都会导致装备性能下降。例如，潮湿会引起炭质电阻或薄膜电阻的表面保护层发生变形或脱落，如果潮气渗过漆层，就会使电阻值发生改变。线绕电阻受潮后，容易使电阻丝与引出线的焊接处发生锈蚀而造成断路故障。电容器受潮后，表面易生氧化物，会引起电容量变化，绝缘下降，介质损耗加大。潮湿还会引起线圈匝间绝缘下降，甚至导致高频线圈的镀银层锈蚀，使线圈和回路的品质因数下降。另外，潮气附着在元器件表面，形成阻热层，影响元器件散热，致使内部温度升高，工作点漂移，造成系统性能变差。此外，潮气附着元器件后，元器件的输入、输出阻抗变化，放大器负载加重，湿度越大变化越明显，装备长时间处在这种条件下工作，很容易导致电路故障。潮湿对于元器件的这些影响最终会导致雷达装备的接收灵敏度降低，装备性能下降。

10.1.1.6 盐雾

盐雾是沿海、海岛地区的重要气候特征。盐雾对雷达装备的影响主要有以下几个方面。

盐雾对机电产品的金属、高分子材料部件及其防护涂料有不同程度的腐蚀，主要是由于盐碱的存在会在水中形成酸/碱溶液，产生电化学反应，大大加大腐蚀效果

和加快腐蚀的速度。盐碱对电子器件影响也很大，它会以盐雾的形式侵入电子器件内部，待水分子挥发后，盐颗粒会沉积下来，引起短路，甚至烧坏电子装备，如活动部件与机械组件产生阻塞或黏结在一起。沉积下来的盐颗粒会形成导电层，使得电气装备短路，甚至烧坏；盐碱性过大会导致材料的绝缘性降低，容易引发触电。装备护具因碱性腐蚀而变硬、变脆，装备保护漆老化、脱落，出现"脱皮"现象，不损自朽，零部件老化加速，使装备维护周期和使用寿命大大缩短，维护费用高，完好率低。

10.1.1.7 台风

台风是沿海、海岛地区夏季的主要气候特征，必须高度关注，这种灾难性气候对雷达的安全性有着重要影响。台风会引起装备产生巨大震动，震动将导致装备和装备内部产生动态位移。这些动态位移和相应的速度、加速度可能引起或促进结构疲劳，结构、装备和零件的机械磨损。另外，动态位移能导致元器件的碰撞和功能的损坏。在震动的情况下，电气信号可能被机械地、错误地调制，导线也可能产生磨损，紧固件/器件的松动，电气器件产生短路，一些部位的密封失效；一部分脆弱的结构产生裂纹或断裂，质点和失效器件的位移或动摇、离开安装座，松开的质点或元器件引起系统回路或机械的卡塞，轴承摩擦腐蚀，涂层可能被其他表面擦伤。这些都将严重影响雷达装备的正常工作。

10.1.2 特殊自然环境下雷达装备管理对策

虽然恶劣的自然环境对雷达装备的影响在使用过程中才能充分体现出来，但为了使装备适合在特殊自然环境下运用，要从装备论证规划开始，贯穿研制、生产、使用等整个寿命周期，根据特殊自然环境对装备可能产生的影响，提出有针对性的管理策略和措施。

10.1.2.1 雷达装备论证研制阶段

在雷达装备前期，按照"装备应与环境和谐"的思想，论证、研制、生产出在特殊自然环境下完成作战任务、便于保障的装备。为此要注意以下几个方面的管理工作。

（1）在新型雷达装备立项论证时，通过认真调查研究、科学试验，总结特殊自然环境对雷达装备作战使用、维修保障影响的规律，根据未来一定时期内的使用保障需求和国内外相关技术发展动向，提出科学依据充分、有前瞻性的装备需求分析。在各级装备管理部门中，需要设置专门机构来完成需求分析的职能；建立健全装备使用情况的统计分析制度,各装备使用的单位、维修单位、存储单位和试验单位,都要按照规范化管理的要求,收集装备受自然条件影响的信息资料,并按照一定程序,采用科学方法对所有收集的数据进行挖掘分析,从中发现规律。

(2)新型雷达装备研制,应该把各类不同特殊自然环境下的使用需求列入方案设计,通盘考虑,以免列装部队后又必须由各部队再行改造、改装,造成浪费。解决特殊性要求的有效途径,首先系列化,即形成针对不同特殊自然环境的产品序系;其次在研制针对某类特殊自然环境的产品时,可由拟部署该种装备的部队提出有针对性的需求报告,使研制设计单位详尽地了解装备运用环境的特点和要求。

(3)部队在对现役雷达装备进行适合特殊自然环境的技术改造、改装过程中,充分运用激励机制,实行使用人员、维修人员、指挥管理人员与设计人员、装备专家相结合,广泛征集意见,提出改进需求,进行充分论证,在充分试验的基础上形成最佳技术方案,周密实施。

10.1.2.2 雷达装备使用保障阶段

(1)严寒环境下的雷达装备管理。第一,加强领导,确保防护工作有效组织。各级、各类人员要强化装备防护理念,充分认清做好雷达装备防冰冻工作的重要性。领导干部要加强装备冬季防护教育,经常深入装备一线抓防护工作;装备机关要结合防冰冻工作要求和本单位实际情况,制定详尽、细致、切实可行的雷达装备防冰冻方案预案,并定期组织防护演练,确保防护工作落在实处。第二,加强技术人员业务训练,提高使用保障能力。加强技术人员业务训练,使其充分了解雷达装备性能、构造和原理,进一步认清严寒环境对雷达装备的影响,熟练掌握严寒环境下雷达装备保障工作流程、组织实施方法及技术操作要领。第三,严格执行防冰冻工作预案。入冬前,要做好防冰冻准备工作,检查装备上的保温套和加温装置是否完好,及时将雷达、油机减速齿轮箱的润滑油更换为冬季润滑油;入冬后,要视情采取加温措施,使雷达、油机车(库)内始终保持适当温度;每次雷达装备开机前都应检查天线转动情况,若发现天线裹冰超过0.5cm,则要及时清理或请示放倒天线,防止冰层过厚压坏天线或发生倾覆。第四,注重雷达装备故障信息收集,有针对性地提出防护改进意见。根据雷达装备可靠性信息报表,分析冰冻天气雷达装备故障发生原因,对不适宜低温工作且故障频发的电子元器件,建议生产厂家对其进行改进或更换质量等级更高、更适宜在低温下工作的元器件;尽量使用耐低温润滑油、橡胶制品,减小材料因低温性能下降对雷达装备造成的影响;针对天线裹冰时负载过重的情况,设计天线时应考虑留有一定冗余,防止风、冰复合荷载过大损坏机件和驱动电机。

(2)高原环境下的雷达装备管理。第一,针对高原空气稀薄、气压低等特点的防护工作。调节雷达天馈分系统空气干燥机的输出气压，使主馈线内外压力平衡；将发射机风冷系统风压闸固定在开启状态，防止因进气量变小而引起发射机风冷系统误报警、发射机"跳高压"等现象；为解决因含氧量低造成的柴油发电机转速不稳等问题，应调大柴油发电机的气门间隙，使柴油得到充分燃烧，以稳定柴油发电机的输出功率；在发射机高压元器件间采取涂刷绝缘漆、增加绝缘胶等绝缘隔离措施，避免发射机高压元器件间产生电弧、火花，以及绝缘面板漏电等问题。第二，针对高原日照强烈、气候干燥、昼夜温差大等特点的防护工作。一是使用帆布包裹暴露在外的馈线、轮胎等塑料、橡胶部件，尽量减缓其高温老化速度；二是使用伪装网对暴露在外的雷达工作方舱进行遮盖，从而避免工作舱室的雷达装备因高温老化，并防止发生因热胀冷缩引起的故障。第三，针对高原地形开阔、植被覆盖率低、易受雷击等特点的防护工作。定期检查雷达工作车的接地状态；定期检查避雷设备的接地状态；采取深挖、多埋的方法降低接地桩和避雷针的接地电阻。第四，针对高原扬沙、浮尘天气特点的防护工作。扬沙、浮尘天气时，紧闭雷达装备舱室门窗，使扬沙、浮尘不进入或少进入舱室、末级发射腔体和外露馈线接头内。扬沙、浮尘天气过后，要及时全面清除舱室、末级发射腔体和外露馈线接头内积留沙尘，防止当雷达装备再次开机时，因沙尘导致舱室内机柜电路短路打火、发射机高压过流、射频馈线反射系数过大等故障。

（3）戈壁沙漠环境雷达装备管理。第一，针对戈壁沙漠地区昼夜温差大的装备防护措施。夏季要对雷达装备的空调、风机等通风散热设备进行检查和维护。冬季要及时更换冬季润滑油和防冻液，及时清理装备上的积雪和积冰，及时组织试机和加温并适当增加次数，提前做好安全防护准备，为装备安全和战备保障奠定基础。第二，针对戈壁沙漠地区风沙大的装备防护措施。一是把好架设关。在架设天线后，为天线车设置防风拉绳；为天线车上外露机柜、液压系统活塞杆、电缆转接板、专用车辆空气滤清器等安装防尘罩；为移动电站方舱加装防尘网，防止沙尘进入，损坏机器。二是把好检查维护关。结合视情维护及周维护认真检查天线导轨、活动丝杆等有无断裂、开焊、开铆等现象，清除天线背箱、新型雷达装备的敌我识别系统、二次雷达机的防尘网及各箱体内的灰尘。三是把好防护关。沙尘暴到来时，应请示雷达装备关机并组织放倒天线，用防风绳对天线进行固定，安装各部件防尘套，并用帆布对传动导轨等处进行遮盖，关闭方舱门窗。第三，针对戈壁沙漠地区路况较差、地质松软等特点的雷达装备防护措施。在戈壁沙漠地区，雷达装备进行机动时，由于地面颠簸起伏，对雷达装备影响较大，因此，防震动是雷达装备机动保障工作的重点之一。在机动前、机动中、机动后都要做好防震工作。机动前，检查防震弹簧、防震垫等防震设施是否完好，做好紧固工作；机动中，雷达装备在路面较差的公路上运输，要严格按照装备技术指标规定的速度行驶，不得超速行驶，确保车速均匀平稳；机动后，要及时组织技术人员对雷达装备进行检查，主要检查各分机的固定及接插件的接触情况，确保无误后，进行通电架设。第四，针对戈壁沙漠地区呼吸效应和凝露作用的装备防护措施。为预防凝露作用发生，通常在夹层四周设置电加热，开机后对夹层空气进行加热，使空气温度上升至露点以上；对机箱（机柜）而言，通常在机箱冗余空间放置吸湿剂，或者提高机箱密封性。对雷达装备上的高频馈线、波导、天线阵子等部件，采用空气干燥机来保持其腔体始终处于正压状态，以确保腔体干燥，避免腔体潮湿打火。

（4）高温环境下的雷达装备管理。雷达装备的高温防护应以预防为主，在高温环境下应对装备采取隔热、散热、全面通风、部分机械通风、降温和防晒等技术措施。第一，做好入夏前的准备工作。检查全部通风散热设备，并进行必要的保养和维护；对雷达装备运转机件更换夏季润滑油等。第二，做好高温环境下的防护工作。不能入库的装备要采取一定的防晒措施，对外部敷设的电缆，要有防护套等。第三，做好高温环境下的雷达装备开机防护工作。开机前应检查空调制冷设备是否正常工作。过滤网、通风窗口是否畅通。雷达装备工作时，保证空调、通风散热设备正常工作，必要时加装抽风机、排风管，检查水冷系统的运行情况。第四，做好高温环境下雷达装备关机后的防护工作。雷达装备关机后，应使空调和发射机风冷设备继续工作一段时间，以加快散热速度。注意检查电机、变压器、电阻、电容器有无过热和焦味现象，导线、电缆线和其他橡胶部件有无过热、粘连或焦煳现象，电机轴承，油冷、水冷设备有无漏油、漏水等现象。

（5）潮湿、盐雾环境下的雷达装备管理。第一，应及时做好雷达装备驱潮、防锈、密封等工作。特别是沿海、岛屿、高山等地区部署的雷达装备，这些地区的空气常年都比较潮湿，更应有针对性地做好防潮工作。第二，对经常因潮湿而引起故障的部位（器件），应认真分析其结构和工艺上的原因，从而采取相应的改进措施。在环境条件特别严酷的地区，在条件许可时，雷达装备应加装天线罩。雷达装备外露部件（如室外电机、汇流环、减速箱、电缆、波导接头等）应妥善密封并加敷防雨套。第三，对备用零部件，应密封防止受潮，放置干燥剂，并定期检查干燥剂的质量状况，失效的干燥剂应及时更换或进行复原处理。

（6）对台风的防范。第一，预有准备，及时消除隐患。雷达站结合本单位实际，制定周详的防台风预案，定期对防台风设施进行全面检查。第二，要抓住重点，确保重大物件的安全。天线（天线罩）防台风工作是整个防台风工作的重中之重。第三，定期组织防风演练，提高官兵的实际操作能力，使官兵在面临实战时能熟练掌握方法。第四，雷达站应与驻地气象部门建立联系，每天收看当地的天气预报和大风预警，及时收听上级有关天气情况的通报，并根据风力的大小和担负的值班任务，请示报告后按预案要求做好防台风的准备工作。

10.2 特殊人工环境下的雷达装备管理

特殊人工环境是参战双方在军事行动中人为造成的结果。在现代信息化战争条件下,电磁辐射、烟幕伪装手段广泛使用,核、生、化武器威胁依旧存在,使战场环境异常复杂,对雷达装备的使用保障造成很大的影响。认清复杂电磁环境,核、生、化有毒沾染环境,烟尘环境等特殊人工环境对雷达装备的影响,研究在这些特殊人工环境下作战对装备与战场管理的要求,对提高我军在复杂战场环境下的装备管理水平,打赢现代信息化战争,具有十分重要的意义。

10.2.1 复杂电磁环境

10.2.1.1 复杂电磁环境的组成

电磁环境通常是指给定场所内的电磁现象的总和。战场电磁环境则是指一定的战场空间内对作战有影响的电磁活动和现象的总和,即在一定的战场空间内由空域、时域、频域、能量上分布的数量繁多、样式复杂、密集重叠、动态交叠的电磁信号构成的复杂电磁环境。对于雷达等电子类装备,复杂电磁环境是战场环境中最为重要的影响因素,其主要组成如表 10-2 所示。

表 10-2 复杂电磁环境的主要组成

分 类	主要组成	主要辐射源
人为电磁辐射	有意电磁辐射	通信、雷达、光电、制导、导航设备;敌我识别、测控、电子干扰系统;无线电引信及广播电视设备等
	无意电磁辐射	计算机、家用电器、医疗器械等电磁辐射;电气化铁路、汽车发动机、电动机产生的辐射;电力线、变压器辐射等
自然电磁辐射	非人为因素产生的电磁波辐射	静电、雷电和地磁场等
辐射传播因素	电磁波传播的各种传播媒介	电离层、地理环境、气象环境及人为因素构成的各种传播媒介

10.2.1.2 复杂电磁环境的特点

电磁环境的复杂化是随着电子技术的发展及其在军事装备中的不断运用而产生的。同时,随着应用领域的不断扩展,电磁环境的复杂性逐渐表现出来,主要体现在如下四个方面。

(1)种类上的多样性。由表 10-2 可以看出,构成复杂电磁环境的因素很多,从而表现出其种类上的多样性。

（2）信号形式多样。随着电子信息技术的飞速发展，各种新体制雷达等电子设备使用了更加复杂的信号形式，从而增加了电磁环境的复杂性。

（3）频谱宽广重叠。电子信息技术的发展和电子装备的大量使用使战场上电磁信号所占的频谱越来越宽，几乎覆盖了全部电磁信号频段。

（4）能量密度不均。由于电磁波在空间传播过程中受各种传播因素的影响，以及作战双方电磁攻击目标的位置不同，战场空间电磁能量密度很不均匀。

10.2.1.3 复杂电磁环境对雷达装备的影响

虽然雷达装备在设计时就考虑了可能存在的各种干扰，并尽量采取了对抗措施，但随着电磁环境的不断复杂化，雷达装备及其附属设备仍将受到严重的威胁。

1．军民频段共用，影响部分雷达装备的作战能力

由于频谱资源缺乏造成部分频段军民共用的影响主要有两个方面：一是雷达装备工作频点受到限制。在部分频点工作时，接收机将出现自激等现象，导致雷达装备无法正常工作。二是雷达装备对消质量受到影响。由于用频设备多，空间里存在各种各样的电磁信号，城市上空或周围尤为严重。这些不明电磁信号在学术上通常称为"仙波"，同频段"仙波"进入雷达接收机后，将影响雷达装备对消质量。

2．装备之间用频冲突，可能限制部分雷达装备的使用

一方面，不同雷达装备常因频率相同或相近而难以在同一阵地架设，否则将相互干扰，甚至无法同时工作，这一问题通常通过调整部署和使用时间来解决；另一方面，如果装备研制总体规划对电磁频谱管理不够重视，在装备研制、生产、进口等环节中对频谱认证把关不严，就会导致雷达装备与其他装备之间用频冲突。根据重要任务优先的原则，战时部分影响其他装备性能发挥的雷达装备可能要临时关机，从而造成局部空域探测能力下降。

3．用频设备增加，形成无意干扰，影响雷达装备的整体探测性能

当前，军用和民用用频设备都在不断增加，将逐渐覆盖所有雷达装备工作频段，辐射能量也在不断增强。特别是在联合作战等时机，军用用频设备在一定时间、一定地域内大量使用，将形成复杂电磁环境。虽然这些用频设备是军队行动或民用业务所需的，而非针对雷达装备进行有意干扰，但其产生的电磁信号同样会进入各种型号雷达接收机，使雷达装备接收的杂波电平变高、显示画面剩余变多，无意中提高了雷达装备的检测门限，降低了雷达装备的探测威力和抗干扰能力等。

4. 短波通信脆弱，影响雷达装备机动作战使用

雷达装备机动作战时，由于预备阵地时常不具备有线通信手段，不得不采取无线通信手段。短波通信是军地常用的一种无线通信手段，共用频谱资源，易存在一些频点被地方占用而无法使用的问题。战时，敌我双方无线电台数量多，相互干扰的风险也很大，而短波通信频率低，极易受有意干扰，在复杂电磁环境下非常脆弱，在机动作战中很可能使雷达情报难以传递、作战指挥变得困难。

5. 有意干扰使雷达装备面临严峻考验

在构成战场复杂电磁环境的诸多要素中，敌我双方激烈的电子对抗是最活跃、最具影响力的核心因素。电子对抗包括电子侦察、电子进攻和电子防御等内容。

敌方针对雷达装备施放的有意干扰分为有源干扰和无源干扰两种，每种又分为压制性干扰和欺骗性干扰。由敌方施放有意干扰造成的复杂电磁环境对雷达装备的影响是最具威胁性的，受干扰的雷达装备数量多，对抗难度大。一方面，压制性干扰将使雷达装备接收噪声电平大大增加，轻则显示画面剩余杂波点多，发现目标困难，降低雷达装备探测威力；重则可能使接收机饱和而无法正常工作。另一方面，欺骗性干扰将使操作人员难辨真假目标，掌握空情困难，错、漏、压情增多。

6. 强电磁脉冲可对雷达装备造成物理损伤

强电磁脉冲被雷达天线接收后，在电子设备中可转化成大电流，或者在高电阻处产生高电压，引起电路接点、电子器件内部的电击穿，造成设备元器件的永久性失效，最严重的就是烧毁设备内部半导体器件，导致雷达装备故障，引起系统瘫痪。

10.2.1.4 雷达装备应对复杂电磁环境影响的措施

1. 在装备规划论证、研制生产阶段，统筹电磁频段分配，加强电磁兼容设计，从源头上提高雷达装备应对复杂电磁环境的能力

在雷达装备规划论证时，在我军整个装备体系范围内，根据雷达装备实现功能，合理分配电磁频段，与其他预警装备、火力打击单元、通信系统等电子装备的频段协调，减少频率冲突。在研制方案设计时，综合考虑操作、维修、使用等因素，充分开展接地设计、屏蔽设计、滤波设计、设备合理布局和布线设计，采用高品质电子元器件，增加雷达装备的电磁兼容性，提高抗干扰能力。

2. 加强电磁频谱管理，掌握频谱使用动态

宏观协调和管理有限频谱资源的使用，实现用频科学、合理、有序、节省，可防止或削弱用频设备的互扰和冲突，使复杂电磁环境可知、可控。加强电磁频

谱管理是一项全局性的工作，涉及军地双方，主要包括顶层规划设计、相关制度制定和监管等。应随时监测各地区频谱使用状况，定期发布相关信息，注重平时，突出战时，必要时对军地用频采取战时管制措施，创造正常发挥装备作战效能的有利条件。

对雷达部队来说，应加强与电磁频谱管理机构的联系，反馈雷达装备在日常使用中受干扰的情况，同时着重了解和掌握本区域内军用和民用装备的频谱使用情况，特别是雷达装备固定阵地和预备阵地周围的电磁频谱使用情况及空间电磁频谱分布情况，为部队装备部署、调整、使用和作战预案制定提供参考依据。在复杂电磁环境下，对于每个阵地应架设何种型号的雷达装备，不但要考虑作战任务和地理条件等因素，还要考虑阵地周围的电磁环境。

3．针对主战装备用频冲突，备有应急处置预案

战时，当雷达装备与其他主战装备发生用频冲突时，在某一时间段内，雷达装备将因频率管制而不得不处于关机状态。因此，必须在平时就充分了解和掌握雷达装备与其他主战装备的用频冲突情况，战时加强协调、统筹兼顾、统一指挥，采取有效措施加以应对。

4．严格控制频率使用，防止敌方侦察

严格控制频率使用，可以防止敌方侦察雷达的部分技术参数，并起到出其不意减弱敌方干扰的作用。一是严格执行关于隐蔽频率、备用频率和常用频率的使用规定，平时正常使用常用频率，未报批获准不得使用备用频率，严禁使用隐蔽频率；二是严禁所有频点参与捷变的雷达工作于各种频率捷变方式，以防敌方侦察掌握我方雷达的所有工作频点；三是当发现敌方侦察机时，要在保证正常掌握空情的前提下，尽量减少雷达特别是新型主战骨干雷达的开机数量，部分主战骨干雷达要及时关机。

5．灵活采取战术措施，降低复杂电磁环境的影响

一是合理选择雷达。根据阵地周围的电磁环境确定架设雷达的型号，所选工作频段应处于干扰频谱分布较弱的范围。二是合理部署雷达。在相同或相邻阵地上不要部署同型号或同频段的雷达，以防雷达之间互扰，并降低多部雷达同时受到强烈干扰的概率。三是备有处置预案。平时注意掌握阵地周围的用频规律，备有应对措施和处置预案；战时根据受干扰的类型适时采取更换工作频点等方法灵活应对。四是雷达机动作战。不断更换雷达架设地点，降低敌预先侦察效果，使敌方干扰的方向性和针对性变差。五是隐蔽雷达适时开机。战前在阵地上部署一些隐蔽雷达，当其他雷达受到干扰时开机，以起到出其不意的作用。六是协同配合。充分研究敌方

干扰设备的特点,寻找薄弱环节,严密规划雷达开机时机、开机数量、开机型号、开机阵地和使用的频点等,加强战区内雷达的协同与配合,实现整体对抗。七是雷达组网。使用不同型号、不同频段的雷达进行组网,实现体系对抗,大大提高雷达在复杂电磁环境下的作战能力。

6. 正确操作使用,发挥雷达装备抗干扰能力

雷达装备在研制之初就考虑到战时的抗干扰问题,将抗干扰能力作为一项重要的战技指标加以设计,新型雷达装备更是在抗干扰能力上有了较大的提升。因此,要通过正确操作使用雷达装备,充分挖掘和利用其抗干扰能力,采取相应的抗干扰措施。总体上讲,主要有空间对抗、功率对抗、频域对抗和时域对抗等;具体来说,不同型号的雷达装备在设计上各不相同,采取的对抗手段和操作使用方法也各不相同。

7. 加强对抗性训练,提高人员能力素质

一是深入教育引导。目前还有一些官兵对复杂电磁环境概念模糊、认识不清,在训练中存在畏难情绪。因此,要加强引导,提高认识,明确复杂电磁环境下训练的内容、手段和考核方法,激发官兵参与电子对抗训练的主动性和积极性。二是量化电磁环境。根据平时和战时可能出现的最复杂的电磁环境,综合统筹分析,科学分级量化,使部队认清电磁环境的复杂程度,有针对性地制定措施并开展训练工作。三是开展协同训练。加强雷达部队与其他军兵种的协同对抗训练,进行横向协作和区域合作,并设置复杂电磁环境,使官兵在近似实战的条件下得到锻炼,进而提高部队的整体对抗能力。四是研制模拟设备。积极研发能模拟复杂电磁环境的设备,使部队具备经常性开展在复杂电磁环境下训练的条件,提高自训能力。

10.2.2 生、化有毒沾染环境

10.2.2.1 有毒沾染环境对装备使用、保障的影响

新冠肺炎疫情深刻影响着人们的工作、生活。由于疫情防控需要,出现"人流受限、物流受阻"的现象,对雷达这种部署点多面广、平战一体的装备的支援保障、人员培训、器材备件的配送等活动,造成严重影响,并对人员的心理造成压力。而战场上的人造有毒物质是使用生化武器散布的。有毒沾染环境对雷达装备的影响主要表现在对装备人员的直接杀伤,以及通过沾染战场、装备对人员产生后续伤害和传染,影响雷达装备的正常使用和效能的发挥。

10.2.2.2 有毒沾染环境下雷达装备管理的应对措施

给人员配备防化装备和给装备配备防化装置,降低人员感染、伤亡和装备的沾染程度;对部队进行防护训练;构筑防护工事,在重要工事中安装滤毒通风装置或生氧装置,加设密闭门。

对生化袭击的紧急处置。及时发出生化警报信号,迅速使用个人防护器材或进入有防生化设施的工事;并将袭击情况通报部队,特别是毒袭区下风方向的部队;当部队配置地域、重要目标染毒后,应派出经过专门训练的人员进行生化侦察,同时组织对中毒人员的急救和治疗,对染毒人员、装备、工事、重要道路及水源等进行消毒;部队应力求缩短在染毒地域停留的时间,情况允许时,组织遭袭击严重的部(分)队撤出沾染区或换班;通过沾染区时要全身着防护器材,选择质地坚硬、无植物层或植物低少的地区通过,通过以后要对人员和装备进行消毒处理。

对装备进行消毒处理。对装备消毒可分为大型装备和精密仪器消毒。对大型装备进行消毒,可用消毒液对染有毒剂液滴的部位进行擦拭消毒;对精密仪器可利用汽油、酒精等有机溶剂,对其表面进行擦洗。使用以后的溶剂或纱布要进行掩埋,以免造成二次伤害。同时对地面工事进行消毒,主要采取喷洒、铲除、掩盖、通风等方法。

对被生物武器制剂沾染的区域,在开展对人员救治和对装备地面进行消毒的同时,应对感染区域实施封锁。疏散附近未沾染的人员,以防止因生物武器攻击而引起的疫情迅速传播。同时,提高防生化特种部队的快速反应能力。防生化特种部队除了要配齐防护装备,还要编配高速机动装备、通信、报警装备、生化战剂检测装备等,以保持其快速反应、高速机动的能力。

合理规划路径,采用无人机等高新技术手段,配送雷达装备急需的器材备件,保障装备的正常使用,降低人员感染、伤亡风险。

10.2.3 烟尘环境

10.2.3.1 烟尘环境对装备的影响

烟尘是各种悬浮杂质和微粒的统称。烟幕对可见光、红外光有很大衰减作用,能降低微光夜视仪、微光电视、微光瞄准镜等夜视装备的使用效果,干扰雷达、热红外探测器,降低精确制导武器的打击精度。合理使用烟幕,战时可有效提升雷达装备的战场生存能力,在近年来的战争中得到了证明。

烟尘对雷达装备的影响是综合性的。烟尘造成了装备小环境的潮湿,进而造成对装备的腐蚀。烟尘中含有大量易溶解于水的物质,如硫化物微粒、氯化钾等盐类微粒等，这些微粒一般在相对湿度大于 78%时就吸湿变成酸溶液或盐饱和溶液的液滴，吸附在装备的表面，从而造成电化学腐蚀；由于烟尘本身的导电性，电器和电子部件如果积聚烟尘太多，在潮湿环境下，可能造成短路，或者在使用发热器的环境内，有机烟尘被烤焦起火。某些烟尘在达到一定浓度时，在静电环境中可能引起爆炸。装备的一些关键部位，烟尘的长期沉积会降低装备的使用寿命；烟尘积聚在长期不使用的装备或库房里，常会成为虫类、霉菌的寄生地。

10.2.3.2 烟幕的作战运用和烟尘环境下作战对雷达装备管理提出的要求

烟幕作为防护和遮蔽重要目标、掩护部队行动、迷惑敌人火力、干扰敌人侦察、观瞄器材和精确制导武器的有效手段，在二战以来的历次战争中，都得到了广泛应用。在现代信息化战争中，烟幕伪装能迷惑和欺骗敌人，提高战场生存能力，备受各国军队重视。

烟幕装备属于被动防御装备，在作战使用时要注意：第一，加强谋划，与伴动和其他伪装手段结合运用，避免对方精确制导武器打击；第二，施放烟幕的作战效果受气象因素的影响和制约。在施放时，必须考虑风向、风速、近地面层的气温垂直分布、空气对流、湍流、降水（雨、雪）等气象因素的影响。

对库存、运输、使用中的装备进行防尘，是装备日常管理的重要内容。除建立和贯彻有关规程中的防尘措施以外，还必须采用各种防尘的技术手段，如对装备包装、备件密封保管，建设防尘库房等，提高烟尘环境下装备的良好率。

10.3 非战争军事行动中的雷达装备管理

非战争军事行动是指在相对和平的环境下动用军事力量，有组织、有计划地采取除战争以外的军事手段，遂行制乱平暴、抢险救灾、打击恐怖主义、联合军演、维护和平和国家权益、参与国际维和等应急性任务，以促进和平，维护国家安全、社会稳定和减免灾害为目的的特殊军事活动。从发展趋势来看，未来非战争军事行动无论规模大小都将是多元力量的整体联动，专机、运输机、直升机等频繁出动，空运、空投、空降任务重、架次多，低空、超低空雷达情报保障任务尤其繁重。雷达装备作为现代防空体系的主战装备和主要信息源之一，能否为非战争军事行动提供及时、准确、连续的空中情报，对于取得行动胜利起着举足轻重的作用，这对雷达装备管理工作提出了更高的要求。

10.3.1 非战争军事行动对雷达装备使用保障需求

10.3.1.1 行动常态化明显，情报保障任务加重，要求雷达装备频繁使用

国家安全形势的深刻变化，要求军事斗争准备任务从单纯应付军事威胁，转变为以应对军事威胁为主，同时兼顾各种非传统安全威胁的多元化、综合性威胁。在此形势下，非战争军事行动已经成为我军面临的一项常态化任务。2008 年以来，我军执行了抗低温雨雪冰冻灾害、汶川抗震救灾、北京奥运会、世博空中安保等任务，大批雷达装备直接参与了保障，为维护空中安全、保障空中力量顺利完成各种飞行任务发挥了重要作用。由于空中力量具有快速反应、远程投送、精确打击能力的优势，决定了空中力量往往在非战争军事行动中重点使用、优先使用、全程使用，使雷达情报保障任务显著加重，雷达装备在非战争军事行动中使用愈加频繁。

10.3.1.2 行动应急性增强，任务转换加快，要求雷达装备具有应急反应和执行多种保障任务的能力

非战争军事行动应急特征明显，准备时间有限。例如，汶川大地震后，中央军委立即决定全力以赴投入抗震救灾，地震发生的当天就派遣部队奔赴灾区，而且以空中输送为主，空运、空降、空投等任务转换频繁，在数天之内该地区的空情量达到正常情况下空情量的数倍甚至数十倍，这对雷达保障能力是一个严峻的考验。非战争军事行动的空中力量运用将打破原有计划飞行态势，呈现极强的灵活性、随机性，要求雷达装备必须具有应急反应、快速适应能力。

10.3.1.3 行动多样性显著，保障需求不一，要求科学使用雷达装备

随着国家安全环境的变化，非战争军事行动呈现多样化趋势。不同样式的非战争军事行动，对空中力量的运用有不同的要求，对雷达情报保障的需求也不一样。例如，维和反恐、抗震救灾大量使用武装直升机，要求雷达装备必须具有良好的机动性和低空探测性能；空中搜救行动，对雷达装备的分辨力和杂波抑制性能要求较高。因此必须针对不同行动的特点和对雷达保障的需求，科学做好装备使用计划，优化雷达部署，将合适的雷达装备投入到最需要的地方，最大限度地发挥雷达装备效能。

10.3.1.4 行动艰巨性突出，装备故障率加大，要求雷达装备保障必须坚强有力

非战争军事行动在规模上虽然没有战争行动大，但是由于在一定地域内部署的雷达装备数量有限，面对突然发生的情况和可能出现的复杂空情，雷达装备工作强度比平时成倍增大，雷达装备故障率也随之上升，一旦发生故障不能被迅速修复，将给空中力量遂行任务带来困难甚至陷入被动。因此要求雷达装备保障必须做到保障力量集结快、物资器材筹措供应快、保障行动展开快和装备修复速度快。

10.3.2 非战争军事行动中雷达装备管理的主要特点

非战争军事行动的特殊性，导致其装备管理与平时和战时管理皆有较大的差别，主要特点如下。

10.3.2.1 非战争军事行动突发性强，装备管理计划生成快捷

自然灾害、恐怖袭击等非传统安全威胁，具有很强的不可预测性。在非战争军事行动中，部队通常在准备不足或基本没有准备的情况下受领任务，有时甚至边出动边受领任务，并且要保证非战争军事行动的完成具有较高的标准，这就要求装备管理计划生成快捷，在非战争军事行动展开的同时，制订装备管理计划，并根据非战争军事行动任务的变化及时调整装备管理计划的重点。

10.3.2.2 非战争军事行动样式复杂，装备管理组织实施难度较大

按非战争军事行动的性质，可以分为对抗性的非战争军事行动、合作性的非战争军事行动、执法性的非战争军事行动和援助性的非战争军事行动；按所发生的地域，可分为国内非战争军事行动和国外非战争军事行动；按行动的规模，可以分为大规模、中等规模和小规模的非战争军事行动等。随着国际、国内形势的发展，军队使命任务的调整，还可能出现新的非战争军事行动样式。在不同样式的非战争军事行动中，动用、使用的装备类型不同，机动伴随保障突出，装备使用环境各异，装备使用强度也不同，装备的作用对象也千差万别。正是由于非战争军事行动样式的复杂性，极大地增加了组织实施装备管理的难度。

10.3.2.3 非战争军事行动动用力量多元，装备管理协调控制范围广

非战争军事行动的特点，决定了非战争军事行动动用的装备可能来自多个军兵种不同建制的部队，也可能来自地方，还有可能来自其他国家的援助。非战争军事行动中装备来源多样，对这些装备的协调控制范围非常广泛。因此，必须对参与行动的所有装备协调统一管理，形成整体合力，发挥最大效能。

10.3.2.4 非战争军事行动政策性强，装备管理控制要求严

非战争军事行动中的装备管理通常具有复杂的国际、国内政治背景，政策性强，要求高，受国家法规甚至国际法规、联合国宪章、相关国家法规的制约，装备管理的优劣，直接影响行动的效能。只有对参与行动的装备进行严格的管理控制，才能提高非战争军事行动的效能，有助于提升军队、国家的整体形象。

10.3.2.5 非战争军事行动中装备动用量大，装备保障指挥关系复杂

一是装备力量动用多，指挥协同关系复杂。二是保障领域宽，指挥协同范围广。非战争军事行动中的装备保障包括调配保障、技术保障、经费保障等方面，保障领域的宽广，导致装备保障指挥协调范围广。三是保障环境恶劣，指挥协同变数大。我国幅员辽阔，各地区自然地理环境差异较大，异地调动的装备极有可能不能适应当地的环境；突发事件发生后，往往会给事发地的环境带来极大破坏，如地震或雪灾等；在反恐维和等非战争军事行动中，还必须考虑人为破坏因素的影响。

10.3.3 非战争军事行动中雷达装备管理的基本原则

10.3.3.1 整体筹划、优化部署

要针对国家安全潜在的威胁因素，根据不同的非战争军事行动的需要，进行整体筹划，优化雷达部署，形成非战争军事行动的全域布势，一旦有事，能迅速投入行动中，充分发挥雷达情报系统的整体效能。

10.3.3.2 科学预测、预先准备

非战争军事行动虽然具有突发性，但也有一定的先兆和规律。例如，地震通常发生在地壳板块的结合部位，台风海啸通常在濒海地区登陆。根据这些规律，科学预测所在地域可能面临的非战争军事行动的类型，并在此基础上做好雷达装备使用与保障准备，制定预案并按照预案配备必要的兵力、兵器及其维护抢修力量，以及装备器材储备、备用阵地选择、专业人员训练、军地关系协调等准备工作，确保一声令下，雷达装备能拉得出、用得上、效果好。

10.3.3.3 突出重点、分清主次

一旦发生非战争军事行动，优先安排骨干雷达装备，重点保障，全力以赴完成任务。在充分发挥本地域雷达装备作用的前提下，合理利用非战争军事行动邻近区域雷达装备或远程支援雷达的作用；建立和理顺雷达装备使用、保障的指挥

与协同关系，建立由行动地域内雷达部队指挥机构为主，临时和加强部署的雷达部（分）队为辅的新的指挥协同关系，以保证雷达装备使用、保障的指挥协同关系顺畅。

10.3.3.4 积极主动、严密防护

要确保非战争军事行动雷达装备有效使用，必须积极做好防护工作。对于抢险救灾类行动，应加强阵地及其周边基础防护设施建设，防止泥石流或地震等灾害性损毁；对于反恐类行动，突出地面防卫，构筑临时性防护工事，并结合周围的地物、地貌进行伪装，必要时可建造一些建筑进行隐蔽和伪装。

10.3.4 加强管理，提高非战争军事行动雷达装备使用与保障能力的对策措施

10.3.4.1 加强装备建设，积极发展适应非战争军事行动情报保障需要的雷达装备

当前，急需重点发展小型化的高机动雷达、由单架直升机可输送的超低空（可探测地、海目标）灵巧雷达、可视化预警监视装备及其他新机理预警探测手段，弥补现有预警监视力量的不足。

10.3.4.2 重视机动能力建设，建立与非战争军事行动相适应的快速应急机动力量

应急机动力量应本着规模适度、队伍精干、平战结合原则，军种、战区应建立保障力量筹组机制，建立人才档案和资料库，保证一旦发生应急突发事件，能在最短的时间内完成装备使用与保障人员的筹组。在应急机动保障装备配备上，应增加抢修抢救装备，做到装备检测仪器化、修理工具机械化；在保障力量的构成上，按照"小型化、模块化、综合化"的要求进行编组，以适应雷达分散部署、机动频繁的特点；在维修方式和手段上，通过研发支援抢修系统、故障评估系统和各种雷达装备维修数据库，形成集装备保障指挥、物资器材前送和装备抢修为一体的机动保障能力。

10.3.4.3 科学谋划非战争军事行动雷达保障，完善装备使用与保障预案

一是科学制定雷达装备使用预案。雷达部队应建立和完善各种性质的非战争军事行动雷达装备使用与保障预案，对雷达装备的选型、调配、部署、使用等环节进

行周密合理计划，明确雷达装备在可能发生的非战争军事行动中的任务分工、行动方式和具体要求，确保任务转换有序进行。二是做好雷达装备保障预案。科学预测不同行动装备损耗、器件消耗等数据，把需求与可能最大限度地结合起来，切实使装备保障方案科学客观。由于非战争军事行动存在较大的不确定性，制定雷达装备使用与保障方案要做到"一情多案、一案多策、一策多法"，以适应不同类型非战争军事行动雷达装备使用与保障的需要。

10.3.4.4 立足非战争军事行动可能出现的复杂情况，扎实做好装备保障准备

适应非战争军事行动的需要，必须构建以自身力量实施伴随保障为主、以支援力量实施机动保障为辅的装备保障力量体系，对担负保障非战争军事行动任务的重点雷达装备，应选派专业技术水平高、作风过硬的人员担负保障任务，抽调技术骨干组建应急保障分队，随时遂行支援保障任务。同时，发挥装备承制单位的技术优势，组建一支技术专家队伍，以技术咨询、远程诊断等形式参与装备保障工作。应加强与防区所属陆航部队和民用航空部门的联系，编成空中支援保障队，建立空中"绿色通道"，保证支援力量和应急器材能迅速到达支援点。适应非战争军事行动的需要，应根据防区储存能力及雷达装备分布特点，在器材筹供保障上建立合理的储备布局；在重要战略方向、预定任务地区、危害多发地域，以邻近雷达站为依托，预先配置必备的物资器材，确保维修器材供应快速、不间断。

10.3.4.5 建立灵活高效的雷达装备使用与保障指挥机制

一是健全雷达装备使用与保障指挥机构。根据战区作战体系和保障任务的需要，建立"战区-战役方向-雷达部队"三级装备保障指挥机构，这一机构与国家、军队非战争军事行动指挥体系相适应，并具有相对独立性、功能综合性和编组灵活性的特点，能对雷达装备使用与保障行动实现全程监控，对雷达保障资源统筹分配，协调保障关系，提高各级指挥机构的指挥效能。二是发展先进的指挥手段。在非战争军事行动中，实现对"人员流""装备流""物资流"的全程跟踪，实施精确化管理。建立雷达装备保障指挥自动化平台，依托现有指挥保障网络，构建横向贯通指挥机构、保障对象，纵向连接上级机关、保障单元和雷达平台的装备保障指挥信息网络。三是灵活运用指挥方式。在强调集中统一指挥的同时，应区分保障任务，采取统一指挥与分散指挥相结合、集中指挥与委托指挥相结合、按级指挥与越级指挥相结合的方式，提高雷达装备使用效能。

10.3.4.6　深化非战争军事行动雷达装备使用与保障理论研究和训练

雷达部队应对多种安全威胁、完成多样化军事任务，必须高度重视非战争军事行动理论研究，把雷达装备使用与保障理论研究作为一项重要的研究内容，尽快形成一批能用、管用、实用的理论研究成果，为非战争军事行动雷达装备使用与保障提供科学的实践指导。要把非战争军事行动雷达装备使用与保障训练纳入训练大纲，院校应开设相应的课程，并把雷达装备使用与保障作为一项重要的教学内容。部队一方面要积极参与上级组织的大型安保、反恐演习等活动，加强非战争军事行动雷达装备使用与保障演练；另一方面要定期组织各项非战争军事行动雷达装备使用与保障专题训练与考核，全面提高履行使命的能力。

参考文献

[1] 米东. 军事装备学基础[M]. 北京：解放军出版社，2015.
[2] 中国人民解放军总装备部. 军用雷达术语[S]. GJB 4429—2002.
[3] 中国人民解放军总装备部. 可靠性维修性保障性术语[S]. GJB 451A—2005.
[4] 张凤鸣. 空军装备学[M]. 北京：解放军出版社，2009.
[5] 周煦. 陆军航空兵装备学[M]. 北京：军事科学出版社，2015.
[6] 荣军. 空军装备管理[M]. 北京：中国人民解放军空军指挥学院，2008.
[7] 雷厉，石星，吕泽均，等. 侦察与监视：作战空间的千里眼和顺风耳[M]. 北京：国防工业出版社，2008.
[8] 甘茂治. 军用装备维修工程学[M]. 北京：国防工业出版社，2005.
[9] 杨江平. 预警装备保障[M]. 北京：国防工业出版社，2019.
[10] 刘根. 雷达装备管理学[M]. 北京：蓝天出版社，2013.
[11] 刘根. 雷达装备抢修规程[M]. 中国人民解放军空军装备部，2008.
[12] 王海燕，李渊，李相良，等. 装备维修保障管理概论[M]. 北京：国防工业出版社，2017.
[13] 中国人民解放军总装备部. 通用雷达装备维修器材筹措供应标准编制要求[S]. GJB 8257—2014.
[14] 中国人民解放军总装备部. 军队战备储备物资维护保养技术规范 对空情报雷达维修器材[S]. GJB 8158.37—2014.
[15] 中国人民解放军总装备部. 备件供应规划要求[S]. GJB 4355—2002.
[16] 中央军委装备发展部. 对空情报雷达装备退役和报废要求[S]. GJB 9159—2017.
[17] 张航江. 部队装备管理概论[M]. 北京：国防大学出版社，2010.
[18] 孟庆均，曹玉坤，张宏江，等. 装备在役考核的内涵与工作方法[J]. 装甲兵工程学院学报，2017，31(5)：18-22.
[19] 孟庆均，郭齐胜，曹玉坤，等. 装备在役考核评估指标体系[J]. 装甲兵工程学院学报，2018，32(1)：18-24.